面向多视全极化SAR数据的基于模型的非相干极化分解技术——算法详解

Model-Based Incoherent Polarimetric Decomposition Algorithms for Multi-Look Polarimetric SAR Data

安文韬　著

海洋出版社

2022年·北京

图书在版编目（CIP）数据

面向多视全极化SAR数据的基于模型的非相干极化分解技术. 算法详解 / 安文韬著. — 北京 : 海洋出版社, 2022.7

ISBN 978-7-5210-0827-2

Ⅰ. ①面… Ⅱ. ①安… Ⅲ. ①卫星图像－图像处理 Ⅳ. ①TP75

中国版本图书馆CIP数据核字(2021)第204098号

面向多视全极化SAR数据的基于模型的非相干极化分解技术——算法详解
MIANXIANG DUOSHI QUANJIHUA SAR SHUJU DE JIYU MOXING DE FEIXIANGGAN JIHUA FENJIE JISHU——SUANFA XIANGJIE

责任编辑：苏　勤
责任印制：安　淼

海洋出版社 出版发行
http://www.oceanpress.com.cn
北京市海淀区大慧寺路 8 号　邮编：100081
鸿博昊天科技有限公司印刷
2022年7月第1版　2022年7月第1次印刷
开本：889mm × 1194mm　1 / 16　印张：14.5
字数：350千字　定价：298.00元
发行部：010-62100090　邮购部：010-62100072　总编室：010-62100034

目　录

第 1 章　绪言

1.1　引言

合成孔径雷达（synthetic aperture radar, SAR）是搭载在卫星或飞机上的一种对地成像雷达。它通过合成孔径与脉冲压缩技术实现了对地面二维高分辨率微波图像的获取。与光学传感器不同的是，SAR 是一种主动式微波传感器，通过发射和接收特定的电磁波来获取地表的电磁散射信息，因此它能够不受光照和天气条件的影响而实现全天时全天候的对地观测，在传统光学传感器难以使用的情况下具有重要的意义。在全球大气污染日益严重、环境日益恶化的今天，地球表面被越来越多的云层和烟雾所覆盖，微波对云层和烟雾的优越穿透性，使得利用 SAR 进行对地观测的重要性日益突出。SAR 所使用微波频段的电磁波对天然植被、人工伪装和土地表层也具有一定的穿透能力，可以获得隐藏在浅层地表和植被下面的信息，因此 SAR 在军事应用上也有着特有的优势。

随着科学技术的不断发展，在过去的 40 多年间，人们对 SAR 的关注和使用程度越来越高，推动了 SAR 技术的迅猛发展。其发展方向主要有：高分辨率、多波段、干涉测量、全极化等。干涉测量使得 SAR 具备了获得地表三维高度信息的能力，而全极化 SAR（有时简称极化 SAR）能够获得地面物体对电磁波的完整散射信息。

传统 SAR 采用单一极化通道发射与接收电磁波，这样事实上只能获得地物对某种单一极化电磁波的散射特性。极化 SAR 通过 2 个正交通道发射和接收不同极化方式的电磁波，所测得的 4 组数据可以组成一个完备的极化基，任意电磁波都可在这个极化基中进行表示。因此，相比于传统的单极化方式 SAR 所获取的雷达散射截面积（radar cross section, RCS），极化 SAR 能全面地获取目标在观测方向上对任意电磁波的散射特性——极化散射矩阵。

与传统的合成孔径雷达相比，极化 SAR 极大地提高了对目标散射信息的获取能力，为更加深入地研究目标散射机制提供了重要依据。极化散射矩阵蕴含更加丰富的信息，使得人们可以对目标的物理特性如方向、形状、粗糙度、介电常数等进行更为深入的分析与提取，进而极大地促进了参数反演的研究。同时从目标完整的散射信息中可以提取对目标具有区分度的散射特征参数，为大面积的地物分类、感兴趣目标的检测与识别提供了更多的有用信息。

目前极化 SAR 已经成为遥感领域研究的一个重要方向。极化 SAR 的特点和优点使得它在农作物分类估产、林业资源调查与生物量估计、地质测绘、水文测绘、资源规划、海洋环境监测、灾害分析与监测以及军事战场环境探测与目标检测识别等方面都具有重要应用。

在获得一个极化散射矩阵后，该如何分析和理解它，就要用到本书介绍的重点——极化分解技术。极化分解主要研究如何根据目标极化散射矩阵给出的极化信息将目标分解成多种已知简单散射成分的组合，以使人们能够更充分地认识与分析目标的散射成分与散射机理，它是极化 SAR 图像分析与解译的基础工具之一。同时，极化分解也给出了如何从目标极化散射矩阵中提取出实际应用中所需的各种有用信息的手段——散射特征提取，这些特征参数为图像分类、目标检测、目标识别、参数反演等具体应用提供了依据和大量有用信息。综上所述，目标极化分解与散射特征提取是整个极化 SAR 数据分析、理解与应用的基础，因此对其进行研究具有重要的理论价值和广阔的应用前景。

极化分解主要包含两类技术：①处理极化散射矩阵和 Pauli 矢量的相干极化分解技术；②处理极化相干矩阵和极化相关矩阵的非相干极化分解技术[1]。其中，非相干极化分解技术又根据处理方法的不同分为基于特征值分解的非相干极化分解方法和基于模型的非相干极化分解方法两类。

本书主要侧重介绍“基于模型的非相干极化分解技术”领域。

由于笔者自身的科研经历主要集中在“基于模型的非相干极化分解技术”领域，有幸亲身参与和见证了该技术十余年的发展历程，因此通过对个人研究成果和其他相关材料进行系统整理，全部重新撰写形成了本书。首先，希望通过本书的介绍可以使读者更好地了解基于模型的非相干极化分解技术中各种分解算法的来龙去脉、具体技术细节和各自的优缺点，从而能够为读者在具体科研和应用中对该技术不同算法的选用和使用提供帮助，进而促进基于模型的非相干极化分解技术在更广泛的范围得到更恰当的应用。其次，本书在描述中将着重给出基于模型的非相干极化技术在其自身发展过程中各研究阶段的问题牵引、突破思路和存在问题等内容，目的是希望读过本书的科研人员能充分了解和体会该技术的科研发展历程，进而能够促进该技术的进一步发展，同时也希望能激发和促进广大读者在其各自领域的科研实践。

为了使读者更加精确地了解本书介绍的各种基于模型的非相干极化分解算法以及能更方便地在自己的应用中使用这些算法，本书后续各章实验部分使用到的具体执行程序、各算法对应的函数程序以及三个实验示例数据可以通过扫描本节给出的二维码使用百度网盘下载获得（程序基于 MATLAB 编制，也可转换为其他计算机语言）。三个实验示例数据中的 E-SAR 数据来源于欧空局网站的公开下载，在此特别致谢，另两个数据分别由中国 GF-3 卫星和加拿大 RADARSAT-2 卫星的标准产品经空间多视、极化滤波等专门处理后获得，上述数据请不要用于商业用途。由本书附赠的算法程序仅供读者进行个人科研使用，不得进行任何商业应用。附赠的算法程序为笔者的科研算法，其中有大量实验比较和辅助显示操作并没进行优化也没有进行过稳定性处理，有大批量业务化处理需求或商业应用需求的读者可以联系笔者邮箱 anandyandrew@126.com 以获取更加优化的算法。

图1−1　本书附赠数据和程序的网络下载链接二维码

最后，由于笔者自身水平和视野所限，本书的叙述难免有疏漏和偏颇，还望读者和同仁海涵。笔者随时欢迎大家就本书的不足来信探讨和交流，也会在后续再版过程中不断予以修订和完善。

1.2　基于模型的非相干极化分解技术发展历程简介

全极化 SAR 是一种先进的微波对地遥感观测系统，它不仅可以获得地表高分辨率的微波遥感影像，而且可以获得地物电磁波后向散射极化特征的完整描述，利用极化分解技术可以基于极化 SAR 数据开展地物的特征参数提取、分类、分割、信息提取与反演等大量实际应用。基于模型的非相干极化分解正是针对全极化 SAR 多视数据的极化散射特征分析技术中使用的最广泛的一类技术[2]。该类技术从 1998 年 Freeman 提出第一个基于模型的非相干极化分解算法（简称 Freeman 分解）开始，已经经历了 20 多年的发展，在算法研究和实际应用上均取得了大量成果，但直到目前仍没有一种算法可以说是基于模型的、完全的分解算法。“基于模型的”浅层含义是指非相干极化分解结果中各成分均可与实际某种地物的散射模型相符合，深层含义还包括分解算法中各步骤都要有实际的物理含义。“完全的”是指被分解的全极化 SAR 多视数据经非相干极化分解后没有极化信息的丢失。基于模型的、完全的非相干极化分解算法如果能够研究成功，可以认为是为非相干极化分解技术的基础理论构建提供了良好的算法实现支撑，从而有望进一步促进其自身理论的发展。下面就结合基于模型的非相干极化分解技术的主要发展历程，重点分析为何目前已有算法均不能同时满足“基于模型的”“完全的”条件。

1998 年，Freeman 和 Durden 提出了第一个基于模型的三成分非相干极化分解算法（简称 Freeman 分解）[3]，该算法将多视极化 SAR 数据的极化相干矩阵 $\boldsymbol{T}$（或极化相关矩阵 $\boldsymbol{C}$，本书的叙述和研究均以极化相干矩阵为基础）分解为 3 个散射成分的组合，这三种成分分别对应面散射（surface scattering）、二次散射（double-bounce scattering）和体散射（volume scattering）。Freeman 分解结果中的 3 个成分是与其使用的散射模型相符的，可以说是“基于模型的”；但其分解过程中有明显的极化信息丢失。整个 Freeman 分解算法完全基于反射对称假设，其输入仅使用了极化相干矩阵中的 5 个独立实数元素即 T_{11}、T_{22}、T_{33}、$\mathrm{Re}(T_{12})$、$\mathrm{Im}(T_{12})$，而极化相干矩阵拥有 9 个独立实数元素（也称“变量”或“参数”），因此其输出结果对原极化相干矩阵的极化信息丢失在所难免，因此 Freeman 分解不能说是“完全的”。同时，Freeman 分解作为第一基于模型的非相干极化分解算法，其具体算法实现从目前来看可以说是非常简陋且问题很多，在其被提出不久后就被学者发现当其应用于实际全极化 SAR 数据时输出结果中会存在两个问题：①对于某些极化相干矩阵，其面散射或二次散射成分的功率值可能为负数，而实际地物的散射功率不可能是负数（简称“负功率问题”）；② Freeman 分解结果中的体散射成分的功率值通常会被过大地估计（简称“过高估计体散射问题”）。上述两个问题被发现后，众多学者不断尝试改进 Freeman 分解算法或提出新的基于模型的非相干极化分解算法，以期能够彻底解决这两个问题。可以说，正是学者们对解决这两个问题的不断追求与尝试，引领了后续 20 余年基于模型的非相干极化分解领域的整个技术发展。

2005 年，为了使分解算法能保留更多的极化信息，Yamaguchi 等学者通过扩展 Freeman 分解提出一种基于模型的四成分非相干极化分解算法（简称 Yamaguchi 分解）[4–5]。Yamaguchi 分解不再要求满足反射对称假设，将螺旋散射（helix scattering）添加为第四种散射成分，并通过扩展体散射模型中偶极子朝向分布概率密度函数的方法扩展了体散射模型。Yamaguchi 分解结果中的 4 种成分与其使用的散射模型符合，可以说是“基于模型的”；其在引入螺旋散射成分后相比于 Freeman 分解可以再多保留原极化相干矩阵中的 $\mathrm{Im}(T_{23})$ 实数元素的信息，因此在极化信息丢失上有所改进，不过其总共也只能保留 6 个独立实数元素的信息，仍少于原极化相干矩阵的 9 个独立实数元素，极化信息丢失在所难免，因此不能称为“完全的”。Yamaguchi 算法由于引入了螺旋散射成分，过高估计体散射问题有所缓解，但仍然存在，同时其分解结果中也存在负功率问题，且比 Freeman 分解更加严重，因为其体散射成分都有可能为负功率。

2008年，Yajima等学者为了解决Yamaguchi分解的负功率问题，在其算法中引入了“非负功率限制”，该限制强制要求分解结果中各成分的功率值不能为负数，若某一散射成分功率出现负数则将其功率值强制置零，然后重新计算其他散射成分的功率值，并保证它们的和与原极化相干矩阵的极化总功率相等[6]。该种解决负功率问题的方法可以说仅是一种权宜之计，治标不治本，因为非负功率限制的引入虽然表面上消除了分解结果中的负功率问题，但也带来了附加的极化信息丢失问题。非负功率限制的引入使得以前可以保留的$\mathrm{Re}(T_{12})$、$\mathrm{Im}(T_{12})$和$\mathrm{Im}(T_{23})$等元素信息，均出现了与原极化相干矩阵对应元素不相等的情况，而Yamaguchi分解算法又不能保留$\mathrm{Re}(T_{23})$和T_{13}（请注意T_{13}元素为复数）元素的信息，使得最终Yamaguchi分解仅完整保留了原极化相干矩阵T_{11}、T_{22}、T_{33}这三个对角线功率元素的信息，这也是为什么其后续的改进类算法更愿意称自身这类算法为“散射矩阵功率分解算法”的原因（后文还有相关介绍）。特别提醒，后面叙述中的“Yamaguchi分解”如无特说明均指引入了非负功率限制的Yamaguchi分解。

2010年，为了解决Freeman分解的负功率问题和过高估计体散射问题，An等学者提出了一种使用去定向变换的三成分非相干极化分解算法（简称去定向三成分分解）[7]。该算法的第一个改进是使用了一种新的体散射模型，该模型对应极化熵最大（即混乱程度最高）的极化相干矩阵，即单位矩阵。通过研究发现，使用新的体散射模型替换原Freeman分解中使用的经典体散射模型后，可降低分解结果中出现负功率成分的个数，且能缓解过高估计体散射问题。该算法的第二个改进是首次将去定向变换[8]（又称极化定向角补偿[9]）引入到非相干极化分解领域，即先对极化相干矩阵进行去定向变换再进行非相干极化分解。经研究发现，去定向变换的引入可进一步降低分解结果中的负功率成分个数，且能极大地缓解过高估计体散射问题。不过即使使用了上述两个改进，在去定向三成分分解结果中仍会存在负功率成分，因此该算法也不得不使用了非负功率限制，也就是说去定向三成分分解只是减缓了却并没有完全解决负功率问题。去定向三成分分解其结果中的成分与其使用的散射模型符合，因此是“基于模型的”。使用去定向变换后，可提取出定向角这一参数，相应的待分解极化相干矩阵中独立实数变量的个数也会由9个降低为8个。即去定向三成分分解可以保留原极化相干矩阵6个独立实数变量的信息，相比于原极化相干矩阵的9个独立实数变量，仍存在极化信息丢失，因此不是“完全的”分解算法。

去定向变换由去定向三成分分解首次引入到基于模型的非相干极化分解技术研究领域后

不久，就被学者们应用于改进 Yamaguchi 分解，提出了去定向 Yamaguchi 分解 [10-11]。去定向 Yamaguchi 分解结果中的成分与其使用的散射模型符合，因此是“基于模型的”。经分析发现，去定向 Yamaguchi 分解可以保留原极化相干矩阵 7 个独立实数变量信息，主要是去定向变换后的 T_{13} 元素信息会在分解过程中丢失，因此去定向 Yamaguchi 分解仍不是“完全的”分解算法。使用去定向变换后，Yamaguchi 分解的负功率问题和过高估计体散射问题都得到了显著缓解，但分解结果中依然存在负功率成分，因此非负功率限制仍然继续使用，即负功率问题仍未被完全解决。至此学者们终于意识到，非负功率问题可能并没有当初想象的那么简单，因此开始有学者对其开展了专项研究。

2011 年，van Zyl 等学者为解决负功率问题，提出了一种基于非负特征值限制的非相干极化分解算法 [12]。他们研究发现，负功率问题很大程度上是由于过高估计体散射造成的，也就是说负功率问题和过高估计体散射问题实际上是一个问题的两种表现，这个问题就是：该如何由极化相干矩阵中合理地提取出体散射成分。经研究后他们给出了一个非相干极化分解算法在提取任何散射成分时都应该遵从的限制条件——非负特征值限制，即要求从极化相干矩阵中提取出某种成分后一定要保证剩余的极化相干矩阵的特征值没有负值。上述限制从理论上保证了提取出的散射成分功率值均为非负值。但 van Zyl 等学者给出的具体分解算法有两个缺陷：第一个缺陷是他们虽然提出了非负特征值限制，却未能找到该限制条件下的解析分解算法，而使用的是迭代寻优算法，因此算法计算过程冗长繁琐；第二个缺陷是他们的算法的最后总会存在一个剩余成分，这个剩余成分可能对应任意的极化矢量，也就是说该算法分解结果中总存在一种成分是没有已知散射模型与之对应的，因此不能称该算法是完全“基于模型的”。

2014 年，Cui 等学者寻找到了非负特征值限制下的解析分解算法，并以其为基础提出了一种完全三成分非相干极化分解算法（简称：Cui 分解）[13-14]。“完全的”（complete）被第一次用来描述基于模型的非相干极化分解算法，以表明该算法无极化信息丢失。Cui 算法的一个主要改进是使用基于待分解极化相干矩阵和体散射模型的最小广义特征值来提取体散射成分，而基于最小广义特征值的散射成分提取方法正是非负特征值限制下的解析分解方法。在提取出体散射成分后，Cui 分解通过由剩余极化相干矩阵中提取出可能功率值最大的面散射成分或二次散射成分来确定后两个成分的具体形式。在后两个成分提取过程中，Cui 分解使用了与去定向变换不同的两种定向角旋转方法来提取后两个散射成分，其中第二种定向角旋转方法应用并不广泛。Cui 分解是“完全的”分解算法，因为它可保留原极化相干矩阵全部 9 个独立实数变量信息，但其最大问题在于其分解结果的第三个成分可对应于任意极化矢量，即其第三个成分虽然被解释为面散射或二次散射，但其在形式上与面散射和二次散射模型不符，也就是说，第三个成分不是基于模型的，因此不能称 Cui 分解是完全“基于模型的”。Chen 等学者也提出过一种基于迭代运算的非相干极化分解算法 [15]，不过该算法也存在一个无法与散射模型对应的剩余成分，即不是完全“基于模型的”。

在此后的研究中，有学者利用在分解过程中再引入其他酉变换的方法来改进去定向 Yamaguchi 算法（简称 G4U 算法）[16-17]，此类算法受 Yamaguchi 分解本身算法的限制，均不能从根本上解决负功率问题，而只能使用非负功率限制，进而造成对原极化相干矩阵非对角线元素始终存在信息丢失情况，因此此类算法通常称自身为散射矩阵功率分解算法，是不“完全的”非相干极化（矩阵或目标）分解。同时，还有学者尝试利用扩展体散射模型的方式以期获得更好的分解算法 [18-19]，但仅改进体散射模型在增加分解算法复杂度的同时，并未能完美解决极化信息丢失问题和非负功率问题，因此这些算法都不能称为“完全的”非相干极化分解算法。

2018 年，为了解决 Yamaguchi 类分解算法对 T_{13} 元素信息保留效果不理想的问题，Singh 等学者甚至提出了一种基于模型的六成分分解方法 [20]，新增的 2 个成分对应的散射模型是利用不同定向角线散射的组合分别对 T_{13} 元素的实部和虚部进行建模。该算法与目前已有的 G4U 等 Yamaguchi 类分解算法一样，在各散射成分的提取方法上并无创新，只是沿用了最初 Freeman 分解对未知参数个数大于方程个数时的同理求解方法，因此即使增加到 6 个成分，Singh 提出的分解算法仍受 Yamaguchi 分解本身原始算法的限制存在负功率问题，且随着成分数的增加，结果中负功率成分反而变得更多，只能不断地使用非负功率限制强制置零，从而带来进一步的极化信息丢失。因此，Singh 提出的六成分分解算法，是“基于模型的”但不是“完全的”。

综上所述，已有的基于模型的非相干极化分解算法，要么存在极化信息丢失从而是不“完全的”，要么是存在某一种成分不是“基于模型的”。笔者经研究后认为，单纯的改进体散射模型或者增加成分个数而不对分解算法本身进行深入细致的研究和改进，是很难“碰”到真正满足“基于模型的”和“完全的”两个条件的非相干极化分解算法的。而且随着如上所述大量学者的不断研究，像去定向变换、基于最小广义特征值的散射成分提取方法和酉变换等工具技术已经被不断提出并引入基于模型的非相干极化分解算法研究领域，并经历了实践的检验，这又为研发真正满足“基于模型的”和“完全的”条件的非相干极化分解算法提供了丰富的研究土壤。

基于上述原因和基础，笔者经过系统研究，提出了两种新的分解方法，具体如下。

2019 年，An 等学者提出了反射对称分解方法 [21]。该分解方法在基于最小广义特征值提取出最大可能的体散射成分后，使用去定向变换和螺旋角补偿将剩余矩阵分解为定向角相差 45°、螺旋角符号相反的两种成分。反射对称分解具有如下三个优点：①分解结果中无负功率成分；②由分解结果可以完整重建原极化相干矩阵；③分解结果中 3 个成分在形式上与选用的散射模型完全相符。反射对称分解的主要缺陷集中在螺旋角补偿上，虽然反射对称分解中已对螺旋角补偿的物理含义进行了大量论述，但仍然可认为对其背后实际物理过程的认知是不够的。螺旋角补偿到底是否能像定向角旋转那样能与实际物理变换过程相对应仍然是一个没有得到解决的问题。也就是说，虽然反射对称分解结果中各成分在形式上都是“基于模型的”，但是其分解算法过程中使用的螺旋角补偿这一步骤到底是不是“基于模型的”，仍有待研究确认。

2020 年，An 等学者基于极化对称性给出的极化对称分解是一种新的基于模型的四成分非相干极化分解算法 [22]，该方法的分解过程与 Yamaguchi 类四成分非相干分解算法完全不同。该种分解方法有两个版本的算法，版本一简洁，版本二复杂但结果具有更好的极化对称性。实验结果表明，极化对称分解是一种有效的由实际多视全极化数据分析地物散射机制的方法。反射对称分解具有如下几个优点：①极化对称分解是一种完全的非相干极化分解方法，分解过程中无极化信息丢失；②极化对称分解结果中无负功率成分；③极化对称分解的分解过程都能与实际物理过程相对应；④极化对称分解可以将一景实际极化 SAR 数据中 90% 以上的极化相干矩阵完全分解为 4 个与面散射模型、二次散射模型、体散射模型和螺旋散射模型严格相符的成分的和。值得指出的是，基于极化对称分解的研究获得了对基于模型的非相干极化分解技术理论极限上的一个新认知——基于模型的非相干极化分解算法无法很好地处理秩为 1 的极化相干矩阵。上述理论极限的一个推论是：如果一个极化相干矩阵接近于秩为 1 的极化相干矩阵，它的 $|\mathrm{Im}(T_{23})|$ 元素会与 T_{11} 元素相关，在无极化信息丢失和无负功率成分两个限制条件下，基于模型的非相干极化分解技术无法很好地处理这类极化相干矩阵，除非寻找到一种能覆盖所有秩为 1 极化相干矩阵的新的物理散射模型。

同时，为了从极化信息丢失和增加角度研究比较不同基于模型的非相干极化分解算法的性能优劣，An 等学者提出了广义极化熵的概念。广义极化熵利用信息熵的可加性原理对极化熵的概念和计算方法进行了扩展，使得其具备了计算其他非相干极化分解算法输出端信息量的能力，从而获得了对非相干极化分解算法整个分解过程信息量变化的一种定量描述方法。

极化熵描述了输入端极化相干矩阵的信息量，而广义极化熵描述了输出端的信息量，其差值就是极化分解算法本身（散射模型和分解过程）带来的极化信息增加量。基于广义极化熵以及其包括的极化剩余熵和极化功率熵概念，可以对不同非相干极化分解算法的结果进行比较分析。其实验结果可以明确指示分解结果是否存在不合理的情况，如极化剩余熵大于 1 对应了过高估计体散射、极化功率熵为负对应了存在负特征值，广义极化熵实验结果比较特殊的极化相干矩阵其分解结果同样也会比较特殊。在实验分析的所有 8 种分解算法中，反射对称分解在广义极化熵分析中具有明确的边界，从这一点来说要优于其他算法。

本书后续各章节的内容，基本与上述介绍的基于模型的非相干极化分解技术发展历程相一致。第 2 章介绍 Freeman 分解；第 3 章介绍 Yamaguchi 分解；第 4 章介绍去定向 Freeman 分解；第 5 章介绍改进 Cui 分解；第 6 章介绍反射对称分解；第 7 章介绍极化对称分解；第 8 章介绍广义极化熵和非相干极化分解的熵分析；第 9 章给出总结和建议。

1.3 极化雷达基本理论

读者想充分理解本书所介绍的内容，需要具备一定的基础知识。这些基础知识包括电磁波的极化理论、雷达原理、合成孔径雷达的成像方法、全极化 SAR 的工作方式和数据结构。对于这些基础知识本书不再详细叙述，读者可参看本章参考文献 [1] 和参考文献 [2]，通过文献调研自行学习。本节只简单地介绍一些必要的基本概念，这些基本概念是描述和理解后续各章节内容的基础。

极化是电磁波的一种固有属性特征，每个电磁波都有自己的极化特征。当一个电磁波入射到某个物体表面时会被其散射，散射后的电磁波也具有自己的极化特征，且这个极化特征通常会与入射电磁波的极化特征有所区别，我们将物体这种改变电磁波极化特征的现象称为变极化效应。在数学上，电磁波的极化信息用琼斯矢量（Jones Vector）$\boldsymbol{E}$ 表示，物体的变极化效应用极化散射矩阵（polarimetric scattering matrix，又称为 Sinclair Matrix）$\boldsymbol{S}$ 表示，它们具有如下关系

$$\boldsymbol{E}_{\mathrm{S}} = \boldsymbol{S}\boldsymbol{E}_{\mathrm{I}} \tag{1-1}$$

其中，$\boldsymbol{E}_{\mathrm{I}}$ 表示入射电磁波的琼斯矢量，$\boldsymbol{E}_{\mathrm{S}}$ 表示散射电磁波的琼斯矢量，它们都是二维复数列矢量；极化散射矩阵 $\boldsymbol{S}$ 是一个 2×2 的复数矩阵，具体如下：

$$\boldsymbol{S}=\begin{bmatrix} S_{\mathrm{HH}} & S_{\mathrm{VH}} \\ S_{\mathrm{HV}} & S_{\mathrm{VV}} \end{bmatrix} \tag{1-2}$$

其中，下标 H 和 V 分别对应水平极化和垂直极化。水平极化和垂直极化相互正交，是最常用的一种极化基，另一种比较常用的极化基是圆极化基，包括 L 表示的左旋圆极化和 R 表示的右旋圆极化。上述给出的有关琼斯矢量、极化散射矩阵、极化基的内容只是最简单的描述，其具体定义和后向散射坐标系的选定等内容请参看本章参考文献 [1] 和参考文献 [2] 等专业文献和书籍。

SAR 卫星为获取地面的遥感图像，首先会向地面发射微波频段的电磁波，电磁波在照射到地面后会被散射到各个方向，其中有一部分电磁波会恰好散射回 SAR 卫星。SAR 卫星记录这些散射回的电磁波信息并下传到地面后，经过计算机的成像处理即可获得地面的高分辨率微波遥感图像。

具备可以完整测量电磁波极化信息能力的 SAR 被称为全极化 SAR。全极化 SAR 在工作时，首先发射水平极化的电磁波，然后分别接收地物散射回的水平极化电磁波和垂直极化电磁波，通过处理即可获得地物的 S_{HH} 和 S_{HV} 数据（第一个下标 H 表示发射的是水平极化的电池波，第二个下标 H 表示接收的水平极化电磁波，第二个下标 V 表示接收的是垂直极化的电磁波）；随后发射垂直极化的电磁波然后分别接收地物散射回的水平极化电磁波和垂直极化电磁波，通过处理可获得地物的 S_{VH} 和 S_{VV} 数据（第一个下标 V 表示发射的是垂直极化的电池波，第二个下标 H 表示接收的是水平极化电磁波，第二个下标 V 表示接收的是垂直极化的电磁波）。

如图 1-2 所示，全极化 SAR 卫星在飞行过程中，就是通过不断交替发射水平极化电磁波（并接收）和垂直极化电磁波（并接收），从而完成对地面一个条带范围内每个分辨单元地物极化散射矩阵数据的获取。这一个条带的数据被称为一轨观测数据，为了显示和存储便利通常会把一轨数据在沿轨方向上切割为宽度和高度基本相等的一个个方形图像，这样的一个近似方形的图像被称为一景全极化 SAR 观测数据。人们可以获得的全极化 SAR 数据通常就是这样一景一景的图像数据，它们是极化 SAR 数据处理的输入（有关合成孔径雷达的系统原理和定标处理等内容，请参看本章参考文献 [1] 和参考文献 [2] 等专业文献和书籍）。

一景全极化 SAR 图像的每一个像素点的数据就是该像素点所对应地物的极化散射矩阵数据。由于一个极化散射矩阵包括 S_{HH}、S_{HV}、S_{VH}、S_{VV} 四个数据元素，因此通常将每个元素对应的一景图像中的所有数据称为一个通道的数据，也就是说一景全极化 SAR 数据会有 4 个通道的数据，通常简称为 HH、HV、VH 和 VV 四个通道数据。这种存储 4 个通道极化散射矩阵数据的全极化 SAR 图像有一个专业名称——单视复图像。

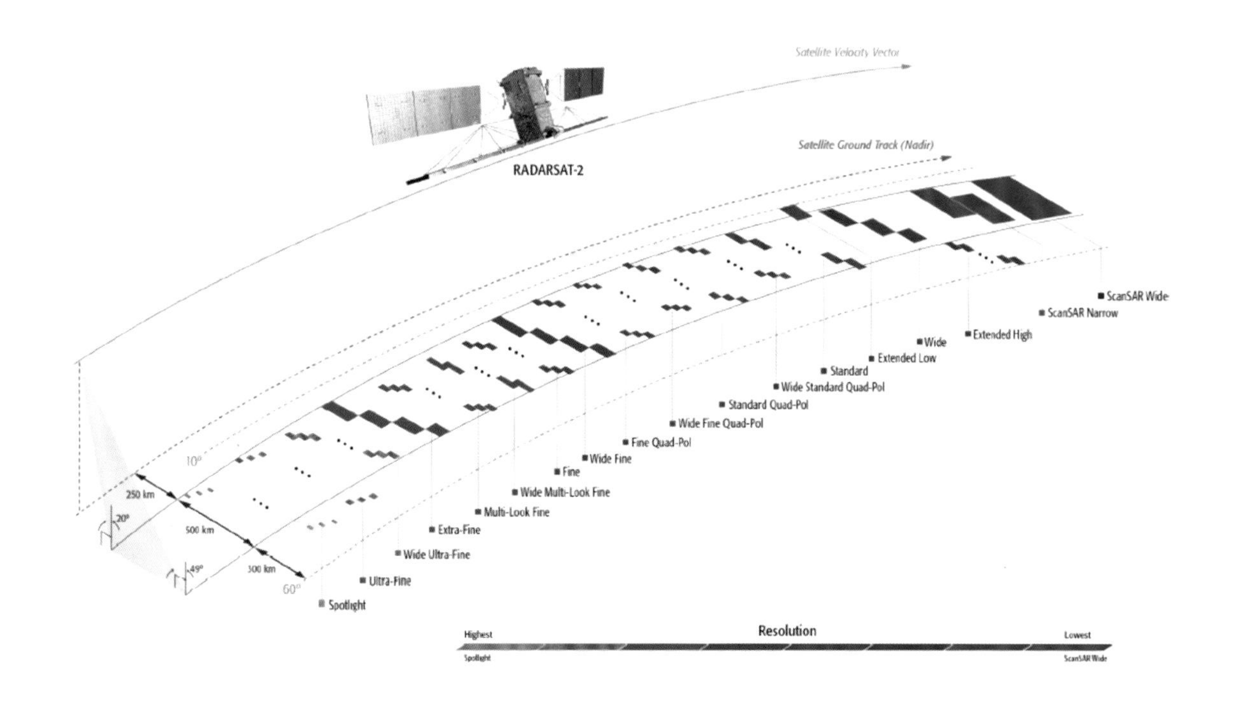

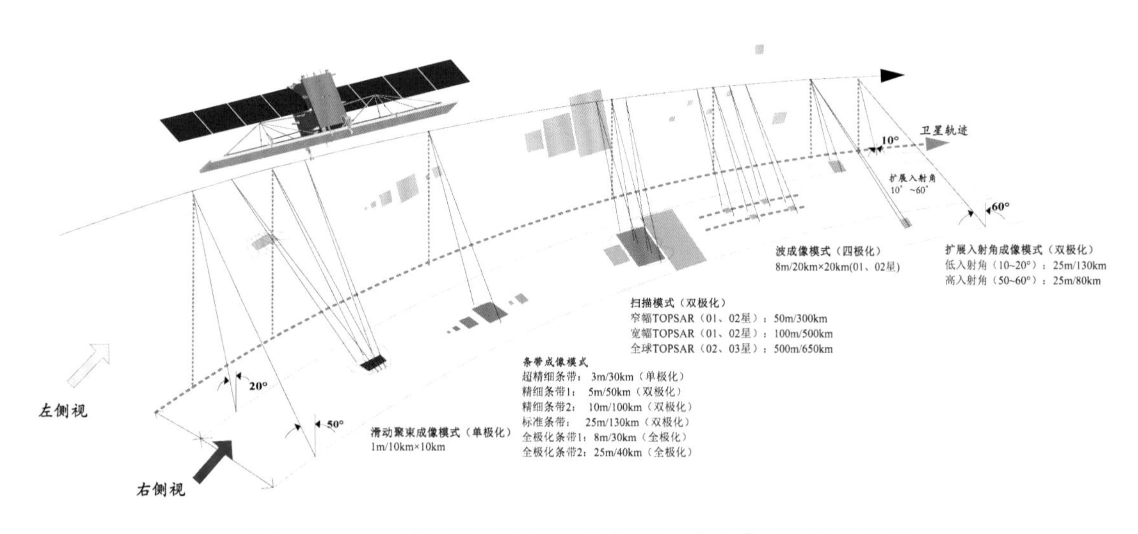

图1-2　SAR卫星对地面进行观测可获取一个条带区域的遥感图像，然后通过处理生产为一景一景的标准数据产品

单视复图像的“复”表明数据是复数包含实部和虚部，而“单视”是相对于“多视”而言的。学者们在使用单视复图像时，发现其通常具有非常明显的乘性斑点噪声，这些噪声对后续数据处理影响非常大。为了抑制斑点噪声需要对单视复图像进行多视处理，多视处理包括频域多视和空域多视两大类。无论是频域多视还是空域多视在数学上都可以看作为一组极化数据的加权平均（系数均为 $1/n$），通常这一过程被简称为集平均（ensemble averaging）。若进一步把加权系数看作是改变了被平均极化数据的绝对大小，则集平均也就等价于对一组极化数据求和。集平均涉及对极化数据求和，而极化散射矩阵的直接求和会造成数据的相干消除，因此集平均是在极化散射矩阵的二阶统计量上进行的。有关多视处理的原理和具体过程这里不再详述，感兴趣的读者可以自行学习研究，下面直接给出多视处理后结果的表达形式。

多视处理后获得的多视全极化 SAR 图像，其每个像素点对应于一个极化相干矩阵 $\boldsymbol{T}$

$$\boldsymbol{T}=\left\langle \boldsymbol{k}\boldsymbol{k}^{\mathrm{H}}\right\rangle=\begin{bmatrix} T_{11} & T_{12} & T_{13} \\ T_{12}^{*} & T_{22} & T_{23} \\ T_{13}^{*} & T_{23}^{*} & T_{33} \end{bmatrix} \tag{1-3}$$

其中，上标 * 表示共轭；上标 H 表示共轭转置；$\langle\cdot\rangle$ 表示集平均；$\boldsymbol{k}$ 为 Pauli 矢量，其与极化散射矩阵各元素的关系如下：

$$\boldsymbol{k}=\frac{1}{\sqrt{2}}\begin{bmatrix} S_{\mathrm{HH}}+S_{\mathrm{VV}} \\ S_{\mathrm{HH}}-S_{\mathrm{VV}} \\ S_{\mathrm{HV}}+S_{\mathrm{VH}} \end{bmatrix} \tag{1-4}$$

Pauli 矢量 $\boldsymbol{k}$ 可以看作是极化散射矩阵在 Pauli 基下的表示形式，$\boldsymbol{k}\boldsymbol{k}^{\mathrm{H}}$ 就是极化散射矩阵的二阶统计量形式。Pauli 矢量 $\boldsymbol{k}$ 是一个三阶复数列矢量，它实际上是一种相干极化分解技术——Pauli 分解的结果，由于其使用得非常广泛，目前已默认为是极化数据的一种规范表示形式。Pauli 矢量的三个要素从极化分解角度来说分别对应了球面散射成分、0° 二面角散射成分和 45° 二面角散射成分。

极化分解（polarimetric decomposition）技术就是通过将目标极化散射矩阵或极化相干矩阵分解为多个更为简单的散射成分的组合，来使人们更加充分地认识与分析目标的散射机制的一类方法的总称。极化分解根据处理的数据类型不同分为两类：第一类是处理单视全极化数据的相干极化分解技术（coherent polarimetric decomposition）；第二类是处理多视全极化数据的非相干极化分解技术（incoherent polarimetric decomposition）。其中，非相干极化分解技术又可细分为基于特征值分解的非相干极化分解技术和基于模型的非相干极化分解技术。有关相干极化分解和基于特征值分解的非相干极化分解，读者可参看本章参考文献 [1] 和参考文献 [2] 等自行学习，本书主要介绍的是基于模型的非相干极化分解技术。

1.4 主要符号对照表

σ	雷达散射截面积
θ	目标定向角
$\boldsymbol{R}$	目标定向角逆旋转矩阵
$\boldsymbol{E}$	电场 Jones 矢量
$\boldsymbol{S}$	极化散射矩阵
$S_{\mathrm{HH}}, S_{\mathrm{HV}}, S_{\mathrm{VH}}, S_{\mathrm{HH}}$	水平 (H) 垂直 (V) 线极化基下散射矩阵 S 中的复元素
$S_{\mathrm{LL}}, S_{\mathrm{LR}}, S_{\mathrm{RL}}, S_{\mathrm{RR}}$	左旋 (L) 右旋 (R) 圆极化基下散射矩阵 S 中的复元素
$Span$	极化总功率
H	极化熵
$\boldsymbol{k}$	Pauli 矢量
$\boldsymbol{T}$	极化相干矩阵
T_{ij}	相干矩阵 T 中各元素 i=1, 2, 3; j = 1, 2, 3
$A_0, B_0, B, C, D, E, F, G, H$	Huynen 参数
$\boldsymbol{C}$	极化相关矩阵
$\boldsymbol{U}$	酉矩阵或酉矩阵列矢量
j , i	−1 的平方根
x^*	x 的共轭
$\mathrm{Re}(x)$	x 的实部
$\mathrm{Im}(x)$	x 的虚部
$\mathrm{diag}(\boldsymbol{A})$	取矩阵 A 的对角线元素作为一个向量
$\boldsymbol{x}^{\mathrm{H}}, \boldsymbol{A}^{\mathrm{H}}$	向量与矩阵的共轭转置
$\lvert\cdot\rvert$	绝对值或矩阵行列式
$\det(\boldsymbol{A})$	矩阵 A 的行列式
$\mathrm{tr}(\boldsymbol{A}), \mathrm{Tr}(\boldsymbol{A})$	矩阵 A 的迹

$\langle \boldsymbol{A} \rangle$	矩阵 A 的平均
λ	特征值
$\boldsymbol{I}$	3×3 单位阵

本书中面散射、二次散射、球面散射、二面角散射分别指代 4 种不同的散射模型，其各自的极化相干矩阵如下。

面散射模型：
$$\boldsymbol{T}_{\mathrm{S}}=\frac{1}{1+|\beta|^2}\begin{bmatrix}1 & \beta & 0\\ \beta^* & |\beta|^2 & 0\\ 0 & 0 & 0\end{bmatrix},\quad |\beta|\leqslant 1$$

二次散射模型：
$$\boldsymbol{T}_{\mathrm{D}}=\frac{1}{1+|\alpha|^2}\begin{bmatrix}|\alpha|^2 & \alpha & 0\\ \alpha^* & 1 & 0\\ 0 & 0 & 0\end{bmatrix},\quad |\alpha|<1$$

球面散射模型：
$$\boldsymbol{T}_{\mathrm{Sphere}}=\begin{bmatrix}1 & 0 & 0\\ 0 & 0 & 0\\ 0 & 0 & 0\end{bmatrix}$$

二面角散射模型：
$$\boldsymbol{T}_{\mathrm{Dihedral}}=\begin{bmatrix}0 & 0 & 0\\ 0 & 1 & 0\\ 0 & 0 & 0\end{bmatrix}$$

其中，二面角散射模型给出的是 0° 定向角下的形式，通过定向角旋转还可以获得其他定向角情况下的模型，如 45° 定向角情况下的二面角散射模型如下：

$$\boldsymbol{T}_{\mathrm{Dihedral}}=\begin{bmatrix}0 & 0 & 0\\ 0 & 0 & 0\\ 0 & 0 & 1\end{bmatrix}$$

参考文献

[1] 安文韬 . 基于极化 SAR 的目标极化分解与散射特征提取研究 . 北京：清华大学 , 2010.

[2] CLOUDE S R, POTTIER E. A review of target decomposition theorems in radar polarimetry. IEEE Trans. Geosci. Remote Sens., 1996, 34(2):498–518.

[3] FREEMAN A, DURDEN S L. A three-component scattering model for polarimetric SAR. IEEE Trans. Geosci. Remote Sens., 1998, 36(3):963–973.

[4] YAMAGUCHI Y, MORIYAMA T, ISHIDO M, et al. Four-component scattering model for polarimetric SAR image decomposition. IEEE Trans. Geosci. Remote Sens., 2005, 43(8):1699–1706.

[5] YAMAGUCHI Y, YAJIMA Y, YAMADA H. A four-component decomposition of POLSAR images based on

the coherency matrix. IEEE Geosci. Remote Sens. Lett., 2006, 3(3):292–296.

[6] YAJIMA Y, YAMAGUCHI Y, SATO R, et al. POLSAR Image Analysis of Wetlands Using a Modified Four-Component Scattering Power Decomposition. IEEE Trans. Geosci. Remote Sens., 2008, 46(6):1667–1673.

[7] AN W, CUI Y, YANG J. Three-Component Model-Based Decomposition for Polarimetric SAR data. IEEE Trans. Geosci. Remote Sens., 2010, 48(6):2732–2739.

[8] XU F, JIN Y, Deorientation theory of polarimetric scattering targets and application to terrain surface classification. IEEE Trans. Geosci. Remote Sens., 2005, 43(10).

[9] LEE J-S, AINSWORTH T L. The effect of orientation angle compensation on coherency matrix and polarimetric target decompositions. IEEE Trans. Geosci. Remote Sens., 2011, 49(1):53–64.

[10] YAMAGUCHI Y, SATO A, BOERNER W M, et al. Four-component scattering power decomposition with rotation of coherency matrix. IEEE Trans. Geosci. Remote Sens., 2011, 49(6):2251–2258.

[11] AN W, XIE C, YUAN X, et al. Four-Component Decomposition of Polarimetric SAR Images With Deorientation. IEEE Geosci. Remote Sens. Lett., 2011, 8(6):1090–1094.

[12] VAN ZYL J J, ARII M, KIM Y. Model-based decomposition of polarimetric SAR covariance matrices constrained for nonnegative eigenvalues. IEEE Trans. Geosci. Remote Sens., 2011, 49(9):1104–1113.

[13] CUI Y, YAMAGUCHI Y, YANG J, et al. On Complete Model-Based Decomposition of Polarimetric SAR Coherency Matrix Data, IEEE Trans. Geosci. Remote Sens., 2014, 52(4):1991–2001.

[14] AN W, XIE C. An Improvement on the Complete Model-Based Decomposition of Polarimetric SAR Data. IEEE Geosci. Remote Sens. Lett., 2014, 11(11):1926–1930.

[15] CHEN S W, WANG X S, XIAO S P, et al. General polarimetric model-based decomposition for coherency matrix. IEEE Trans. Geosci. Remote Sens., 2014, 52(3):1843–1855.

[16] SINGH G, YAMAGUCHI Y, PARK S-E. General Four-Component Scattering Power Decomposition With Unitary Transformation of Coherency Matrix. IEEE Trans. Geosci. Remote Sens., 2013, 51(5):3014–3022.

[17] BHATTACHARYA A, SINGH G, MANICKAM S, et al. An Adaptive General Four-Component Scattering Power Decomposition With Unitary Transformation of Coherency Matrix. IEEE Geosci. Remote Sens. Lett., 2015, 12(10):2110–2114.

[18] SATO A, YAMAGUCHI Y, SINGH G, et al. Four-component scattering power decomposition with extended volume scattering model. IEEE Geosci. Remote Sens. Lett., 2012, 9(2):166–170.

[19] CHEN S W, WANG X S, LI Y Z, et al. Adaptive model-based polarimetric decomposition using PolInSAR coherence. IEEE Trans. Geosci. Remote Sens., 2014, 52(3):1705–1718.

[20] SINGH G, YAMAGUCHI Y. Model-Based Six-Component Scattering Matrix Power Decomposition. IEEE Trans. Geosci. Remote Sens., 2014, 52(3):1705–1718.

[21] AN W T, LIN M S. A reflection symmetry approximation of multi-look polarimetric SAR data and its Application to Freeman-Durden Decomposition. IEEE Transactions on Geoscience and Remote Sensing, 2019, 57(6):3649–3660.

[22] AN W T, LIN M S. An incoherent decomposition algorithm based on polarimetric symmetry for Multi-Look Polarimetric SAR data. IEEE Transactions on Geoscience and Remote Sensing, 2020, 58(4):2383–2397.

第 2 章　Freeman 分解

2.1　提出的背景和要解决的问题

1998 年，Anthony Freeman 和 Stephen L. Durden 两位学者提出了第一个基于模型的非相干极化分解算法（model-based incoherent polarimetric decomposition algorithm）[1]，简称为 Freeman 分解（算法标识为 F3D）。Freeman 分解的提出最初的一个目的是方便多视 SAR 图像的观看者可以直观地分辨地物的主要散射机制组成。

在 Freeman 分解被提出的当时，在对自然地物和人工物体的极化雷达后向散射正演建模上已有许多研究成果，这些模型通常比较复杂，需要大量输入参数才能成功地估计观测到的后向散射。例如，在对森林的后向散射进行建模时，通常需要包括如下输入参数：树木的高度和直径测量值、树木密度、叶片的尺寸和角度分布、树枝的尺寸和角度分布、树干的介电常数、地面的粗糙度和介电常数。这些模型都是基于对图像中地物的真实测量数据通过求解“正向问题”的方法来估计后向散射。但当应用这些模型分析已获得的后向散射数据时，要想反演出实际的地物情况或分析其散射机制组成则非常困难，甚至几乎是不可能的。因为在正向问题中这些模型的输入参数（地物真实数据）通常远远多于其输出参数（雷达测量到的后向散射数据），因此反演算法很难找到一个唯一解。

极化分解技术在当时就已成为分析雷达后向散射数据对应散射机制的主要工具。在用于分析单视全极化数据的相干极化分解算法上，学者们提出了 Pauli 分解、Krogager 分解、Huyen 相干分解、Cameron 分解等多种算法，相对已比较成熟[2]。对于多视全极化数据，当时已有的非相关极化分解算法主要包括 Cloude 和 Pottier 提出的特征值分解算法和以其为基础的 Holm 分解算法[3]。这两种非相关极化分解算法都基于数学上的特征值分解运算，这带来了如下两个问题。

第一，这两种算法分解结果中的各成分通常很难找到与之对应的实际物理模型。若利用相干极化分解来分析这两个算法的分解结果，通常只能溯源到标准球面、二面角、角反射器等理想的人造目标，这些理想的人造目标在自然界中并不普遍存在，因此用它们来解释如森林和植被区域地物的散射机制不太合适。针对这一问题，Freeman 分解中首先提出了一种针对森林树冠的体散射模型，其次使用了具有实际物理意义且在形式上适用范围更广的面散射模型和二次散射模型。

第二，基于特征值分解运算的非相关极化分解算法通常要求其分解结果中各成分之间具有正交性。这一限制对于自然地物的各种散射成分组成来说显得过于严苛。在 Freeman 分解中则只要求其分解结果各成分之间是不相关的。

Freeman 分解完全基于雷达观测到的后向散射数据进行计算，且其分解结果中各成分具有对应的物理含义，因此后来被称为首个基于模型的非相干极化分解算法。Freeman 分解的提出在当时是开创性的，从其基于模型的非相干极化分解技术开始进入学者们的视野，下面介绍 Freeman 分解的具体内容。

2.2　使用的散射模型

Freeman 分解最初提出时其算法描述是基于极化相关矩阵的（polarimetric covariance matrix），随着基于模型的非相干极化分解技术的发展，学者们发现使用极化相干矩阵（polarimetric coherency matrix）替代极化相关矩阵会使得算法在形式上更加简洁，且其物理意义也更加清晰，因此本书将基于极化相干矩阵描述 Freeman 分解。

Freeman 分解使用了 3 种有实际物理意义的模型，分别为体散射模型、面散射模型、二次散射模型，下面分别加以介绍。

2.2.1　体散射模型

体散射顾名思义指 SAR 分辨单元内存在众多杂乱无章的小型散射体，其最典型的地物就是森林的树冠，树冠中的大量小树枝和树叶即对应杂乱的众多小型散射体。Freeman 分解假设体散射的雷达回波来源于一团随机朝向的、纤细的、类似于圆柱体的小型散射体，并且为了推导出体散射的二阶散射矩阵即极化相干矩阵，Freeman 对体散射模型进一步简化如下。

首先，进一步假设体散射回波来源于一团随机分布的偶极子（偶极子在这里指产生雷达回波的最小散射单元），偶极子在零度定向角时其极化散射矩阵和极化相干矩阵分别为

$$\boldsymbol{S}=\begin{bmatrix}1 & 0\\ 0 & 0\end{bmatrix},\qquad \boldsymbol{T}=\frac{1}{2}\begin{bmatrix}1 & 1 & 0\\ 1 & 1 & 0\\ 0 & 0 & 0\end{bmatrix} \tag{2-1}$$

随后，假设这些偶极子的定向角围绕雷达观测视线呈均匀分布。那么体散射模型 $\boldsymbol{T}_{\mathrm{V}}$，也就是这些偶极子散射回波的非相干叠加，可以用如下积分公式表示：

$$\boldsymbol{T}_{\mathrm{V}}=\int_{0}^{2\pi}\frac{1}{2\pi}\cdot\boldsymbol{T}(\theta)\mathrm{d}\theta=\frac{1}{4}\begin{bmatrix}2&0&0\\0&1&0\\0&0&1\end{bmatrix} \tag{2-2}$$

其中，$\boldsymbol{T}(\theta)$ 表示定向角为 θ 的偶极子的极化相干矩阵，其具体形式可以使用 0° 定向角偶极子的极化相干矩阵通过定向角旋转操作获得，具体如下［其中 $\boldsymbol{R}(\theta)$ 表示定向角逆旋转矩阵］。

$$\boldsymbol{T}(\theta)=\boldsymbol{R}^{\mathrm{H}}(\theta)\cdot\frac{1}{2}\begin{bmatrix}1&1&0\\1&1&0\\0&0&0\end{bmatrix}\cdot\boldsymbol{R}(\theta),\quad \boldsymbol{R}(\theta)=\begin{bmatrix}1&0&0\\0&\cos2\theta&\sin2\theta\\0&-\sin2\theta&\cos2\theta\end{bmatrix} \tag{2-3}$$

由式 (2−2) 可知，体散射模型 $\boldsymbol{T}_{\mathrm{V}}$ 除对角线元素外，其他元素都为零，这表明其 3 个通道完全不相关，这与体散射的物理含义吻合得很好（有关定向角旋转的详细内容，请参见第 4 章的 4.3 节）。

值得指出的一点是，式 (2−2) 中的积分过程表明上述经典体散射模型的获得需要基于偶极子散射回波的充分非相干叠加。也就是说，在利用其分析极化 SAR 数据时，只有当 SAR 数据的多视视数足够时，才会获得较充分且稳定的体散射成分分解结果。针对多视视数不足的 SAR 数据，推荐采用极化滤波技术增加数据的等效视数，根据笔者经验一般当等效视数值在 10 左右或更大时，会获得充分且稳定的体散射成分分解结果。

最后值得指出的一点是，上述介绍的仅为经典体散射模型，目前更加精确的体散射模型仍然是地物极化散射建模领域研究的热点之一，已经有许多学者提出了大量改进的体散射模型，感兴趣的读者可以阅读本章参考文献 [4] 和参考文献 [5] 等相关学术文献，这里不再详述。

2.2.2 面散射模型

面散射又称一次散射，是雷达电磁波经地物一次散射后，在雷达波入射方向相干叠加形成的回波。Freeman 分解使用的面散射模型在形式上采用了粗糙表面的一阶 Bragg 散射模型。一阶 Bragg 散射模型不考虑交叉极化，其极化散射矩阵形式如下[6]：

$$\begin{aligned}&\boldsymbol{S}=m_{\mathrm{S}}\begin{bmatrix}R_{\mathrm{h}}&0\\0&R_{\mathrm{v}}\end{bmatrix}\\&R_{\mathrm{h}}=\frac{\cos\theta-\sqrt{\varepsilon_{\mathrm{r}}-\sin^{2}\theta}}{\cos\theta+\sqrt{\varepsilon_{\mathrm{r}}-\sin^{2}\theta}}\\&R_{\mathrm{v}}=\frac{(\varepsilon_{\mathrm{r}}-1)\left[\sin^{2}\theta-\varepsilon_{\mathrm{r}}\left(1+\sin^{2}\theta\right)\right]}{\left(\varepsilon_{\mathrm{r}}\cos\theta+\sqrt{\varepsilon_{\mathrm{r}}-\sin^{2}\theta}\right)^{2}}\end{aligned} \tag{2-4}$$

其中，R_h 和 R_v 分别对应水平和垂直极化的反射系数；θ 为入射角；ε_r 为相对介电常数；m_S 是与表面粗糙度、电磁波波长和相位有关的对各极化通道影响相同的一个变量。式 (2-4) 所示散射矩阵对应的极化相干矩阵，在不考虑绝对大小的情况下其形式如下：

$$\boldsymbol{T}=\begin{bmatrix}1 & \beta^* & 0\\ \beta & |\beta|^2 & 0\\ 0 & 0 & 0\end{bmatrix} \tag{2-5}$$

其中：

$$\beta=\frac{R_h-R_v}{R_h+R_v} \tag{2-6}$$

Freeman 分解通常要求散射模型的极化总功率为 1，同时为了后续推导分解算法时表示便利，本书最终将 Freeman 分解使用的面散射模型表示为如下形式：

$$\boldsymbol{T}_S=\frac{1}{1+|\beta|^2}\begin{bmatrix}1 & \beta & 0\\ \beta^* & |\beta|^2 & 0\\ 0 & 0 & 0\end{bmatrix},\qquad |\beta|\leqslant 1 \tag{2-7}$$

其中，β 为复数，$|\beta|\leqslant 1$ 是为了保证模型的球面散射功率不会弱于二面角散射功率，对于普通雷达观测地面来说通常可以假定 $|\beta|\leqslant 0.5$。

以面散射为主的一种最主要的地物类型就是海面。在 SAR 观测的典型入射角范围内（约 18° ～ 50°），在不考虑其他长波（涌浪）情况下，海面的后向散射主要为 Bragg 散射。对海面的 Bragg 散射原理感兴趣的读者可以参阅本章参考文献 [8] 的第 93 页“以面散射为主的典型地物示例”一节以获得更多信息。

2.2.3　二次散射模型

Freeman 分解使用的二次散射基于两个相互垂直的粗糙面进行建模，其对应的典型地物包括建筑外墙与地面、路灯杆与地面、树干与地面等。单个粗糙表面的散射特性仍使用一阶 Bragg 散射进行描述，分别用 R_{th} 和 R_{tv} 表示垂直粗糙面的水平极化和垂直极化反射系数，分别用 R_{gh} 和 R_{gv} 表示水平粗糙面的水平极化和垂直极化反射系数，同时为了使模型更具有普适性分别用 $e^{j2\gamma_h}$ 和 $e^{j2\gamma_v}$ 表示由两个粗糙面的衰减和电磁波在两个粗糙面间传播路径带来的水平极化和垂直极化上的相位变化。通过上面的建模方法，相互垂直的两个粗糙表面的极化散射矩阵在不考虑绝对大小的情况下可以表示为如下形式：

$$\boldsymbol{S}=\begin{bmatrix} \mathrm{e}^{j2\gamma_{\mathrm{h}}}R_{\mathrm{gh}}R_{\mathrm{th}} & 0 \\ 0 & \mathrm{e}^{j2\gamma_{\mathrm{v}}}R_{\mathrm{gv}}R_{\mathrm{tv}} \end{bmatrix} \tag{2-8}$$

采用与推导面散射模型相同的过程，首先由极化散射矩阵 $\boldsymbol{S}$ 推导出 Pauli 矢量 $\boldsymbol{k}$，然后由 Pauli 矢量 $\boldsymbol{k}$ 推导出极化相干矩阵 $\boldsymbol{T}$，随后对极化相干矩阵 $\boldsymbol{T}$ 进行极化总功率归一化，最后对结果进行简化和整理，可获得二次散射模型的最终表示形式如下：

$$\boldsymbol{T}_{\mathrm{D}}=\frac{1}{1+|\alpha|^2}\begin{bmatrix} |\alpha|^2 & \alpha & 0 \\ \alpha^* & 1 & 0 \\ 0 & 0 & 0 \end{bmatrix}, \quad |\alpha|<1 \tag{2-9}$$

其中，α 为复数，$|\alpha|<1$ 是为了保证模型的二面角散射功率要强于球面散射功率。

最后特别说明一下，本节以及后文所述的二次散射并不同于二面角散射。本书将 Pauli 矢量第 2 个和第 3 个元素所对应的散射称为二面角散射，其中第 2 个元素所对应的为 0° 定向角的二面角散射，第 3 个元素所对应的为 45° 定向角的二面角散射。

$\boldsymbol{T}_{\mathrm{D}}$ 所示的二次散射模型相比于二面角散射模型来说，不要求 HH 通道的幅度和 VV 通道的幅度必须相等，且也不要求 HH 通道和 VV 通道的相位必须相差 $\pm\pi$，这使得二次散射模型的适用范围更加广泛，其与实际地物散射特性的符合程度也要更好。

2.3 分解算法

Freeman 分解将一个多视极化 SAR 观测到的目标极化相干矩阵 $\boldsymbol{T}$ 非相干分解成面散射、二次散射、体散射 (surface scattering, double-bounce scattering, volume scattering) 三种成分的和，数学上可用如下公式表示：

$$\boldsymbol{T}=P_{\mathrm{S}}\boldsymbol{T}_{\mathrm{S}}+P_{\mathrm{D}}\boldsymbol{T}_{\mathrm{D}}+P_{\mathrm{V}}\boldsymbol{T}_{\mathrm{V}} \tag{2-10}$$

其中，$\boldsymbol{T}_{\mathrm{S}}$、$\boldsymbol{T}_{\mathrm{D}}$、$\boldsymbol{T}_{\mathrm{V}}$ 分别是式 (2-7)、式 (2-9)、式 (2-2) 所示的面散射模型、二次散射模型和体散射模型（图 2-1），由于它们各自的极化总功率均为 1，因此相应的 P_{S}、P_{D}、P_{V} 分别代表面散射、二次散射和体散射的功率大小，并且算法要求它们 3 个的和与极化总功率相等，即

$$Span=T_{11}+T_{22}+T_{33}=P_{\mathrm{S}}+P_{\mathrm{D}}+P_{\mathrm{V}} \tag{2-11}$$

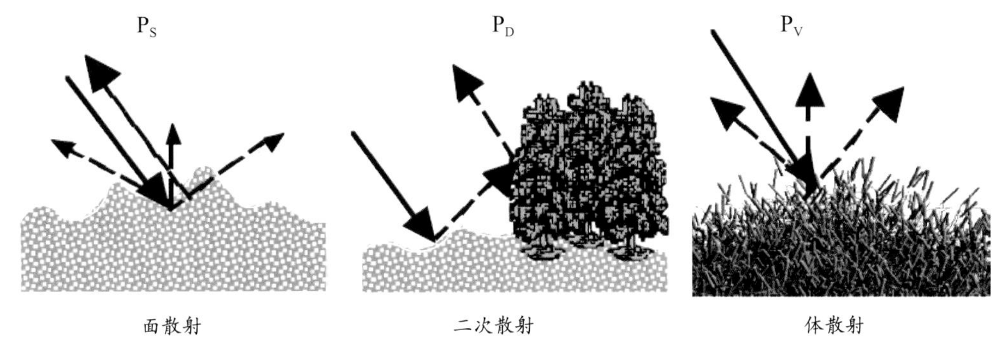

图2-1 三种散射成分示意图

将式 (2-7)、式 (2-9)、式 (2-2) 代入式 (2-10) 后可得

$$\begin{bmatrix} T_{11} & T_{12} & T_{13} \\ T_{12}^{*} & T_{22} & T_{23} \\ T_{13}^{*} & T_{23}^{*} & T_{33} \end{bmatrix} = \frac{P_S}{1+|\beta|^2}\begin{bmatrix} 1 & \beta & 0 \\ \beta^{*} & |\beta|^2 & 0 \\ 0 & 0 & 0 \end{bmatrix} + \frac{P_D}{1+|\alpha|^2}\begin{bmatrix} |\alpha|^2 & \alpha & 0 \\ \alpha^{*} & 1 & 0 \\ 0 & 0 & 0 \end{bmatrix} + \frac{P_V}{4}\begin{bmatrix} 2 & 0 & 0 \\ 0 & 1 & 0 \\ 0 & 0 & 1 \end{bmatrix} \tag{2-12}$$

通过分析后可以发现式（2-12）在数学上实际并不成立，因为式 (2-12) 右侧所有矩阵和的 T_{12} 和 T_{13} 元素始终为零，而左侧 SAR 实际观测到的目标极化相干矩阵其 T_{12} 和 T_{13} 元素一般都不为零。为解决或者说为了规避这一问题，Freeman 分解采用了**目标具有反射对称性的假设**。若目标具有反射对称性，则其极化相干矩阵的 T_{12} 和 T_{13} 元素会为零，同时为了推导便利对式 (2-12) 的右侧进行简化后可得

$$\begin{bmatrix} T_{11} & T_{12} & 0 \\ T_{12}^{*} & T_{22} & 0 \\ 0 & 0 & T_{33} \end{bmatrix} = f_S\begin{bmatrix} 1 & \beta & 0 \\ \beta^{*} & |\beta|^2 & 0 \\ 0 & 0 & 0 \end{bmatrix} + f_D\begin{bmatrix} |\alpha|^2 & \alpha & 0 \\ \alpha^{*} & 1 & 0 \\ 0 & 0 & 0 \end{bmatrix} + f_V\begin{bmatrix} 2 & 0 & 0 \\ 0 & 1 & 0 \\ 0 & 0 & 1 \end{bmatrix} \tag{2-13}$$

其中，f_S、f_D、f_V 可以理解为各散射成分的贡献值，其与各成分功率值的关系如下：

$$f_S = \frac{P_S}{1+|\beta|^2}, \quad f_D = \frac{P_D}{1+|\alpha|^2}, \quad f_V = \frac{P_V}{4} \tag{2-14}$$

由式 (2-13) 的 T_{33} 元素所对应的等式可以发现：

$$f_V = T_{33} \tag{2-15}$$

即体散射成分的贡献值 f_V 由 T_{33} 元素确定，相应地我们可以由原极化相干矩阵中减去体散射成分，剩余的极化相干矩阵如下：

$$\boldsymbol{T}' = \begin{bmatrix} T_{11} & T_{12} & 0 \\ T_{12}^{*} & T_{22} & 0 \\ 0 & 0 & T_{33} \end{bmatrix} - T_{33}\begin{bmatrix} 2 & 0 & 0 \\ 0 & 1 & 0 \\ 0 & 0 & 1 \end{bmatrix} = f_S\begin{bmatrix} 1 & \beta & 0 \\ \beta^{*} & |\beta|^2 & 0 \\ 0 & 0 & 0 \end{bmatrix} + f_D\begin{bmatrix} |\alpha|^2 & \alpha & 0 \\ \alpha^{*} & 1 & 0 \\ 0 & 0 & 0 \end{bmatrix} \tag{2-16}$$

由式 (2−16) 可以获得如下 3 个等式

$$
\begin{aligned}
&T_{22}-T_{33}=f_{\mathrm{S}}|\beta|^{2}+f_{\mathrm{D}} \\
&T_{11}-2T_{33}=f_{\mathrm{S}}+f_{\mathrm{D}}|\alpha|^{2} \\
&T_{12}=f_{\mathrm{S}}\beta+f_{\mathrm{D}}\alpha
\end{aligned}
\tag{2-17}
$$

式 (2−17) 中的 T_{12} 为复数，因此其对应了 4 个实数方程；未知数是 f_{S}、f_{D}、α、β，因为 α 和 β 是复数因此有 6 个未知实数变量。由于未知数的个数超过了实数方程的个数，因此式 (2−17) 的解并不唯一。为了获得确定的分解结果，Freeman 分解采用了如下的计算方法。

通过观察面散射模型 $\boldsymbol{T}_{\mathrm{S}}$ 和二次散射模型 $\boldsymbol{T}_{\mathrm{D}}$ 可以发现，它们的差别主要在于 T_{11} 和 T_{22} 元素的相对大小。因此在减去体散射成分后，若剩余极化相干矩阵 $\boldsymbol{T}'$ 的 $T'_{11}\geqslant T'_{22}$，则认为目标以面散射为主，相应地将二次散射的参数 α 设置为 0；若剩余极化相干矩阵 $\boldsymbol{T}'$ 的 $T'_{11}<T'_{22}$，则认为目标以二次散射为主，相应地将面散射的参数 β 设置为 0。通过这一操作后可以消除 2 个实未知数，式 (2−17) 变为 4 个实数方程对应 4 个实变量，因此可以求解出结果。

上述计算过程如下。

若 $T_{11}-2T_{33}\geqslant T_{22}-T_{33}$，则令 $\alpha=0$，代入式 (2−17)，变为

$$
\begin{aligned}
&T_{22}-T_{33}=f_{\mathrm{S}}|\beta|^{2}+f_{\mathrm{D}} \\
&T_{11}-2T_{33}=f_{\mathrm{S}} \\
&T_{12}=f_{\mathrm{S}}\beta
\end{aligned}
\tag{2-18}
$$

若 $T_{11}-2T_{33}<T_{22}-T_{33}$，则令 $\beta=0$，代入式 (2−17)，变为

$$
\begin{aligned}
&T_{22}-T_{33}=f_{\mathrm{D}} \\
&T_{11}-2T_{33}=f_{\mathrm{S}}+f_{\mathrm{D}}|\alpha|^{2} \\
&T_{12}=f_{\mathrm{D}}\alpha
\end{aligned}
\tag{2-19}
$$

式 (2−18) 和式 (2−19) 的求解过程非常简单，这里不再详述，仅给出它们各自最终的结果：

$$
\begin{aligned}
&f_{\mathrm{S}}=T_{11}-2T_{33} \\
&\beta=T_{12}/(T_{11}-2T_{33}) \\
&f_{\mathrm{D}}=T_{22}-T_{33}-f_{\mathrm{S}}|\beta|^{2}
\end{aligned}
\tag{2-20}
$$

$$
\begin{aligned}
&f_{\mathrm{D}}=T_{22}-T_{33} \\
&\alpha=T_{12}/(T_{22}-T_{33}) \\
&f_{\mathrm{S}}=T_{11}-2T_{33}-f_{\mathrm{D}}|\alpha|^{2}
\end{aligned}
\tag{2-21}
$$

在求解出 f_{S}、f_{D}、α、β 后，即可通过式 (2−14) 获得各散射成分对应的功率值：

$$P_S = f_S\left(1+|\beta|^2\right) \text{ , } P_D = f_D\left(1+|\alpha|^2\right) \text{ , } P_V = 4f_V \tag{2-22}$$

对上述分解过程进行简化处理后，整个 Freeman 分解的计算过程可以用图 2-2 表示。

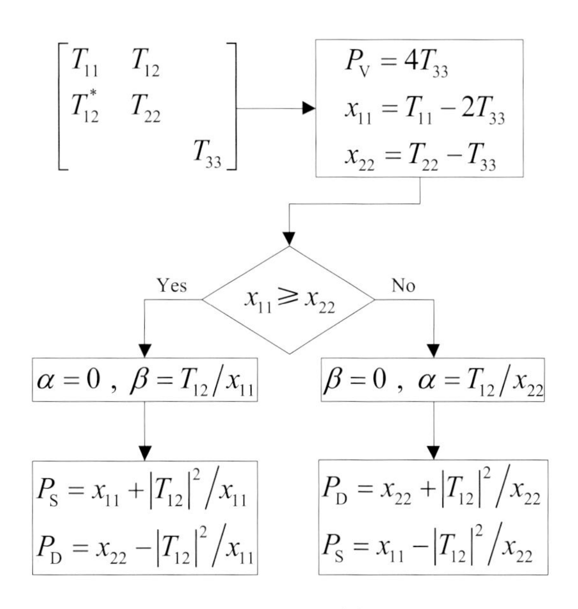

图2-2　Freeman分解过程

由图 2-2 可以发现整个 Freeman 分解的计算过程非常简单，其提取各散射成分的过程无需正演模型中的大量输入参数，且其分解的结果在形式上与实际物理散射模型相符，这克服了基于特征值分解计算的非相干极化分解算法结果不能很好对应实际物理散射模型的问题。Freeman 分解基于实际物理散射模型对散射成分建模，然后由实际观测数据分解计算出各散射成分的想法在当时是开创性的，基于模型的非相干极化分解技术从此开始在极化分解研究领域进入了学者们的视野。

2.4　实验分析

本节给出一个利用 Freeman 分解分析一景实际全极化 SAR 数据的实例，具体如下。实验数据来源于我国高分三号（GF-3）卫星搭载的 C 波段全极化 SAR 系统，观测区域是俄罗斯的巴尔瑙尔（Barnaul）市区及其周边区域，观测时间是 2018 年 5 月 5 日。该数据最初的格式是高分三号卫星 L1A 级产品，即单视复图像的极化散射矩阵数据。为了获得极化相干矩阵，将该数据的 5×4（距离向 × 方位向）个邻域像素点数据平均为一个极化相干矩阵。上述空间域多视后的图像一个像素点对应的地面分辨率为 37.5m。通过观察后发现，空域多视后的图像斑点噪声程度仍然较高，因此使用了本章参考文献 [9] 提出的非邻域极化滤波算法（即 PolSARpro 软件 5.0 以后版本中的 An-Yang 滤波[10]）对其进行极化滤波处理，从而获得了最终用来进行 Freeman 分解的极化相干数据，以下简称为 GF-3 巴尔瑙尔实验数据（该数据存储于本书第 1.1 节给出的二维码下载程序和数据的 ExampleData 文件夹下，文件名为 GF3_Barnaul_Russia_20150505.mat）。

GF-3 巴尔瑙尔数据包含 1 474 × 1 310（方位向 × 距离向，即行数 × 列数）个像素点，每个像素点均对应一个极化相干矩阵，其对应的观测范围内包括城镇、森林、农田、河流等多种地物类型。对巴尔瑙尔试验数据使用本章参考文献 [11] 给出的等效视数估计方法检测其 T_{11} 数据的等效视数值为 8.184 2，考虑到该区域存在城镇、森林、农田、河流等多种地物类型，8.184 2 的等效视数值已表明斑点噪声得到了较好的抑制（有关数据等效视数值和极化分解算法的关系研究，请见本书第 6.6.2 节，该内容是本书后续章节研究的内容，本章暂不详述）。

对 GF-3 巴尔瑙尔数据每个像素点对应的极化相干矩阵进行如图 2-2 所示的 Freeman 分解，分解结果中面散射、二次散射和体散射成分的功率值 P_S、P_D、P_V 仍按原像素在图像中的位置进行存储，从而获得了三个数据集。后文中如无特殊说明，在实验部分 P_S、P_D、P_V 就代表各自的数据集。

2.4.1 伪彩色合成

基于模型的非相干极化分解技术为了方便观察分解结果，通常会对分解结果进行伪彩色合成显示。所谓伪彩色合成就是将极化分解结果中各散射成分功率值用 RGB 图像的不同颜色通道进行显示，从而生成伪彩色图像的过程。

伪彩色合成可以基于各散射成分的功率值，也可基于各散射成分的幅度值。基于功率值的伪彩色合成图像会有较大的对比度，但对弱目标显示效果较差；基于幅度值的伪彩色合成图像对弱目标的显示效果较好，但图像对比度相对较差，通常会有一种灰蒙蒙的感觉。笔者建议在进行极化分解分析过程中对这两种合成图像均要进行生成，在对极化分解结果进行展示时可选择显示效果较好的进行展示。本书后文实验过程中如无特殊标注均指由各散射成分功率值合成的伪彩色图像。

值得指出的一点是，伪彩色合成时，体散射、面散射和二次散射三个成分的功率或幅度值都要按同一标准转换到灰度值，如都除以同一值以变换到 0 ~ 1 之间。这样可以保持各散射成分间的比例不变，若每个散射成分分别按各自不同标准变换为灰度值，反而会影响显示效果（这一点与 Pauli 图像的显示正好相反，Pauli 图像由于第三个通道的功率值过小，因此只能各通道独立转换）。

伪彩色合成技术经典的上色方案是将体散射成分用绿色表示、将面散射成分用蓝色表示、将二次散射成分用红色表示。红、绿、蓝三色的组合可以形成其他颜色，从而实现用不同颜色表示不同极化特征。上述经典上色方案示意图如图 2-3 所示。

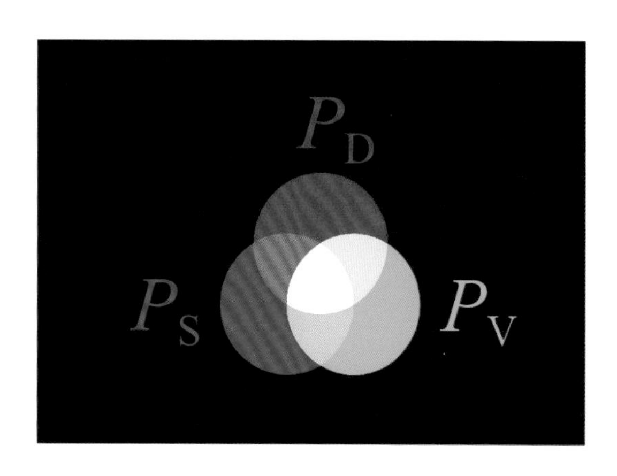

图2-3　极化分解伪彩色合成经典上色方案示意图

图 2-3 所示的上色方案在极化分解图像显示领域已经是一个约定俗成的规范，为方便记忆可以做如下简单理解。体散射成分占比大的最典型地物是森林，森林通常对应绿色，因此用绿色表示体散射成分；面散射占主导的最典型地物是海洋，而海洋通常对应蓝色，因此用蓝色表示面散射成分。对于自然地物，体散射和面散射通常占比较多，采用上述经典上色方案会发现自然地物的极化分解产品通常会以蓝绿色调为主。

GF-3 巴尔瑙尔数据 Freeman 分解结果的伪彩色合成图像如图 2-4 所示。该图像为各散射成分功率的伪彩色合成图像，其中红色通道对应 P_D，蓝色通道对应 P_S，绿色通道对应 P_V，RGB 各通道在 [0,1] 值域范围内的具体数值计算方法如下：

$$\text{Red} = P_D / x,\ \text{Green} = P_V / x,\ \text{Blue} = P_S / x \tag{2-23}$$

其中参数 x 与全景数据的 *Span* 均值相关，具体如下：

$$x = \frac{\text{mean}(Span)}{3} \times n = \frac{\text{mean}(T_{11} + T_{22} + T_{33})}{3} \times n \tag{2-24}$$

其中，mean(*Span*) 表示对全景所有像素点的 *Span* 值求平均，相应的 mean(*Span*)/3 表示 3 个通道的平均功率值。式 (2-24) 中的参数 n 是用来调整图像显示效果的参数（主要影响图像亮度），n 值对全景图像的每一个像素点都是一样的，以保证图像显示的一致性。本书非相干极化分解结果的功率伪彩色合成图像使用的 n 值如无特殊说明均为 2，即 $n=2$。

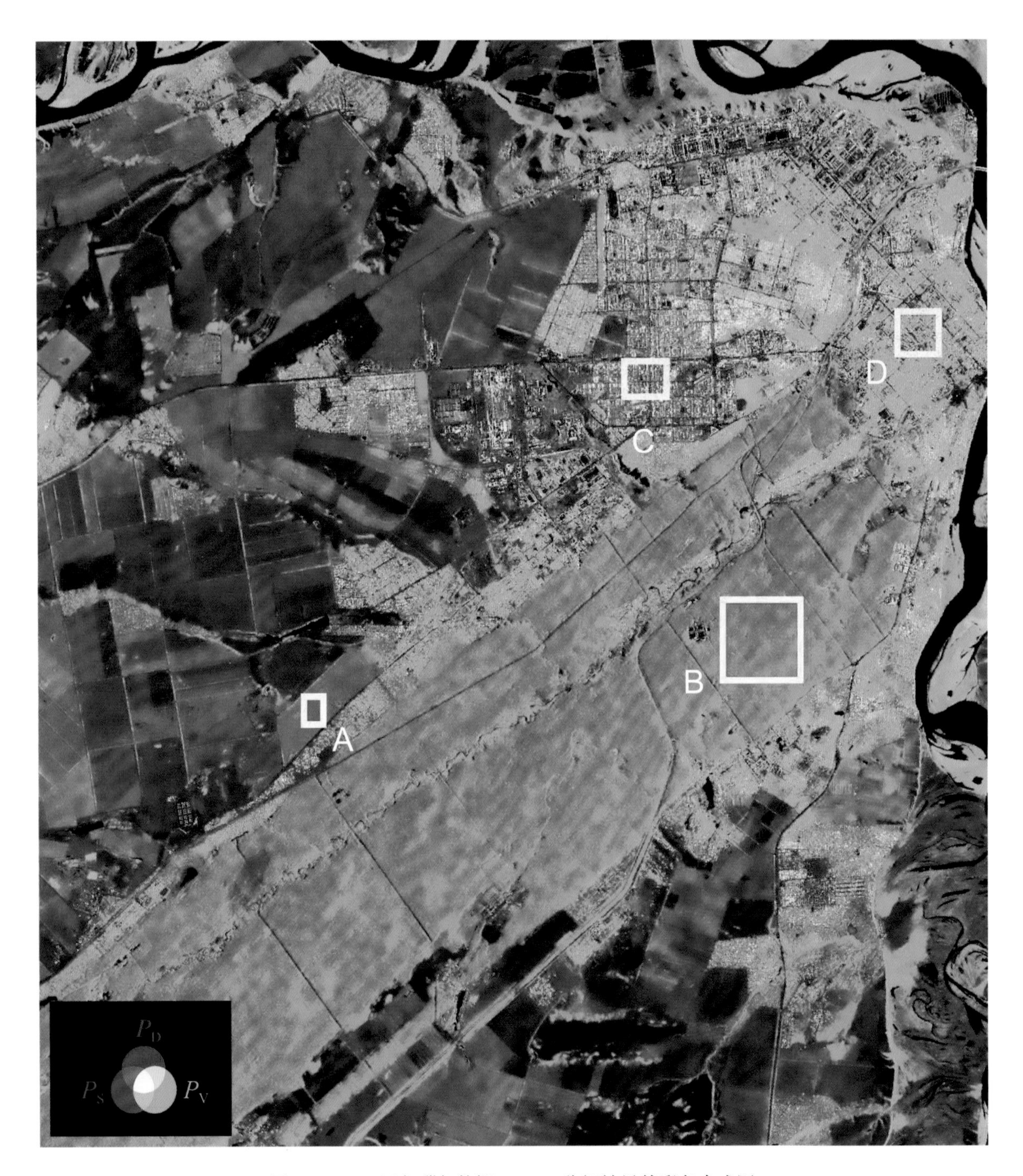

图2-4　GF-3巴尔瑙尔数据Freeman分解结果伪彩色合成图

图2-5　GF-3巴尔瑙尔数据对应区域的光学图像
（光学图像截取于GoogleEarth，与GF-3的SAR图像并非同时间获取）

GF-3巴尔瑙尔数据对应区域的光学图像如图2-5所示，将其与图2-4对比可以发现，由左下至右上的森林区域在图2-4中表现为绿色，这表明体散射成分占主导地位。实验区域右上角的城镇区域一部分表现出红色，一部分表现为绿色，本节主要分析红色城镇区域的实验结果，绿色城镇区域实验结果将在下一节进行分析。红色区域表明二次散射占主导地位，该区域的建筑物朝向近似垂直于SAR观测方向（或者说近似平行于SAR飞行方向），这种情况下建筑物的外墙和地面会形成典型的二次散射。在森林两边的农田区域，那些没有庄稼覆盖的裸露地块表现为蓝色，这表明裸地区域面散射占据主导地位。上述这些区域的实验结果都与人们的认知相符。

上述基于对Freeman分解结果功率伪彩色合成图像进行观察获得的对地物散射机制的认知属于定性分析，直观但不够精确。下一节将通过选取典型地块给出定量的分析结果。

2.4.2 典型地物分解结果的定量分析

如图2-4所示，在裸地、森林和城镇区域分别选取A、B、C三块典型的矩形区域（D区域仅在表格中给出实验结果，具体将在第2.5节进行分析）。对每块区域的分解结果进行定量分析的实验过程如下：首先每个像素点利用各自的 $Span$ 值对各散射成分功率值进行归一化，然后对归一化后的各散射成分占比在每个区域内求均值，即针对每个矩形区域计算：

$$P_1=\mathrm{mean}(P_S/Span),\ P_2=\mathrm{mean}(P_D/Span),\ P_3=\mathrm{mean}(P_V/Span) \tag{2-25}$$

式(2-11)Freeman分解各散射成分的功率和是 $Span$，因此 P_1、P_2、P_3 的和也为1。针对GF-3巴尔瑙尔数据的式(2-25)实验结果见表2-1。

表2-1 图2-4中A、B、C、D四个矩形区域各散射成分功率占比的均值

区域	算法	mean($P_S/Span$)	mean($P_D/Span$)	mean($P_V/Span$)
A: 土地 像素数 : 30×20	F3D	63.590 3%	8.824 9%	27.584 8%
B: 森林 像素数 : 100×100	F3D	9.114 5%	6.368 4%	84.517 0%
C: 建筑 像素数 : 40×50	F3D	20.806 5%	68.591 2%	10.602 3%
D: 建筑 像素数 : 50×50	F3D	−5.314 7%	9.057 3%	96.257 4%

如表 2-1 所示 A 块裸地区域的面散射成分占主导地位，功率占比达到了 63.590 3%；B 块森林区域体散射占主导地位，功率占比达到了 84.517 0%；C 块城镇区域二次散射占主导地位，功率占比达到了 68.591 2%。

上述 A、B、C 三个矩形区域的定量分析结果，验证了上一节基于伪彩色合成图像颜色分析地物主要散射机制结果的正确性。基于模型的非相干极化分解结果的伪彩色合成图像直观便于观察，各散射成分占比定量分析结果精确，可作为后续地物分析的数据基础。基于颜色的定性分析和基于功率占比的定量分析，两者相辅相成均具有实际应用价值。

Freeman 分解的试验结果验证了利用其进行地物主导散射机制分析的可行性。但读者应该也在实验结果分析过程中发现了一些问题（如区域 D 的功率占比结果存在负值），这些问题将在第 2.5 节进行重点分析。

2.4.3　红色城镇区域的补充说明

最后再补充说明一点，第 2.4.1 节中介绍矩形 C 对应的红色城镇区域实际颜色应该为粉色而不是红色。粉色对应了蓝色和红色的混合，也就是说该区域除了二次散射外还存在较强的面散射。造成上述显示效果的原因是图 2-4 所示的伪彩色合成图像除了颜色表示的极化信息还包含了强度表示的功率信息。如表 2-1 所示，C 区域除了主要散射成分二次散射以外，面散射成分的功率占比也达到了 20.806 5%，而城镇区域的 *Span* 值通常也是地物散射中最高的，这两个因素的叠加会造成 C 类型的城镇区域在显示时不仅红色会很强，而且蓝色也会较强，因此才显示为粉色。

后文其他分解的伪彩色合成图像中也会观察到类似现象，即明明二次散射占绝对主导地位的城镇区域，显示的颜色却是粉色。后文如无特殊说明，仍会将 C 区域类的粉色区域称为红色城镇区域。不过请读者意识到这是该区域的功率值较高再加上还有较大的面散射成分占比共同造成的结果。

2.5　存在的问题分析

2.5.1　过高估计体散射成分

如图 2-4 的右上角所示，实验区域右上角城镇区域一部分表现出红色，一部分表现为绿色。红色城镇区域在上一节已进行了分析，其结果与人们的认知相符。但绿色的城镇区域表明在分解结果中体散射成分也占据了主导地位，而我们认为在城镇区域应该比较强的二次散射反而不太明显，这给人的感觉就是 Freeman 分解结果中的体散射成分好像被过高估计了。

为了更精确地分析该区域的分解结果，选取了图 2-4 中矩形框 D 所示区域，其各散射成分功率占比的均值计算结果见表 2-1 中的最后一行，其中体散射成分功率占比达到了惊人的 96.257 4%。矩形 D 所示区域的人工建筑与区域 C 是类似的，其区别只在于朝向与 SAR 观测方向近似成 45° 夹角。这种实际地物情况显然不可能与 Freeman 分解使用的完全由随机朝向偶极子建模的体散射模型达到近似为 1 的符合程度。可以说，针对接近 45° 定向角朝向的人工建筑区域，体散射成分功率被过高地估计了，相应地抑制了其他散射成分的功率。

实际上 Freeman 分解提出后，学者们对其体散射分解结果进行了大量研究，研究结果确实表明 Freeman 分解有过高估计体散射的问题，读者可以参见本章参考文献 [12] 等了解相关内容，本书不再详述。

2.5.2 负功率成分问题

表 2-1 最后一行所示区域 D 分解结果中面散射成分功率占比均值为 −5.314 7%，也就是说大量像素点对应的面散射成分的功率值为负数。功率值是不应该为负数的，因为获得极化相干矩阵的实际观测和处理过程中是不存在负功率成分的。同时，负功率成分也没有实际的物理意义，这与基于模型的思想相违背。

对 GF-3 巴尔瑙尔数据的 Freeman 分解结果进行分析，发现 P_V 不存在为负数的情况，而 P_S 和 P_D 都存在为负数的情况，某些像素点甚至两者都为负值。对 GF-3 巴尔瑙尔数据 Freeman 分解结果中负功率像素点个数进行统计，结果见表 2-2。

表2-2　GF-3巴尔瑙尔数据的Freeman分解结果中存在负功率成分的像素点占比

P_S<0 的像素点占比	P_D<0 的像素点占比	P_S<0 或 P_D<0 的像素点占比
8.015 4%	5.642 2%	12.668 1%

由表 2-2 可知，针对 GF-3 巴尔瑙尔数据，Freeman 分解结果中存在负功率的像素点占比竟然达到了 12.668 1%。这些像素点的分解结果中均存在没有实际物理意义的负功率成分。存在负功率成分可以说是 Freeman 分解的或者说是基于模型的非相干极化分解技术不能接受的，需要加以专门研究解决。

2.5.3 极化信息丢失问题

一个极化相干矩阵包含 9 个独立的实数变量，分别为 T_{11}、T_{22}、T_{33}、$\mathrm{Re}(T_{12})$、$\mathrm{Re}(T_{13})$、$\mathrm{Re}(T_{23})$、$\mathrm{Im}(T_{12})$、$\mathrm{Im}(T_{13})$ 和 $\mathrm{Im}(T_{23})$。Freeman 分解在推导过程中使用了反射对称假设，因此只能处理其中的 5 个实数变量信息，即 T_{11}、T_{22}、T_{33}、$\mathrm{Re}(T_{12})$ 和 $\mathrm{Im}(T_{12})$。即原极化相干矩阵中的 T_{13} 和 T_{23} 两个复元素信息在分解结果中完全丢失了。Freeman 分解在输入端只需要极化相干矩阵的 5 个实变量信息，由其分解结果也只能重建出原极化相干矩阵中的 5 个实变量信息，也就是说 Freeman 分解并没有完整地利用原极化相干矩阵中的所有信息，极化信息存在丢失问题，不过这也意味着其算法存在改进的可能。

2.6 本章小结

Freeman 分解开创了非相干极化分解领域的一个新的技术分支——基于模型的非相干极化分解技术，其算法的提出在当时是开创性的工作，其优点主要有两个：① Freeman 分解的计算完全基于观测得到的极化相干矩阵，克服了正演散射模型需要大量输入参数的缺点，这一优点使得 Freeman 分解非常便于应用，这也是 Freeman 分解在提出后逐渐获得广泛应用的主要原因之一；② Freeman 分解的结果在形式上与实际物理散射模型相符，克服了基于特征值分解计算的非相干极化分解算法结果不能很好对应实际物理散射模型的问题。Freeman 分解基于实际物理散射模型对散射成分建模，然后由实际观测数据分解计算出各散射成分的想法在当时是开创性的，基于模型的非相干极化分解技术从此开始出现在极化分解研究领域进入学者们的视野。

Freeman 分解提出之后，随着学者们的广泛使用和深入研究，发现其分解方法主要存在过高估计体散射成分、结果中存在负功率成分、极化信息丢失三个问题。通过研究发现这三个问题并不是完全独立的，如过高估计体散射成分是造成后续面散射和二次散射成分存在负功率值的原因之一，而极化信息丢失也是不能恰当估计体散射成分功率值的原因之一。不同国家的学者对这些问题的不断努力研究和攻克引领了整个基于模型的非相干极化分解技术的不断发展与进步。本书的后续章节将依据对这些问题的解决脉络，逐步向读者展示基于模型的非相干极化分解技术的发展历程。

参考文献

[1] Freeman A, Durden S L. A three-component scattering model for polarimetric SAR. IEEE Trans. Geosci. Remote Sens., 1998, 36(3): 963–973.

[2] 安文韬 . 基于极化 SAR 的目标极化分解与散射特征提取研究 . 北京：清华大学 , 2010.

[3] CLOUDE S R, Pottier E. A review of target decomposition theorems in radar polarimetry. IEEE Trans. Geosci. Remote Sens., 1996, 34(2): 498–518.

[4] SATO A, YAMAGUCHI Y, SINGH G, et al. Four-component scattering power decomposition with extended volume scattering model, IEEE Geosci. Remote Sens. Lett., 2012, 9(2):166–170.

[5] CHEN S W, WANG X S, LI T Z, et al. Adaptive model-based polarimetric decomposition using PolInSAR coherence. IEEE Trans. Geosci. Remote Sens., 2014, 52(3):1705–1718.

[6] YAMAGUCHI Y, YAJIMA Y, YAMADA H. A four-component decomposition of POLSAR images based on the coherency matrix. IEEE Geosci. Remote Sens. Lett., 2006, 3(3):292–296.

[7] JACKSON R, JOHN R. Synthetic Aperture Radar Marine User’s Manual. Apel, Washington DC, 2004.

[8] 安文韬 , 林明森 , 谢春华 , 等 . 高分三号卫星极化数据处理——产品与典型地物 . 北京：海洋出版社，2019.

[9] CHEN J, CHEN Y, AN W, et al. Nonlocal Filtering for Polarimetric SAR Data: A Pretest Approach. IEEE Trans. Geosci. Remote Sens., 2011, 49(5):1744–1754.

[10] The PolSARpro5.0 software and the ESR data used in this paper. (Sept. 2018) [Online]. Available: https://earth.esa.int/web/polsarpro/overview.

[11] CUI Y, ZHOU G, YANG J, et al. Unsupervised Estimation of the Equivalent Number of Looks in SAR Images. IEEE Geosci. Remote Sens. Lett., 2011, 8(4):710–714.

[12] VAN ZYL J J , KIM Y, ARII M. Requirements for Model-based Polarimetric Decompositions. IGARSS 2008—2008 IEEE International Geoscience and Remote Sensing Symposium, 2008: 417–420.

第3章 Yamaguchi 分解

3.1 要解决的问题和创新点

2005年Yamaguchi等提出了第二个基于模型的非相干极化分解算法[1]，该算法包含4种散射成分，后文将其简称为Yamaguchi算法（算法标识为Y4D）。

Freeman分解使用了反射对称假设，因此其算法并不能处理雷达观测获得的极化相干矩阵中的T_{13}和T_{23}元素信息。若观测获得的极化相干矩阵的T_{13}和T_{23}元素的绝对值都比较小，如大部分的森林区域，那么使用反射对称假设是比较合理的，这也是Freeman分解在分析处理森林等自然地物上取得成功的原因。但Yamaguchi等在分析城镇区域的散射数据时发现，大量观测获得的极化相干矩阵的T_{13}和T_{23}元素的绝对值比较大，在这种情况下还使用反射对称假设忽略T_{13}和T_{23}的信息显然是不合理的。

Yamaguchi等发现当T_{13}和T_{23}较大时，通常$\langle |S_{HV}|^2 \rangle$也较大，其中$\langle \cdot \rangle$表示集平均。在Freeman分解中将$\langle |S_{HV}|^2 \rangle$全部归于体散射成分，这种处理方法对$T_{13}$和$T_{23}$约等于零的自然地物有效。但是为了能够处理更多的如城市等包含复杂几何散射结构地物的观测数据，Yamaguchi等认为需要在Freeman分解中引入一个新的成分来应对T_{13}和T_{23}不等于零的情况。他们提出将螺旋散射成分作为第四种成分加入Freeman分解。因为螺旋散射成分可以对应一部分T_{23}不等于零的情况，且在城镇区域通常存在螺旋散射，而在绝大部分自然分布地物的散射数据中螺旋散射通常较弱。螺旋散射通常与城镇区域复杂的人工建筑形状有关，这些复杂形状在城镇区域是大量存在的。

Yamaguchi分解的另一个创新点在于对体散射模型的拓展上。Freeman分解推导体散射模型时，假设偶极子的定向角分布为均匀分布，但Yamaguchi认为植被区域的树干和树枝是有一定的角度倾向性的。因此他们提出通过改变体散射模型的定向角分布来应对这一情况。是否需要采用这一改进是通过$\langle |S_{HH}|^2 \rangle$和$\langle |S_{VV}|^2 \rangle$的比值大小决定的，如果比值与1值偏离较大，则采用改进的体散射模型，也就是说Yamaguchi分解可以更好地处理$\langle |S_{HH}|^2 \rangle \neq \langle |S_{VV}|^2 \rangle$的体散射情况。

Yamaguchi等的第三个贡献在于，将基于模型的非相干极化分解算法的理论推导基础由极化相关矩阵更改为极化相干矩阵[2]。他们首先证明了可以由极化相干矩阵建立散射模型和推导出分解算法，随后验证了基于极化相干矩阵获得的分解结果与基于极化相关矩阵获得的分解结果是完全等价的。极化相干矩阵替代极化相关矩阵虽只是极化基由水平垂直极化基变为 Pauli 基，却使得整个分解过程变得更加简便和清晰，分解结果中各散射成分与原极化相干矩阵中各元素的对应关系也变得更加清楚。这些优点为学者们推导、分析、使用和理解基于模型的非相干极化分解技术带来了很大的便利，因此从 Yamaguchi 分解为起点，极化相干矩阵开始逐渐替代极化相关矩阵成为基于模型的非相干极化分解技术的主要研究基础。这也是本书对 Freeman 分解和 Yamaguchi 分解的介绍都直接使用极化相干矩阵形式的原因。

3.2 使用的散射模型

Yamaguchi 使用的面散射模型 $\boldsymbol{T}_\mathrm{S}$ 和二次散射模型 $\boldsymbol{T}_\mathrm{D}$ 仍与 Freeman 分解相同，两个模型的具体介绍可以参见第 2.2 节，这里仅给出两个模型的最终表达形式：

$$\boldsymbol{T}_\mathrm{S} = \frac{1}{1+|\beta|^2}\begin{bmatrix} 1 & \beta & 0 \\ \beta^* & |\beta|^2 & 0 \\ 0 & 0 & 0 \end{bmatrix}, \qquad |\beta| \leqslant 1 \tag{3-1}$$

$$\boldsymbol{T}_\mathrm{D} = \frac{1}{1+|\alpha|^2}\begin{bmatrix} |\alpha|^2 & \alpha & 0 \\ \alpha^* & 1 & 0 \\ 0 & 0 & 0 \end{bmatrix}, \qquad |\alpha| < 1 \tag{3-2}$$

3.2.1 螺旋散射模型

Yamaguchi 等引入螺旋散射成分是为了处理 T_{13} 和 T_{23} 不等于零的情况，他们分析了已知的经典散射体，发现只有左螺旋体或右螺旋体具有 T_{23} 不等于零的属性，这也是他们提出把螺旋散射而不是其他散射机制作为第四种散射成分的一个直接原因。笔者推测 Yamaguchi 等考虑的其他经典散射体包括球面、二面角、线和螺旋体，且并未考虑这些经典散射体随定向角旋转的情况，在上述考虑条件下球面散射和二面角散射已经被面散射模型和二次散射模型所包含，而线散射对应 SAR 观测采用的线极化基，且这些散射都不包括 T_{13} 和 T_{23} 分量。

右螺旋散射和左螺旋散射对应的极化散射矩阵分别如下：

$$\boldsymbol{S}_\text{r-helix} = \frac{1}{2}\begin{bmatrix} 1 & -j \\ -j & -1 \end{bmatrix}, \quad \boldsymbol{S}_\text{l-helix} = \frac{1}{2}\begin{bmatrix} 1 & j \\ j & -1 \end{bmatrix} \tag{3-3}$$

其中，$j=\sqrt{-1}$。基于上述极化散射矩阵，先转换为 Pauli 矢量再转换为极化相干矩阵，并对极化相干矩阵进行功率归一化后得到的右螺旋散射模型 $\boldsymbol{T}_{\mathrm{HR}}$ 和左螺旋散射模型 $\boldsymbol{T}_{\mathrm{HL}}$ 如下：

$$\boldsymbol{T}_{\mathrm{HR}}=\frac{1}{2}\begin{bmatrix}0 & 0 & 0\\ 0 & 1 & j\\ 0 & -j & 1\end{bmatrix} \tag{3-4}$$

$$\boldsymbol{T}_{\mathrm{HL}}=\frac{1}{2}\begin{bmatrix}0 & 0 & 0\\ 0 & 1 & -j\\ 0 & j & 1\end{bmatrix} \tag{3-5}$$

3.2.2 改进的体散射模型

对于植被区域的体散射模型，Yamaguchi 等仍采用 Freeman 分解的随机分布偶极子建模方式，但如图 3-1 所示，他们认为这些偶极子的定向角分布由于树干和树枝的影响并非均匀分布的，而是有一定的方向倾向性。因为对于树木来说垂直方向的结构相对较强，因此他们提出可以使用式 (3-6) 的新的定向角分布概率密度函数。

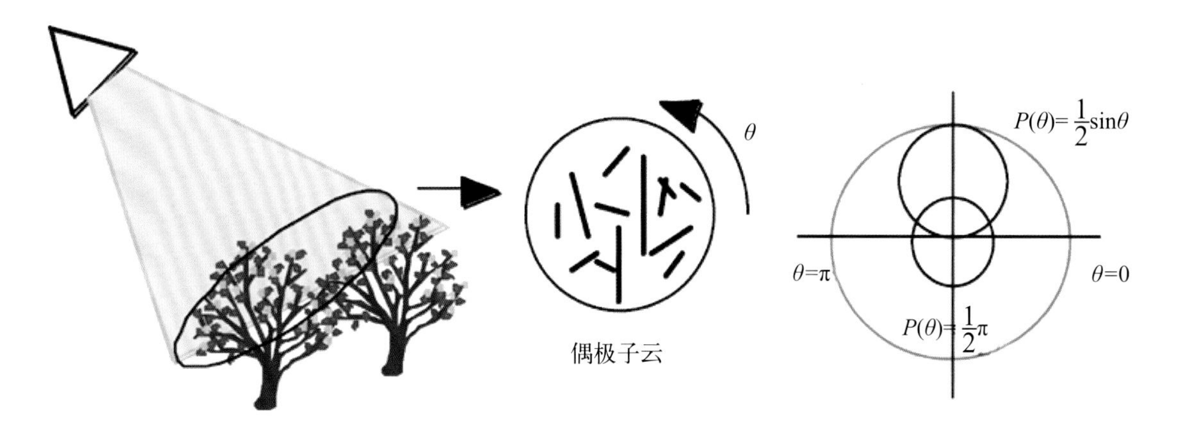

图3-1 Yamaguchi分解体散射成分建模定向角分布函数示意图（引自本章参考文献[1]）

$$p(\theta)=\begin{cases}\frac{1}{2}\sin\theta, & 0<\theta<\pi\\ 0, & \pi<\theta<2\pi\end{cases}, \quad \int_0^{2\pi} p(\theta)\,\mathrm{d}\theta=1 \tag{3-6}$$

其中，θ 是从水平方向开始的定向角。Yamaguchi 等按上述定向角分布函数，考虑了以水平方向偶极子和垂直方向偶极子为基本元素的两种情况，具体如下。

$$\boldsymbol{S}_{\mathrm{v}}=\begin{bmatrix}0&0\\0&1\end{bmatrix}\Leftrightarrow \boldsymbol{T}_{\mathrm{Vv}}=\int_0^{2\pi}p(\theta)\cdot\boldsymbol{T}_{\mathrm{v}}(\theta)\,\mathrm{d}\theta=\frac{1}{30}\begin{bmatrix}15&5&0\\5&7&0\\0&0&8\end{bmatrix}$$
$$\boldsymbol{S}_{\mathrm{h}}=\begin{bmatrix}1&0\\0&0\end{bmatrix}\Leftrightarrow \boldsymbol{T}_{\mathrm{Vh}}=\int_0^{2\pi}p(\theta)\cdot\boldsymbol{T}_{\mathrm{h}}(\theta)\,\mathrm{d}\theta=\frac{1}{30}\begin{bmatrix}15&-5&0\\-5&7&0\\0&0&8\end{bmatrix} \tag{3-7}$$

当以水平方向偶极子为基本元素时，相当于偶极子主要分布于靠近垂直的方向；当以垂直方向偶极子为基本元素时，相当于偶极子主要分布于靠近水平的方向。

Yamaguchi 分解除了使用式 (3−7) 所示的体散射模型外还保留使用了基于均匀定向角分布的经典体散射模型。对于经典体散射模型有$\langle |S_{\mathrm{HH}}|^2\rangle=\langle |S_{\mathrm{VV}}|^2\rangle$,对于式 (3−7) 所示模型$\langle |S_{\mathrm{HH}}|^2\rangle$和$\langle |S_{\mathrm{VV}}|^2\rangle$的比值是 10log(8/3)=4.26≈4dB。因此 Yamaguchi 等将模型选用的判别门限设置为 ±2 dB。当$\langle |S_{\mathrm{HH}}|^2\rangle$和$\langle |S_{\mathrm{VV}}|^2\rangle$的比值处于 ±2dB 之间时，使用经典体散射模型；当$\langle |S_{\mathrm{HH}}|^2\rangle$和$\langle |S_{\mathrm{VV}}|^2\rangle$的比值大于 2dB 时使用模型 T_{Vv}；当$\langle |S_{\mathrm{HH}}|^2\rangle$和$\langle |S_{\mathrm{VV}}|^2\rangle$的比值小于 −2dB 时使用模型 T_{Vh}。

3.3 分解算法

Yamaguchi 分解将一个多视极化 SAR 观测到的目标极化相干矩阵 $\boldsymbol{T}$ 非相干分解成面散射、二次散射、体散射和螺旋散射四种成分的和，数学上可用下式表示：

$$\boldsymbol{T}=P_{\mathrm{S}}\boldsymbol{T}_{\mathrm{S}}+P_{\mathrm{D}}\boldsymbol{T}_{\mathrm{D}}+P_{\mathrm{V}}\boldsymbol{T}_{\mathrm{V}}+P_{\mathrm{H}}\boldsymbol{T}_{\mathrm{H}} \tag{3-8}$$

其中，体散射模型的具体选用形式根据第 3.2.2 节介绍的方法由$\langle |S_{\mathrm{HH}}|^2\rangle$和$\langle |S_{\mathrm{VV}}|^2\rangle$的比值确定，$P_{\mathrm{S}}$、$P_{\mathrm{D}}$、$P_{\mathrm{V}}$ 和 P_{H} 分别代表面散射、二次散射、体散射和螺旋散射的功率大小，并且它们 4 个的和与极化总功率相等，即

$$Span=T_{11}+T_{22}+T_{33}=P_{\mathrm{S}}+P_{\mathrm{D}}+P_{\mathrm{V}}+P_{\mathrm{H}} \tag{3-9}$$

下面先介绍选用标准体散射模型情况下的分解算法，然后再介绍选用改进体散射模型情况下的分解算法。

3.3.1 标准体散射模型的情况

当$\langle |S_{\mathrm{HH}}|^2\rangle$和$\langle |S_{\mathrm{VV}}|^2\rangle$的比值落在 [−2dB, 2dB] 之间时，Yamaguchi 分解仍选用标准体散射模型。将标准体散射模型和上节所述各散射成分的模型代入式 (3−8) 后可以发现，只有

$P_H\boldsymbol{T}_H$ 成分对应原极化相干矩阵中的 T_{23} 元素，具体如下：

$$j\,\mathrm{Im}\left(T_{23}\right)=\pm j\cdot\frac{P_H}{2} \tag{3-10}$$

其中，$\mathrm{Im}(\cdot)$ 表示虚部；+ 号对应右螺旋散射模型；− 号对应左螺旋散射模型。为了确定具体使用哪种螺旋散射模型，Yamaguchi 分解假设式 (3−10) 左右两侧的符号相同。也就是说，当 $\mathrm{Im}(T_{23})$ 符号为正时，选用右螺旋散射模型 $\boldsymbol{T}_{HR}$；当 $\mathrm{Im}(T_{23})$ 符号为负时，选用左螺旋散射模型 $\boldsymbol{T}_{HL}$。模型选定后即可根据式 (3−10) 计算出螺旋散射成分的功率，具体如下：

$$P_H=2\left|\mathrm{Im}\left(T_{23}\right)\right| \tag{3-11}$$

在确定完螺旋散射成分后，使用标准体散射模型基于式 (3−8) 可以获得如下 4 个等式：

$$T_{33}=\frac{P_V}{4}+\frac{P_H}{2} \tag{3-12a}$$

$$T_{11}=f_S+f_D|\alpha|^2+\frac{P_V}{2} \tag{3-12b}$$

$$T_{22}=f_S|\beta|^2+f_D+\frac{P_V}{4}+\frac{P_H}{2} \tag{3-12c}$$

$$T_{12}=f_S\beta+f_D\alpha \tag{3-12d}$$

其中，

$$f_S=\frac{P_S}{1+|\beta|^2}\ ,\quad f_D=\frac{P_D}{1+|\alpha|^2} \tag{3-13}$$

因为 P_H 已经由式 (3−11) 计算获得，因此根据式 (3−12a) 可以计算获得 P_V 值如下：

$$P_V=4\left(T_{33}-\left|\mathrm{Im}\left(T_{23}\right)\right|\right) \tag{3-14}$$

将 P_V 和 P_H 代入式 (3−12b) 至式 (3−12d) 可以获得如下 3 个等式：

$$T_{11}-2T_{33}+2|\mathrm{Im}(T_{23})|=f_S+f_D|\alpha|^2 \tag{3-15a}$$

$$T_{22}-T_{33}=f_S|\beta|^2+f_D \tag{3-15b}$$

$$T_{12}=f_S\beta+f_D\alpha \tag{3-15c}$$

通过观察可以发现式 (3−15a) 和式 (3−15b) 是实数等式，式 (3−15c) 是复数等式，因此共有 4 个实数方程。而 f_S 和 f_D 是两个未知实数变量，α 和 β 是两个未知复数变量，也就是说有 6 个未知数。上述情况与推导 Freeman 分解算法时遇到的情况完全一样，因此 Yamaguchi 等也采用了与 Freeman 分解相同的解决方法，具体如下。

若 $T_{11}-2\left(T_{33}-\left|\text{Im}(T_{23})\right|\right)\geqslant T_{22}-T_{33}$，则认为面散射占主导地位，相应地令二次散射的参数 $\alpha=0$，代入式 (3−15a)、式 (3−15b) 和式 (3−15c) 变为

$$\begin{aligned}&T_{11}-2T_{33}+2\left|\text{Im}\left(T_{23}\right)\right|=f_\text{S}\\&T_{22}-T_{33}=f_\text{S}\left|\beta\right|^2+f_\text{D}\\&T_{12}=f_\text{S}\beta\end{aligned}\tag{3-16}$$

若 $T_{11}-2\left(T_{33}-\left|\text{Im}(T_{23})\right|\right)<T_{22}-T_{33}$，则认为二次散射占主导地位，相应地令 $\beta=0$，代入式 (3−15a)、式 (3−15b) 和式 (3−15c) 变为

$$\begin{aligned}&T_{11}-2T_{33}+2\left|\text{Im}\left(T_{23}\right)\right|=f_\text{S}+f_\text{D}\left|\alpha\right|^2\\&T_{22}-T_{33}=f_\text{D}\\&T_{12}=f_\text{D}\alpha\end{aligned}\tag{3-17}$$

式 (3−16) 和式 (3−17) 的求解过程非常简单，这里不再详述。仅给出它们各自的最终结果分别如下：

$$\begin{aligned}&f_\text{S}=T_{11}-2T_{33}+2\left|\text{Im}\left(T_{23}\right)\right|\\&\beta=T_{12}\Big/\left(T_{11}-2T_{33}+2\left|\text{Im}\left(T_{23}\right)\right|\right)\\&f_\text{D}=T_{22}-T_{33}-f_\text{S}\left|\beta\right|^2\end{aligned}\tag{3-18}$$

$$\begin{aligned}&f_\text{D}=T_{22}-T_{33}\\&\alpha=T_{12}\Big/\left(T_{22}-T_{33}\right)\\&f_\text{S}=T_{11}-2T_{33}+2\left|\text{Im}\left(T_{23}\right)\right|-f_\text{D}\left|\alpha\right|^2\end{aligned}\tag{3-19}$$

在求解出 f_S、f_D、α、β 后，即可通过式 (3−13) 获得面散射和二次散射成分对应的功率值：

$$P_\text{S}=f_\text{S}\left(1+\left|\beta\right|^2\right),\qquad P_\text{D}=f_\text{D}\left(1+\left|\alpha\right|^2\right)\tag{3-20}$$

3.3.2 改进体散射模型的情况

当 $\langle|S_\text{HH}|^2\rangle$ 和 $\langle|S_\text{VV}|^2\rangle$ 的比值落在 [−2dB, 2dB] 之外时，Yamaguchi 分解选用改进的体散射模型，如第 3.2.2 节所述，当 $\langle|S_\text{HH}|^2\rangle$ 和 $\langle|S_\text{VV}|^2\rangle$ 的比值大于 2dB 时使用模型 $\boldsymbol{T}_\text{Vv}$；当 $\langle|S_\text{HH}|^2\rangle$ 和 $\langle|S_\text{VV}|^2\rangle$ 的比值小于 −2dB 时使用模型 $\boldsymbol{T}_\text{Vh}$。将选用的改进体散射模型和其他各散射成分的

模型代入式 (3−8) 后，依旧可以发现仍只有 $P_{\mathrm{H}}\boldsymbol{T}_{\mathrm{H}}$ 成分对应原极化相干矩阵中的 T_{23} 元素，具体如下：

$$j\,\mathrm{Im}\left(T_{23}\right)=\pm j\cdot\frac{P_{\mathrm{H}}}{2} \tag{3-21}$$

其中，Im(·) 表示虚部；+ 号对应右螺旋散射模型；− 号对应左螺旋散射模型。式 (3−21) 和式 (3−10) 完全一样，因此确定螺旋散射成分的方法也与使用标准体散射模型时完全一样。为了确定具体使用哪种螺旋散射模型，假设式 (3−21) 左右两侧的符号相同。也就是说，当 $\mathrm{Im}(T_{23})$ 符号为正时，选用右螺旋散射模型 $\boldsymbol{T}_{\mathrm{HR}}$；当 $\mathrm{Im}(\mathrm{T}_{23})$ 符号为负时，选用左螺旋散射模型 $\boldsymbol{T}_{\mathrm{HL}}$。模型选定后即可根据式 (3−21) 计算出螺旋散射成分的功率如下：

$$P_{\mathrm{H}}=2\left|\mathrm{Im}\left(T_{23}\right)\right| \tag{3-22}$$

在确定完螺旋散射成分后，使用改进体散射模型基于式 (3−8) 可以获得如下 4 个等式：

$$T_{33}=\frac{4}{15}P_{\mathrm{V}}+\frac{P_{\mathrm{H}}}{2} \tag{3-23a}$$

$$T_{11}=f_{\mathrm{S}}+f_{\mathrm{D}}\left|\alpha\right|^{2}+\frac{P_{\mathrm{V}}}{2} \tag{3-23b}$$

$$T_{22}=f_{\mathrm{S}}\left|\beta\right|^{2}+f_{\mathrm{D}}+\frac{7}{30}P_{\mathrm{V}}+\frac{P_{\mathrm{H}}}{2} \tag{3-23c}$$

$$T_{12}=f_{\mathrm{S}}\beta+f_{\mathrm{D}}\alpha\pm\frac{P_{\mathrm{V}}}{6} \tag{3-23d}$$

其中，式 (3−23d) 的 + 号对应模型 $\boldsymbol{T}_{\mathrm{Vv}}$，− 号对应模型 $\boldsymbol{T}_{\mathrm{Vh}}$，$f_{\mathrm{S}}$ 和 f_{D} 如下：

$$f_{\mathrm{S}}=\frac{P_{\mathrm{S}}}{1+\left|\beta\right|^{2}}\;,\qquad f_{\mathrm{D}}=\frac{P_{\mathrm{D}}}{1+\left|\alpha\right|^{2}} \tag{3-24}$$

式 (3−23a)、式 (3−23b)、式 (3−23c) 和式 (3−23d) 在形式上与式 (3−12a)、式 (3−12b)、式 (3−12c) 和式 (3−12d) 是一致的，因此求解过程也相同，具体如下。因为 P_{H} 已经由式 (3−22) 计算获得，因此根据式 (3−23a) 可以计算获得 P_{V} 值如下：

$$P_{\mathrm{V}}=\frac{15}{4}\left(T_{33}-\left|\mathrm{Im}\left(T_{23}\right)\right|\right) \tag{3-25}$$

将 P_{V} 和 P_{H} 代入式 (3−23b) 至式 (3−23d) 可以获得如下 3 个等式：

$$T_{11}-\frac{P_{\mathrm{V}}}{2}=T_{11}-\frac{15}{8}\left(T_{33}-\left|\mathrm{Im}\left(T_{23}\right)\right|\right)=f_{\mathrm{S}}+f_{\mathrm{D}}\left|\alpha\right|^{2} \tag{3-26a}$$

$$T_{22}-\frac{7}{30}P_{\mathrm{V}}-\frac{P_{\mathrm{H}}}{2}=T_{22}-\frac{7}{8}T_{33}-\frac{\left|\mathrm{Im}\left(T_{23}\right)\right|}{8}=f_{\mathrm{S}}\left|\beta\right|^{2}+f_{\mathrm{D}} \tag{3-26b}$$

$$T_{12}\mp\frac{P_{\mathrm{V}}}{6}=T_{12}\mp\frac{5}{8}\left(T_{33}-\left|\mathrm{Im}\left(T_{23}\right)\right|\right)=f_{\mathrm{S}}\beta+f_{\mathrm{D}}\alpha \tag{3-26c}$$

式 (3−26a)、式 (3−26b) 和式 (3−26c) 与式 (3−15a)、式 (3−15b) 和式 (3−15c) 在形式上也是一样的，也是 4 个实数方程，6 个未知实变量，因此也可采用式 (3−15a)、式 (3−15b) 和式 (3−15c) 的求解方法，具体如下。

若 $T_{11}-\frac{15}{8}\left(T_{33}-\left|\mathrm{Im}\left(T_{23}\right)\right|\right)\geqslant T_{22}-\frac{7}{8}T_{33}-\frac{\left|\mathrm{Im}\left(T_{23}\right)\right|}{8}$，则认为面散射占主导地位，相应地令二次散射的参数 $\alpha=0$，代入式 (3−26a)、式 (3−26b) 和式 (3−26c) 变为：

$$\begin{aligned}&T_{11}-\frac{15}{8}\left(T_{33}-\left|\mathrm{Im}\left(T_{23}\right)\right|\right)=f_{\mathrm{S}}\\&T_{22}-\frac{7}{8}T_{33}-\frac{\left|\mathrm{Im}\left(T_{23}\right)\right|}{8}=f_{\mathrm{S}}\left|\beta\right|^{2}+f_{\mathrm{D}}\\&T_{12}\mp\frac{5}{8}\left(T_{33}-\left|\mathrm{Im}\left(T_{23}\right)\right|\right)=f_{\mathrm{S}}\beta\end{aligned} \tag{3-27}$$

若 $T_{11}-\frac{15}{8}\left(T_{33}-\left|\mathrm{Im}\left(T_{23}\right)\right|\right)<T_{22}-\frac{7}{8}T_{33}-\frac{\left|\mathrm{Im}\left(T_{23}\right)\right|}{8}$，则认为二次散射占主导地位，相应地令 $\beta=0$，代入式 (3−26a)、式 (3−26b) 和式 (3−26c) 变为

$$\begin{aligned}&T_{11}-\frac{15}{8}\left(T_{33}-\left|\mathrm{Im}\left(T_{23}\right)\right|\right)=f_{\mathrm{S}}+f_{\mathrm{D}}\left|\alpha\right|^{2}\\&T_{22}-\frac{7}{8}T_{33}-\frac{\left|\mathrm{Im}\left(T_{23}\right)\right|}{8}=f_{\mathrm{D}}\\&T_{12}\mp\frac{5}{8}\left(T_{33}-\left|\mathrm{Im}\left(T_{23}\right)\right|\right)=f_{\mathrm{D}}\alpha\end{aligned} \tag{3-28}$$

式 (3−27) 和式 (3−28) 的求解过程非常简单，这里不再详述，仅给出它们各自的最终结果分别如下：

$$\begin{aligned}&f_{\mathrm{S}}=T_{11}-\frac{15}{8}\left(T_{33}-\left|\mathrm{Im}\left(T_{23}\right)\right|\right)\\&\beta=\left\{T_{12}\mp\frac{5}{8}\left(T_{33}-\left|\mathrm{Im}\left(T_{23}\right)\right|\right)\right\}\Big/f_{\mathrm{S}}\\&f_{\mathrm{D}}=T_{22}-\frac{7}{8}T_{33}-\frac{\left|\mathrm{Im}\left(T_{23}\right)\right|}{8}-f_{\mathrm{S}}\left|\beta\right|^{2}\end{aligned} \tag{3-29}$$

$$
\begin{aligned}
& f_{\mathrm{D}}=T_{22}-\frac{7}{8}T_{33}-\frac{\left|\mathrm{Im}\left(T_{23}\right)\right|}{8} \\
& \alpha=\left[T_{12}\mp\frac{5}{8}\left(T_{33}-\left|\mathrm{Im}\left(T_{23}\right)\right|\right)\right]\Big/f_{\mathrm{D}} \\
& f_{\mathrm{S}}=T_{11}-\frac{15}{8}\left(T_{33}-\left|\mathrm{Im}\left(T_{23}\right)\right|\right)-f_{\mathrm{D}}\left|\alpha\right|^{2}
\end{aligned}
\tag{3-30}
$$

在求解出 f_{S}、f_{D}、α、β 后，即可通过式 (3−24) 获得面散射和二次散射成分对应的功率值：

$$
P_{\mathrm{S}}=f_{\mathrm{S}}\left(1+\left|\beta\right|^{2}\right), \quad P_{\mathrm{D}}=f_{\mathrm{D}}\left(1+\left|\alpha\right|^{2}\right) \tag{3-31}
$$

3.4 实验分析

本节给出一个利用 Yamaguchi 分解分析一景实际全极化 SAR 数据的实例。实验数据仍使用第 2 章 Freeman 分解实验部分使用的 GF-3 巴尔瑙尔数据，该数据来源于我国高分三号（GF-3）卫星搭载的 C 波段全极化 SAR 系统，观测区域是俄罗斯的巴尔瑙尔（Barnaul）市区及其周边区域，观测时间是 2018 年 5 月 5 日，多视数据具有 1 474 × 1 310（方位向 × 距离向，即行数 × 列数）个像素点。有关 GF-3 巴尔瑙尔数据的具体参数信息请参见第 2.4 节，这里不再详述。

对 GF-3 巴尔瑙尔数据每个像素点对应的极化相干矩阵进行第 3.3 节所述的 Yamaguchi 分解，分解结果中面散射、二次散射、体散射和螺旋散射成分的功率值 P_{S}、P_{D}、P_{V}、P_{H} 仍按原像素在图像中的位置进行存储，从而获得了 4 个数据集。后文中如无特殊说明，在实验部分 P_{S}、P_{D}、P_{V}、P_{H} 就代表各自的数据集。

3.4.1 伪彩色合成分析

GF-3 巴尔瑙尔数据 Yamaguchi 分解结果 P_{S}、P_{D}、P_{V} 的伪彩色合成图像如图 3−2 所示。该图像为各散射成分功率的伪彩色合成图像，其中红色通道对应 P_{D}，蓝色通道对应 P_{S}，绿色通道对应 P_{V}，RGB 各通道的具体数值计算方法如下：

$$
\mathrm{Red}=P_{\mathrm{D}}/x,\quad \mathrm{Green}=P_{\mathrm{V}}/x,\quad \mathrm{Blue}=P_{\mathrm{S}}/x \tag{3-32}
$$

其中，x 与全景数据的 *Span* 均值相关，具体如下：

$$
x=\frac{\mathrm{mean}\left(Span\right)}{3}\times n=\frac{\mathrm{mean}\left(T_{11}+T_{22}+T_{33}\right)}{3}\times n \tag{3-33}
$$

其中，mean(*Span*) 表示对全景所有像素点的 *Span* 值求平均，n=2。通过比较可以发现上述伪彩色合成的方法与第 2.4.1 节所述的 Freeman 分解结果伪彩色合成的方法完全一致。仍采用这一伪彩色合成方法的原因，是因为彩色图像只有 RGB 三个通道，而螺旋散射成分 P_{H} 在整个功率中只占很小部分（详见第 3.4.2 节实验）。本书以后各章节的功率伪彩色合成图像如无特殊说明，均采用的是这一种伪彩色合成方法。

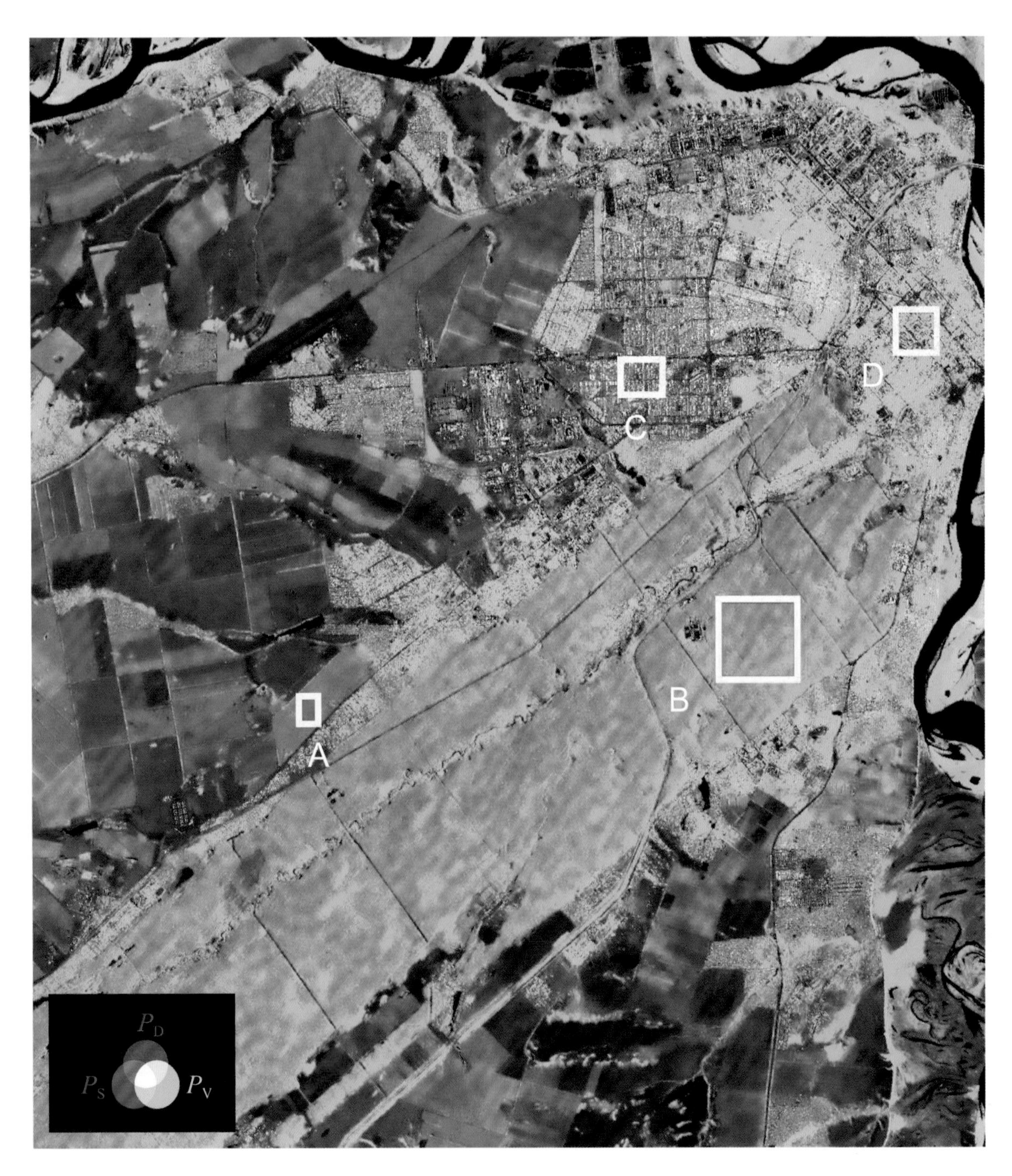

图3-2　GF-3巴尔瑙尔数据Yamaguchi分解结果伪彩色合成图

如图 3-2 所示，由左下至右上的森林区域表现为绿色，这表明体散射成分占主导地位。实验区域右上角的城镇区域一部分表现出红色，一部分表现为绿色（本节主要分析红色城镇区域的实验结果，绿色城镇区域实验结果将在第 3.5 节进行分析）。红色区域表明二次散射占主导地位，该区域的建筑物朝向近似垂直于 SAR 观测方向（或者说近似平行于 SAR 飞行方向），

图3-3　GF-3巴尔瑙尔数据Yamaguchi分解结果中螺旋散射成分功率图

这种情况下建筑物的外墙和地面会形成典型的二次散射。在森林两边的农田区域，那些没有庄稼覆盖的裸露地块表现为蓝色，这表明裸地区域面散射占据主导地位。上述这些区域的实验结果与 Freeman 分解结果完全类似。

对于螺旋散射成分其功率结果如图 3-3 所示，可以发现城镇区域的螺旋散射成分功率值较大，裸地区域的螺旋散射成分功率值最低，而森林区域的螺旋散射成分功率值要稍高于裸地区域，但仍明显弱于城镇区域。

上述基于对 Yamaguchi 分解结果伪彩色图像进行观察获得的对地物散射机制的认知属于定性分析，直观但不够精确。第 3.4.2 节将通过选取典型地块给出定量的分析结果。

3.4.2 典型地物分解结果的定量分析

如图 3-2 所示，在裸地、森林和城镇区域分别选取 A、B、C、D 四块典型的矩形区域。对每块区域的分解结果进行定量分析的实验过程如下：首先每个像素点利用 *Span* 对各散射成分功率值进行归一化，然后对归一化后的各散射成分占比在每个区域内求均值，即针对每个矩形区域计算

$$
\begin{aligned}
&P_1 = \mathrm{mean}(P_S/Span), \quad P_2 = \mathrm{mean}(P_D/Span), \\
&P_3 = \mathrm{mean}(P_V/Span), \quad P_4 = \mathrm{mean}(P_H/Span)
\end{aligned}
\tag{3-34}
$$

由式 (3-9) 可知 Yamaguchi 分解各散射成分的功率和是 *Span*，因此 P_1、P_2、P_3、P_4 的和也为 1。针对 GF-3 巴尔瑙尔数据的 Yamaguchi 分解实验结果见表 3-1。同时，为了方便比较第 2 章中 Freeman 分解针对这四个区域的结果也列在了表 3-1 中。

表3-1 图3-2中A、B、C、D四个矩形区域各散射成分功率占比的均值

区域	算法	$\mathrm{mean}(P_S/Span)$	$\mathrm{mean}(P_D/Span)$	$\mathrm{mean}(P_V/Span)$	$\mathrm{mean}(P_H/Span)$
A: 土地 Size: 30 × 20	F3D	63.590 3%	8.824 9%	27.584 8%	–
	Y4D	64.545 7%	8.826 5%	25.670 9%	0.956 9%
B: 森林 Size: 100 × 100	F3D	9.114 5%	6.368 4%	84.517 0%	–
	Y4D	11.726 0%	5.820 4%	80.390 1%	2.063 5%
C: 建筑 Size: 40 × 50	F3D	20.806 5%	68.591 2%	10.602 3%	–
	Y4D	22.641 4%	68.403 8%	7.307 3%	1.647 5%
D: 建筑 Size: 40 × 50	F3D	−5.314 7%	9.057 3%	96.257 4%	–
	Y4D	8.992 1%	4.214 4%	77.329 8%	9.463 8%

由表 3–1 看出，对于 Yamaguchi 分解，区块 A 裸地区域的面散射成分占主导地位，功率占比达到了 64.545 7%；区块 B 森林区域体散射占主导地位，功率占比达到了 80.390 1%；区块 C 城镇区域二次散射占主导地位，功率占比达到了 68.403 8%。上述 A、B、C 三个矩形区域的定量分析结果和第 3.4.1 节基于伪彩色合成图像颜色分析地物主要散射机制结果一起，均表明了利用 Yamaguchi 分解进行地物主导散射机制分析的可行性和正确性。下面将重点分析 Yamaguchi 分解和 Freeman 分解在结果上的差别。

通过表 3–1 中两个算法的比较可以发现，Yamaguchi 分解结果中面散射成分占比要稍高于 Freeman 分解的结果，通过分析发现这是由于 Yamaguchi 分解先提取了螺旋散射成分，这使得 T_{22} 的剩余功率值变小，进而造成被判别为面散射的功率值增多。Yamaguchi 分解结果中体散射成分占比要弱于 Freeman 分解结果，通过分析发现这是由于 Yamaguchi 分解先提取了螺旋散射成分，这使得 T_{33} 的剩余功率值变小，进而造成体散射的功率值减小。

在螺旋散射成分占比上，可以发现 A、B、C 三个区域的值都比较小，而区域 D 的螺旋散射成分占比最高，达到了 9.463 8%。针对整景图像计算所有像素点螺旋散射成分的功率占比，其结果为 2.923 9%，可以发现螺旋散射成分仅占所有散射功率的很小一部分，这也是在进行图像显示时将螺旋散射成分单独进行显示，而不进行伪彩色合成的原因之一。

对于区块 D，可以发现其体散射成分占比由 Freeman 分解的 96.257 4% 降低为 77.329 8%，这是所有功率占比中变化最大的。我们知道 Freeman 分解过高估计了区域 D 的体散射成分，因此 Yamaguchi 分解的这一结果表明针对区块 D 类地物，其分解结果要优于 Freeman 分解。同时，区块 D 面散射成分功率占比由 −5.314 7% 变为了 8.992 1%，消除了负值，这也是 Yamaguchi 分解结果较好的证据之一。城镇区域通常存在建筑外面、屋顶、道路等大面积粗糙面，同时还会存在三面角结构，这些地物均会形成面散射，因此在区块 D 中存在一定的面散射成分是合理的。

3.5　存在的问题

Yamaguchi 分解结果中的体散射成分要弱于 Freeman 分解，但学者们通过研究发现 Yamaguchi 分解仍有过高估计体散射的问题，这一问题的一个具象化表现就是其分解结果仍存在负功率成分。

对 GF-3 巴尔瑙尔数据的 Yamaguchi 分解结果进行分析，发现其结果中 P_{V} 和 P_{H} 不存在

为负数的情况，而 P_S 和 P_D 都存在为负数的情况，某些像素点甚至两者都为负值。对 GF-3 巴尔瑙尔数据 Yamaguchi 分解结果中负功率像素点个数进行统计，结果见表 3–2（为了方便比较将表 2–2 中 Freeman 分解结果的统计数据也列于表 3–2 中）。

表3–2　GF-3巴尔瑙尔数据的Yamaguchi分解结果中存在负功率成分的像素点占比

算法	P_S<0 的像素点占比	P_D<0 的像素点占比	P_S<0 或 P_D<0 的像素点占比
F3D	8.015 4%	5.642 2%	12.668 1%
Y4D	4.238 0%	5.445 6%	8.911 0%

由表 3–2 可知，针对 GF-3 巴尔瑙尔数据，Yamaguchi 分解结果中存在负功率的像素点占比为 8.911 0%，该值要小于 Freeman 分解的结果，这体现了 Yamaguchi 在避免负功率问题上稍有优势。但 8.911 0% 仍对应大量像素点，这些像素点的分解结果中均存在没有实际物理意义的负功率成分，这一问题仍需要解决。

在极化信息丢失问题上 Yamaguchi 分解可以保留原极化相干矩阵中 6 个实数变量信息，即 T_{11}、T_{22}、T_{33}、$\mathrm{Re}(T_{12})$、$\mathrm{Im}(T_{12})$ 和 $\mathrm{Im}(T_{23})$，这比 Freeman 分解的 5 个实变量保留能力要稍强一些。但针对一个极化相干矩阵包含的 9 个独立的实数变量来说，仍有 3 个实变量的信息被丢失。

综上所述，Yamaguchi 分解虽然存在问题的程度要稍优于 Freeman 分解，但过高估计体散射、负功率成分和极化信息丢失这三个问题都没有得到解决。

3.6　有关改进体散射模型的补充说明

从 Yamaguchi 提出改进的体散射模型开始，通过改进散射模型（包括体散射模型和建筑区域的散射模型等 [3-7]）来提高基于模型的非相干极化分解算法性能成为一个研究方向。学者们在这一方向上取得了许多卓有成效的研究成果，大量新的、适用范围更广的或更精确的、也更复杂的体散射模型被提出。但笔者在该方向上并未投入太多精力，其原因主要包括如下三个方面。

（1）对不同种类的植被建立不同的、更加精确的模型，或使用适用范围更广的体散射模型来保证由植被地区可以提取出占比更多的体散射成分，这些改进对于更好地分析植被区域显然是有价值的。但这些改进对分析面散射或二次散射占主导地位的地物就显得不太合适了。

因为更复杂的体散射模型也可以理解为是将其他散射成分附加到经典体散射模型上获得的，以 Yamaguchi 的改进体散射模型为例，使用第 6 章介绍的反射对称分解可以将其进一步分解为以下三种成分的和

$$\begin{bmatrix}15 & \pm5 & 0\\ \pm5 & 7 & 0\\ 0 & 0 & 8\end{bmatrix}=3.7\begin{bmatrix}2 & 0 & 0\\ 0 & 1 & 0\\ 0 & 0 & 1\end{bmatrix}+\begin{bmatrix}7.6 & \pm5 & 0\\ \pm5 & 3.3 & 0\\ 0 & 0 & 0\end{bmatrix}+\begin{bmatrix}0 & 0 & 0\\ 0 & 0 & 0\\ 0 & 0 & 4.3\end{bmatrix} \tag{3-35}$$

其中，第一个成分对应经典体散射模型，第二个成分对应面散射模型（该矩阵在数据显示上仅保留了 1 位小数,但实际上是严格的秩为 1 的矩阵）,而第三个成分对应 45° 二面角散射(可以认为是二次散射的一种)。通过式 (3−35) 的分析可以发现 Yamaguchi 的改进体散射模型等价于将一部分面散射成分和一部分二次散射成分附加到了经典体散射模型上。当拿到一景新的全极化 SAR 图像时，我们并不知道其中地物的主导散射机制，如果此时贸然使用适用范围更广的体散射模型，显然会影响对非植被区域的散射成分分析结果。且更复杂的体散射模型也会造成即使一景 SAR 图像其不同像素点可能使用了差别较大的体散射模型，而我们还将其体散射功率占比进行比较分析，这是否还合理呢？

（2）适用范围更广的体散射模型通常会增加模型中未知数的个数，它们和种类更多更精确的体散射模型一起，都会使得分解算法的推导变得更加繁琐。如 Yamaguchi 引入的改进体散射模型就使得其算法推导过程变得更复杂、长度也增加了近一倍。但这些新增加的体散射模型有时却很少被使用到。仍以 Yamaguchi 的改进体散射模型为例，这两个新的体散射模型要在实际数据的 $\langle |S_{HH}|^2 \rangle$ 和 $\langle |S_{VV}|^2 \rangle$ 比值处于 ±2dB 之外时才会被使用。有学者通过分析 AIRSAR 的 L 波段测量数据发现，对于森林区域 HH 通道会比 VV 通道强 0.2 ~ 2.1dB[8]，Pi-SAR 测量数据也显示对于森林区域这一数值是 1.4dB。笔者通过大量实际全极化 SAR 数据处理发现，若全极化数据已经经过充分的多视处理（即等效视数已经足够高，斑点噪声已经被很好地抑制），则 $\langle |S_{HH}|^2 \rangle$ 和 $\langle |S_{VV}|^2 \rangle$ 的比值很少会超过 ±2dB 的范围，即很少会出现使用这两个新体散射模型的情况。如对 GF-3 巴尔瑙尔数据进行 Yamaguchi 分解经统计发现，所有像素点均使用的是标准体散射模型。

（3）基于模型的非相干极化分解技术本身主要包括散射成分模型和分解算法两个基本元素，如果把研究重点放在改进散射模型上，则有可能忽略了算法本身的缺陷，因为先进的散射模型可能会掩盖一些算法本身的缺陷。而如果将研究重点放在分解算法上，将其研究透彻消除缺陷后，再研究改进的散射模型才更有可能取得相对更加理想的研究成果。

基于上述三点考虑，笔者更加倾向于在基于模型的非相干极化分解算法研究中仅使用基本的散射模型，从而将研究重点集中在分解算法的改进上。本书所述内容也都是按照这一思路取得的研究成果。不过这里要声明的一点是，笔者并不反对改进散射模型的研究，更加精确的散射模型一直是雷达观测领域最核心也是最有价值的研究方向之一。笔者只是认为基于模型的非相干极化分解研究应该先解决分解算法本身的缺陷再研究改进的散射模型。同时，笔者建议在拿到一景新的全极化 SAR 数据时，在还不清楚其地物类型和散射组成的情况下应先使用基于基本散射模型的非相干极化分解算法对其进行分析，在掌握了一定散射成分组成信息之后，再针对不同类型的散射数据使用更有针对性更加复杂也更加精确的散射模型进行分解和分析。

本书后文所述对基于模型的非相干极化分解算法的改进研究在体散射模型上将只采用 Freeman 分解使用的经典体散射模型，从而把研究重点集中在改进分解算法本身上。实际上，后文所述的各种分解算法对于其他改进的体散射模型同样适用，只需要根据改进的模型对算法进行适应性改造即可，这部分内容本书就不再详细叙述了，读者可自行研究和发布相关研究成果。

3.7 本章小结

Yamaguchi 分解引入了螺旋散射作为第四种散射成分，打破了 Freeman 分解的反射对称假设限制，使得其算法适用范围更加广泛，也在分析城镇区域取得了更好的实验结果。Yamaguchi 提出的改进体散射模型开启了通过改进散射模型提高基于模型的非相干极化分解算法性能的研究方向。上述两点都是开创性的工作。

但 Yamaguchi 算法并未给出为何选取使用螺旋散射作为第四种散射成分的理论依据，依照其文章中的说法，螺旋散射的选取更多地是依据多种基本散射体的比较优选（笔者推测螺旋散射的选取甚至可能还有 Yamaguchi 教授作为顶级学者的科研直觉成分）。实际上螺旋散射对应的是本书第 7 章极化对称分解的三种基本极化对称模型中的第三个，是其在保留 $j\mathrm{Im}(T_{23})$ 信息且具有最小极化总功率条件下的形式，而这一有关螺旋散射的理论认知是在极化对称分解研究过程中才获得的。

Yamaguchi 分解的主要创新点都集中在散射模型上，而对分解算法本身并无改进，仍沿用了 Freeman 分解的处理方法，其算法虽然具有更好的实验结果，但过高估计体散射、负功率成分、极化信息丢失等问题依然存在。

参考文献

[1] YAMAGUCHI Y, MORIYAMA T, ISHIDO M, et al. Four-component scattering model for polarimetric SAR image decomposition. IEEE Trans. Geosci. Remote Sens., 2005, 43(8):1699–1706.

[2] YAMAGUCHI Y, YAJIMA Y, YAMADA H. A four-component decomposition of POLSAR images based on the coherency matrix. IEEE Geosci. Remote Sens. Lett., 2006, 3(3):292–296.

[3] SATO A, YAMAGUCHI Y, SINGH G, et al. Four-component scattering power decomposition with extended volume scattering model. IEEE Geosci. Remote Sens. Lett., 2012, 9(2):166–170.

[4] Chen S W, Wang X S, Li Y Z. Adaptive model-based polarimetric decomposition using PolInSAR coherence. IEEE Trans. Geosci. Remote Sens., 2014, 52(3):1705–1718.

[5] ARII M, VAN ZYL J J, KIM Y. A general characterization for polarimetric scattering from vegetation canopies. IEEE Trans. Geosci. Remote Sens., 2010, 48(9):3349–3357.

[6] CHEN S W, MASATO OHKI, MASANOBU SHIMADA, et al. Deorientation effect investigation for model-based decomposition over oriented built-up areas. IEEE Geosci. Remote Sens. Lett., 2013, 10(2):273–277.

[7] CHEN S W, LI Y Z, WANG X S, et al. Modeling and interpretation of scattering mechanisms in polarimetric synthetic aperture radar: Advances and perspectives. IEEE Signal Processing Magazine, 2014, 31(4):79–89.

[8] FREEMAN A, DURDEN S L. A three-component scattering model for polarimetric SAR. IEEE Trans. Geosci. Remote Sens., 1998, 36(3): 963–973.

第 4 章　去定向 Freeman 分解

4.1　要解决的问题和创新点

本章介绍的去定向 Freeman 分解选用的 3 种散射模型与 Freeman 分解选用的 3 种散射模型完全一样，其创新点主要集中在对分解算法本身的改进上，因此该算法在某些文献中也被称为修正 Freeman 分解（或改进 Freeman 分解，Modified Freeman Decomposition）[1-2]，后文将使用 F3R 作为该算法的标识。

去定向 Freeman 分解的在分解算法上基本与 An 等学者于 2010 年提出的去定向三成分分解算法相同[3]，只是去定向三成分分解还选用了一种新的体散射模型（即极化熵为 1 的极化相干矩阵——单位矩阵）。但如第 3.6 节所述，为了将注意力集中在分解算法本身上，本章介绍的去定向 Freeman 分解算法，并未使用新的体散射模型，而是沿用了 Freeman 分解的经典体散射模型。这样实际也保证了在与 Freeman 分解进行比较时不会有由不同体散射模型造成的区别，使得对它们分解结果的实验比较更加公平。也就是说本章介绍的去定向 Freeman 分解在基本算法思路上与本章参考文献 [3] 中的算法保持一致，但体散射模型选用的是经典体散射模型。

去定向 Freeman 分解的提出主要是为了解决 Freeman 分解的过高估计体散射问题和负功率问题，其最大的创新点在于首次将去定向变换引入了基于模型的非相干极化分解研究领域。实际上定向角旋转在电磁波极化领域并不是一个新概念，去定向就是利用定向角逆向旋转将地物散射矩阵都旋转到 0° 定向角这一标准情况下，从而降低甚至消除定向角对目标极化散射矩阵的影响，再进行非相干极化分解。通过实验分析发现，去定向变换的引入可以显著降低过高估计体散射问题，并对减少负功率成分数量也有帮助。

去定向 Freeman 分解的另一个创新点是在算法中使用了“非负功率限制”。非负功率限制的处理方法最早是由 Yajima 等在本章参考文献 [4] 中为改进 Yamaguchi 分解结果中的负功率成分而提出的，去定向三成分分解沿用了其思想，并针对三成分模型的分解算法进行了适应性改造。

4.2　使用的散射模型

去定向 Freeman 分解使用的面散射模型 $\boldsymbol{T}_{\mathrm{S}}$、二次散射模型 $\boldsymbol{T}_{\mathrm{D}}$ 和体散射模型 $\boldsymbol{T}_{\mathrm{V}}$ 与 Freeman 分解使用的完全相同，本节仅给出 3 个模型的具体表达式：

$$\boldsymbol{T}_{\mathrm{S}}=\frac{1}{1+|\beta|^2}\begin{bmatrix}1 & \beta & 0\\ \beta^* & |\beta|^2 & 0\\ 0 & 0 & 0\end{bmatrix},\quad |\beta|\leqslant 1 \tag{4-1}$$

$$\boldsymbol{T}_{\mathrm{D}}=\frac{1}{1+|\alpha|^2}\begin{bmatrix}|\alpha|^2 & \alpha & 0\\ \alpha^* & 1 & 0\\ 0 & 0 & 0\end{bmatrix},\quad |\alpha|<1 \tag{4-2}$$

$$\boldsymbol{T}_{\mathrm{V}}=\frac{1}{4}\begin{bmatrix}2 & 0 & 0\\ 0 & 1 & 0\\ 0 & 0 & 1\end{bmatrix} \tag{4-3}$$

有关每个模型的具体物理含义和推导过程请详见第 2.2 节。

4.3　去定向变换

4.3.1　具体变换过程

雷达在观测一个具体目标时，若目标在垂直于雷达观测视线的平面内围绕雷达视线进行旋转，可以等价于目标不转而雷达的 h、v 基础坐标轴围绕雷达观测视线进行旋转。也就是说当观测得到了一个目标的极化散射矩阵后，通过数学上的极化坐标轴旋转变换，可以获得该目标在不同定向角条件下的极化散射矩阵。

因此在某些情况下，为了减弱（甚至消除）定向角对目标极化散射矩阵分析带来的影响，可以将极化相干矩阵都旋转到一种相同标准下（如都是 0° 定向角）后再进行分析。同样的，对于基于模型的非相干极化分解来说，对于同一类目标为了减弱（甚至消除）不同定向角造成的分解结果的不同，也可以先对所有输入的极化相干矩阵进行去定向变换再进行分解。

有关去定向变换物理含义的详细介绍和具体推导过程读者可参看本章参考文献 [5] 的第 3 章，本节仅给出其最终表达形式。对于一个目标的极化相干矩阵 $\boldsymbol{T}$，去定向变换就是通过定向角逆旋转使得其交叉极化通道功率值 T_{33} 达到最小。极化相干矩阵的定向角逆旋转可以用以下公式表示：

$$\boldsymbol{T}(\theta)=\boldsymbol{R}(\theta)\,\boldsymbol{T}\boldsymbol{R}^{\mathrm{H}}(\theta) \tag{4-4}$$

其中，θ 为旋转的角度；$\boldsymbol{R}(\theta)$ 表示定向角逆向旋转矩阵，具体如下：

$$\boldsymbol{R}(\theta)=\begin{bmatrix}1 & 0 & 0\\ 0 & \cos 2\theta & \sin 2\theta\\ 0 & -\sin 2\theta & \cos 2\theta\end{bmatrix} \tag{4-5}$$

在保证 T_{33} 达到最小值的目标约束下，可以推导出 θ 的具体值为

$$2\theta=\frac{1}{2}\tan^{-1}\left(\frac{2\operatorname{Re}\left(T_{23}\right)}{T_{22}-T_{33}}\right) \tag{4-6}$$

其中，$\operatorname{Re}(\cdot)$ 表示取复数的实部；$\tan^{-1}(\cdot)$ 为四象限的逆正切函数，其结果的值阈范围是 $(-\pi,\pi]$，相应的 θ 的值域范围是 $(-\pi/4,\pi/4]$（请注意，式 (4−4) 所示的去定向变换并未包含本章参考文献 [5] 第 3.3 节中的“去定向的附加确定步骤”）。式 (4−4) 中 $\boldsymbol{T}(\theta)$ 表示对极化相干矩阵 $\boldsymbol{T}$ 进行角度为 θ 的定向角逆旋转后获得的极化相干矩阵，其包含的各元素也用 $T_{ij}(\theta)$ 表示。$\boldsymbol{T}(\theta)$ 的表示方法为本书使用的基本表示形式之一，后文还会多次用到。

去定向后的极化相干矩阵具有三个特性：①其 $T_{33}(\theta)$ 是所有旋转角度下功率值最小的；② $T_{22}(\theta)\geqslant T_{33}(\theta)$；③去定向后极化相干矩阵的 $\operatorname{Re}(T_{23}(\theta))$ 元素等于零。去定向变换的上述三个特性对基于模型的非相干极化分解算法来说非常重要，具体如下。

（1）我们知道 Freeman 分解的体散射成分功率完全由 T_{33} 元素确定，且 Freemen 分解存在过高估计体散射成分功率的问题，去定向后 $T_{33}(\theta)$ 为极小值，也就是说会小于等于原 T_{33} 值，那么使用去定向后的极化相干矩阵进行 Freeman 分解必然会使得分解出的体散射成分功率值变小，从而达到了缓解过高估计体散射成分的问题。去定向变换带来的这一个效果在第 4.6 节实验部分有明显体现。

（2）$T_{22}(\theta)\geqslant T_{33}(\theta)$ 会减少 Freeman 分解结果中负功率成分的数量，这一点将在第 4.4 节详细叙述。

（3）$\operatorname{Re}(T_{23}(\theta))=0$ 将极化相干矩阵中实变量个数由 9 个降低为 8 个，且降低了 T_{22} 和 T_{33} 的相关性，这一特性在基于模型的非相干极化分解算法的发展过程中产生了很大作用，有关内容将在本书后续各章节中进行描述。

4.3.2　去定向与定向角补偿的区别

有些文献中也将去定向变换称为定向角补偿。但笔者认为定向角补偿实际是一个比去定向变换更加广泛的概念，去定向变换可以说仅是定向角补偿的一个个例。

从实际物理概念来说，定向角补偿也就是对目标的极化相干矩阵进行定向角逆向旋转，从而获得 0° 定向角下目标的极化相干矩阵。但上述定义中涉及另一个定义“0° 定向角下的目标极化相干矩阵”，目标到底在何种状态时才是 0° 定向角，这一概念到目前仍没有确切定义。

去定向变换旋转的角度值是确定的，该值仅保证定向角逆向旋转后极化相干矩阵的 T_{33} 元素达到极小值，相应的 $\mathrm{Re}(T_{23})$ 元素为零，且 T_{22} 元素大于等于 T_{33} 元素。但去定向变换后极化相干矩阵的定向角是否就是 0° 了，这个实际上并没有确切结论。

综上所述，本书中将其他各种角度的定向角逆向旋转统称为定向角补偿；而将令旋转后 T_{33} 最小 $\mathrm{Re}(T_{23}) = 0$ 且 $T_{22} \geqslant T_{33}$ 的定向角逆向旋转称为去定向。

4.4　非负功率限制

本节首先分析 Freeman 分解产生负功率成分的原因。通过详细分析图 2-2 所示的 Freeman 分解过程，可以发现主要有 3 个原因导致了负 P_S 或 P_D 的出现，具体如下：

$$
\begin{cases}
T_{22} < T_{33} \\
T_{11} < 2T_{33} \\
|T_{12}|^2 > x_{11} \cdot x_{22}
\end{cases}
\tag{4-7}
$$

因为 P_S 和 P_D 代表的是功率值因此不应为负值，为了消除负功率成分必须针对上述 3 个不等式分别进行改进。

其中第一个不等式 $T_{22}<T_{33}$ 在引入去定向变换后可以得到消除，因为去定向变换后的极化相干矩阵 $T(\theta)$ 的 $T_{22}(\theta) \geqslant T_{33}(\theta)$。也就是说，对极化相干矩阵先进行去定向再进行 Freeman 分解可以保证不会出现由 $T_{22}<T_{33}$ 引起的负功率成分。

为了处理另外两个造成负功率的不等式，去定向 Freeman 分解在分解算法中引入了非负功率限制。非负功率限制的基本思想就是一旦发现按原分解算法进行分解的结果中某一成分的功率值为负数，那么就强制将该成分的功率值置零，然后令其他成分的功率和仍为极化总功率 *Span*。基于非负功率限制针对式 (4-7) 中第二个和第三个不等式对分解算法的具体改进将在第 4.5 节进行介绍。

4.5 分解算法

去定向 Freeman 分解将一个多视极化 SAR 观测到的目标极化相干矩阵 $\boldsymbol{T}$ 非相干分解成面散射、二次散射、体散射三种成分的和，其分解算法就是确定 P_{S}、P_{D}、P_{V}、α 和 β 这 5 个参数的过程，其整个算法流程如图 4-1 所示。

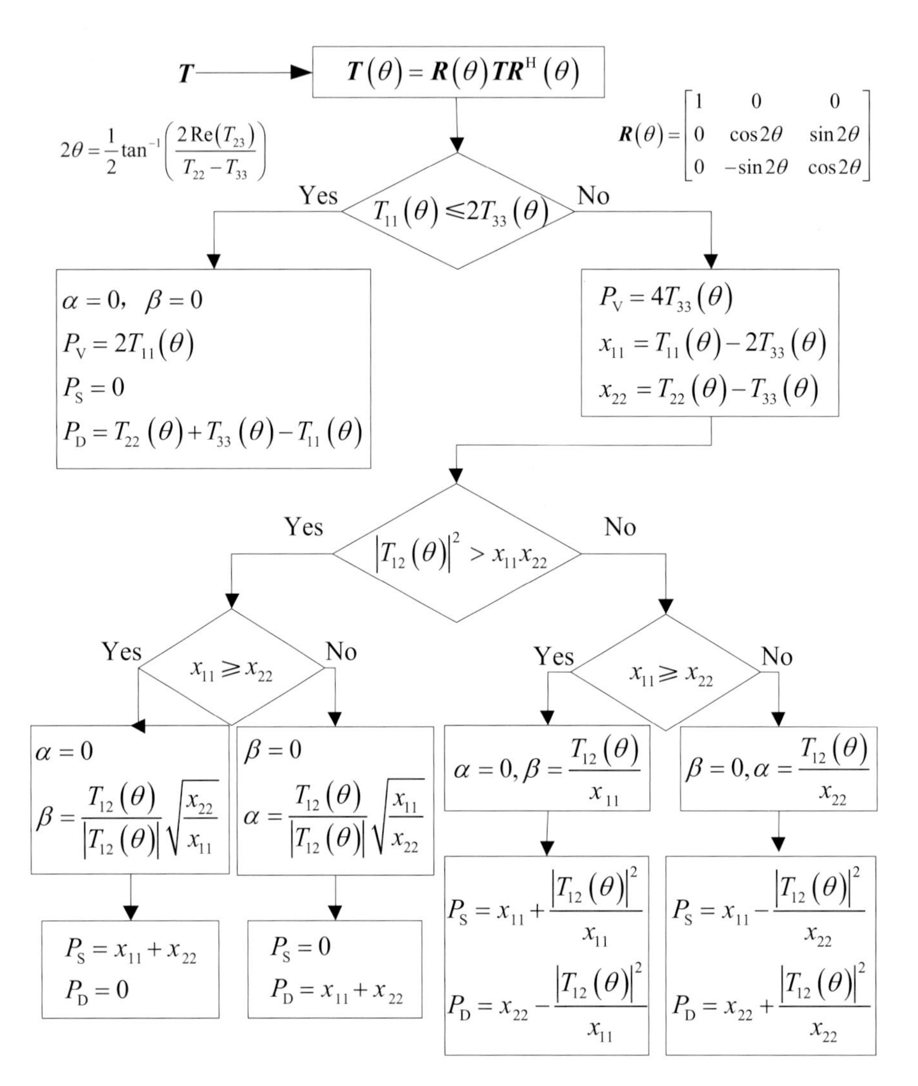

图4-1 去定向Freeman分解算法流程

下面对分解流程进行详细介绍。

步骤一：去定向

对输入数据的极化相干矩阵 $\boldsymbol{T}$ 首先进行第 4.3 节介绍的去定向变换，获得新的极化相干矩阵 $\boldsymbol{T}(\theta)$。去定向变换可以使 $T_{22}(\theta)\geqslant T_{33}(\theta)$，从而消除了由 $T_{22}<T_{33}$ 造成的负功率值。

然后，将去定向之后的 $\boldsymbol{T}(\theta)$ 矩阵分解为 3 个散射成分的和，数学上表示如下：

$$\boldsymbol{T}(\theta) = P_{\mathrm{S}}\boldsymbol{T}_{\mathrm{S}} + P_{\mathrm{D}}\boldsymbol{T}_{\mathrm{D}} + P_{\mathrm{V}}\boldsymbol{T}_{\mathrm{V}} \tag{4-8}$$

其中，$\boldsymbol{T}_{\mathrm{S}}$、$\boldsymbol{T}_{\mathrm{D}}$、$\boldsymbol{T}_{\mathrm{V}}$ 分别对应式 (4−1)、式 (4−2) 和式 (4−3) 中定义的面散射，二次散射和体散射模型；P_{S}、P_{D}、P_{V} 分别表示各成分的功率值。

去定向 Freeman 分解算法的后续主要流程与 Freeman 分解基本相同，但为了消除分解结果中的负功率成分使用了非负功率限制，引入了两个附加步骤，详细过程如下。

步骤二：非负功率限制引入的第一个附加步骤

步骤二是为了防止由 $T_{11}<2T_{33}$ 造成的负 P_{S} 值。因此，首先要比较一下 $T_{11}(\theta)$ 与 $2T_{33}(\theta)$ 的大小，体散射的功率将由它们之中较小的那个决定，即

$$P_{\mathrm{V}} = \begin{cases} 2T_{11}(\theta), & T_{11}(\theta) \leqslant 2T_{33}(\theta) \\ 4T_{33}(\theta), & T_{11}(\theta) > 2T_{33}(\theta) \end{cases} \tag{4-9}$$

然后将体散射成分由去定向后的极化相干矩阵中减去，得到剩余的极化相干矩阵如式（4−10）等式左边所示。随后，将剩余极化相干矩阵分解为两种成分的和，即

$$\boldsymbol{T}(\theta) - \frac{P_{\mathrm{V}}}{4}\begin{bmatrix} 2 & 0 & 0 \\ 0 & 1 & 0 \\ 0 & 0 & 1 \end{bmatrix} = P_{\mathrm{S}}\boldsymbol{T}_{\mathrm{S}} + P_{\mathrm{D}}\boldsymbol{T}_{\mathrm{D}} \tag{4-10}$$

在 $T_{11}(\theta) \leqslant 2T_{33}(\theta)$ 情况下，需要采用非负功率限制，其等价于式 (4−9) 中的令 $P_{\mathrm{V}}=2T_{11}(\theta)$。在减去体散射成分后，剩余部分中的 $T_{11}(\theta)-P_{\mathrm{V}}/2$ 元素将等于 0，即剩余极化相干矩阵中已不包含球面散射，相应地也就不包括面散射了，因此面散射成分的 P_{S} 和 β 都需要被设置为 0。由于采用了去定向变换，因此剩余极化相干矩阵的 $T_{22}(\theta)-P_{\mathrm{V}}/4$ 一定会大于等于 $T_{33}(\theta)-P_{\mathrm{V}}/4$，因此 *Span* 中剩余的能量将都被认为是二次散射，即

$$P_{\mathrm{D}} = T_{22}(\theta) - P_{\mathrm{V}}/4 + T_{33}(\theta) - P_{\mathrm{V}}/4 = T_{22}(\theta) + T_{33}(\theta) - T_{11}(\theta) \tag{4-11}$$

且由于剩余极化相干矩阵的 $T_{11}(\theta)-P_{\mathrm{V}}/2$ 元素等于 0，因此 α 也设置为 0。

在 $T_{11}(\theta) > 2T_{33}(\theta)$ 情况下，如式 (4−9) 所示的令 $P_{\mathrm{V}}=4T_{33}(\theta)$，在减去体散射成分后，剩余极化相干矩阵的 $T_{33}(\theta)-P_{\mathrm{V}}/4$ 元素为 0，另两个通道的剩余部分将分别用 x_{11} 和 x_{22} 表示以利于后续处理，即

$$\begin{aligned} x_{11} &= T_{11}(\theta) - P_{\mathrm{V}}/2 = T_{11}(\theta) - 2T_{33}(\theta) \\ x_{22} &= T_{22}(\theta) - P_{\mathrm{V}}/4 = T_{22}(\theta) - T_{33}(\theta) \end{aligned} \tag{4-12}$$

步骤三：非负功率限制引入的第二个附加步骤

步骤三是为了防止由式 (4−7) 第三个不等式 $|T_{12}|^2>x_{11}x_{22}$ 造成的负 P_S 和 P_D 值，因此需要先比较一下 $|T_{12}(\theta)|^2$ 与 x_{11} 和 x_{22} 乘积的大小。

如果 $|T_{12}(\theta)|^2>x_{11}x_2$，基于非负功率限制，此时认为在减去体散射成分后的剩余极化相干矩阵中只包含 1 种散射成分。若 $x_{11}\geqslant x_{22}$，则这种成分为面散射，那么

$$\alpha=0\ ,\quad \beta=\frac{T_{12}(\theta)}{|T_{12}(\theta)|}\sqrt{\frac{x_{22}}{x_{11}}}\ ,\quad P_S=x_{11}+x_{22}\ ,\quad P_D=0 \tag{4-13}$$

若 $x_{11}<x_{22}$，则这种成分为二次散射，则

$$\alpha=\frac{T_{12}(\theta)}{|T_{12}(\theta)|}\sqrt{\frac{x_{11}}{x_{22}}}\ ,\quad \beta=0\ ,\quad P_S=0\ ,\quad P_D=x_{11}+x_{22} \tag{4-14}$$

如果 $|T_{12}(\theta)|^2\leqslant x_{11}x_2$，则认为减去体散射成分后的剩余极化相干矩阵中还包含 2 种散射成分——面散射与二次散射，并且其中某种散射成分占绝大部分。此种情况下后续确定面散射成分与二次散射成分各自功率的过程与 Freeman 分解中的对应过程完全一致，也是 4 个实数方程 6 个未知实变量，具体如下。

在 Freeman 分解中由于有反射对称性假设因此忽略相干矩阵中的 T_{13} 和 T_{23} 元素，那么式 (4−10) 可以表示为

$$\begin{bmatrix} x_{11} & T_{12}(\theta) & 0 \\ T_{12}^*(\theta) & x_{22} & 0 \\ 0 & 0 & 0 \end{bmatrix}=f_S\begin{bmatrix} 1 & \beta & 0 \\ \beta^* & |\beta|^2 & 0 \\ 0 & 0 & 0 \end{bmatrix}+f_D\begin{bmatrix} |\alpha|^2 & \alpha & 0 \\ \alpha^* & 1 & 0 \\ 0 & 0 & 0 \end{bmatrix} \tag{4-15}$$

其中，$f_S=\dfrac{P_S}{1+|\beta|^2}$，$f_D=\dfrac{P_D}{1+|\alpha|^2}$，由上式可导出包含 6 个未知实变量的 3 个方程（4 个实数方程）如下：

$$\begin{aligned} x_{11}&=f_S|\beta|^2+f_D \\ x_{22}&=f_S+f_D|\alpha|^2 \\ T_{12}(\theta)&=f_S\beta+f_D\alpha \end{aligned} \tag{4-16}$$

解上述方程组时，首先需要检测 x_{11} 与 x_{22} 哪个大。若 $x_{11}\geqslant x_{22}$，则认为面散射分量占绝大部分，并设置 α 为 0。反之，若 $x_{11}<x_{22}$ 则认为二次散射占绝大部分并设置 β 为 0。上述操作，与 Freeman 分解中采用的处理 4 个方程 6 个未知数的操作相同。经过这个操作后上式的 4 个

实数方程中只剩下了 4 个未知实变量，因此可以进行相应的求解。上式的解，即 P_S, P_D, α, β 具体如下：

$$\begin{aligned}&\text{若 } x_{11} \geqslant x_{22}\text{，则 } \alpha=0\text{，}\beta=\frac{T_{12}(\theta)}{x_{11}}\text{，}P_S = x_{11} + \frac{|T_{12}(\theta)|^2}{x_{11}}\text{，}P_D = x_{22} - \frac{|T_{12}(\theta)|^2}{x_{11}}\\&\text{若 } x_{11} < x_{22}\text{，则 } \alpha=\frac{T_{12}(\theta)}{x_{22}}\text{，}\beta=0\text{，}P_S = x_{11} - \frac{|T_{12}(\theta)|^2}{x_{22}}\text{，}P_D = x_{22} + \frac{|T_{12}(\theta)|^2}{x_{22}}\end{aligned} \tag{4-17}$$

上述即为去定向 Freeman 分解的整个流程。容易验证分解的结果满足如下公式：

$$Span = T_{11} + T_{22} + T_{33} = P_S + P_D + P_V \tag{4-18}$$

并且其中 P_S, P_D, 和 P_V 均为非负实数。

4.6 实验分析

4.6.1 负功率成分统计实验

本节将结合实际极化 SAR 数据，通过与 Freeman 分解结果进行比较分析，验证去定向 Freeman 分解在消除分解结果中负功率成分的效果。

实验使用的极化 SAR 数据是由德国宇航中心（DLR）的 L 波段机载 E-SAR 系统对德国奥博珀法芬霍芬（Oberpfaffenhofen）机场附近区域进行观测获得的。该数据来源于网站的下载[6]，其最初形式是全极化干涉的 $\boldsymbol{T}_{6\times6}$ 矩阵数据，本书仅使用其 $\boldsymbol{T}_{3\times3}$ 子矩阵进行基于模型的非相干极化分解技术研究，后文简称该数据为 E-SAR 奥芬实验数据（该数据存储于本书第 1.1 节给出的二维码下载程序和数据的 ExampleData 文件夹下，文件名为 ESAR_Oberpfaffenhofen_Germany.mat）。

E-SAR 奥芬实验数据包含 1 300 × 1 200 个像素点，对应的观测区域包含城镇、裸地、森林和机场等多种地物类型。对该数据使用本章参考文献 [7] 给出的等效视数估计方法检测其 T_{11} 数据的等效视数值结果为 23.6。也就是说该图像的斑点噪声已经被很好地抑制了，因此不需要再附加全极化滤波处理。

本节对分解结果中包含负功率成分的像素点个数的统计实验过程如下。

（1）使用 Freeman 分解处理 E-SAR 奥芬数据，统计结果中包含负功率成分的像素点个数。

（2）先使用去定向变换处理每个像素点的极化相干矩阵 $\boldsymbol{T}$ 获得 $\boldsymbol{T}(\theta)$ 数据，然后对 $\boldsymbol{T}(\theta)$ 数据进行 Freeman 分解，统计结果中包含负功率成分的像素点个数。

（3）使用去定向 Freeman 分解处理 E-SAR 奥芬数据（即去定向和非负功率限制两个改进都使用），统计结果中包含负功率成分的像素点个数。

上述 3 个实验的结果列于表 4-1。

表4-1　E-SAR奥芬数据负功率像素点个数统计结果

数据	处理方法	分解结果中包含负功率像素点的个数（个）
E-SAR 奥芬数据 含 1 300 × 1 200 像素	F3D	48 322
	F3D+ 去定向	34 439
	F3R	0
RS2 苏州数据 含 777 × 728 像素	F3D	173 859
	F3D+ 去定向	81 914
	F3R	0

由表 4-1 可知，由最后一列前两个数据可以发现去定向变换的使用，使得负功率像素点个数由 48 322 个降低到 34 439 个，再附加使用非负功率限制后负功率像素点个数变为 0（本章参考文献 [3] 中 An 等学者使用的极化熵为 1 的新体散射模型可在去定向基础上进一步降低负功率像素点个数，相关试验请参见本章参考文献 [3]）。

本节还对另外一景实际 SAR 数据进行了上述实验，该数据由 RADARSAT-2 卫星获得，其具体情况介绍请参看第 4.6.2 节。表 4-1 中的下半部分给出了该景数据的实验结果，可以发现去定向变换使得负功率像素点个数由 173 859 个降低到 81 914 个，再附加使用非负功率限制后负功率像素点个数变为 0。

本节实验还统计了去定向 Freeman 分解中由非负功率限制增加的第一附加步骤和第二附加步骤分别处理的像素点个数，结果见表 4-2。

表4-2　非负功率限制引入的两个附加步骤各自处理的像素点个数

数据	处理方法	像素点的个数（个）
E-SAR 奥芬数据 含 1 300 × 1 200 像素	第一附加步骤	6 655
	第二附加步骤	27 784
RS2 苏州数据 含 777 × 728 像素	第一附加步骤	30 984
	第二附加步骤	50 930

在表 4-2 中，非负功率限制第二附加步骤处理的像素点个数要多于第一附加步骤，也就是说式 (4-7) 第三个不等式带来负功率成分的数量要多于第二个不等式。

4.6.2　缓解过高估计体散射实验

本节将基于实际极化 SAR 数据实验，通过将去定向 Freeman 分解结果与 Freeman 分解结果进行比较分析，验证去定向变换可以通过使 $T_{33}(\theta)$ 为最小值达到降低体散射成分功率的效果。

下面两幅图像给出的是 E-SAR 奥芬实验数据的 Freeman 分解结果散射成分功率伪彩色合成图（图 4–2）和去定向 Freeman 分解结果散射成分功率伪彩色合成图（图 4–3）。图 4–2 和图 4–3 的散射功率伪彩色合成编码方式与第 2.4.1 节介绍的方法完全相同，其中红色表示 P_D，绿色表示 P_V，蓝色表示 P_S。

图4–2　E-SAR奥芬数据Freeman分解结果散射成分功率伪彩色合成图

图4-3　E-SAR奥芬数据去定向Freeman分解结果散射成分功率伪彩色合成图

图 4-3 与图 4-2 的比较给人的第一感觉是两幅图像非常相似，这一结果验证了去定向 Freeman 分解与 Freeman 分解一样，都可以良好地表现出地物的主要散射机制。通过仔细观察可以发现有两个区域在图 4-3 和图 4-2 中差别较大，这两个区域范围如图 4-2 中红色矩形框 D 和蓝色矩形框 E 所示。将这两个区域按原分辨率进行放大显示后结果如图 4-4 所示。

图 4-2 中区域 D 的中下部对应于具有一定方位角的人工建筑，其方位角会造成极化散射矩阵具有一定的定向角，通过比较可以发现，在使用去定向后，建筑区域在原来的黄绿色结

果中明显增加了红色的结果。方位角不大的建筑区域应该存在较强的二次散射，因此区域 D 的去定向 Freeman 分解的结果要优于 Freeman 分解结果。

区域 E 的中心为一个人工建筑，其屋顶区域在 Freeman 分解中表现为绿色，而在去定向 Freeman 分解结果中表现为蓝色。对于存在较多平坦区域的屋顶来说，蓝色表示的面散射占主导地位要比绿色表示的体散射占主导地位显得更加合理。因此区域 E 的去定向 Freeman 分解结果也要优于 Freeman 分解结果。

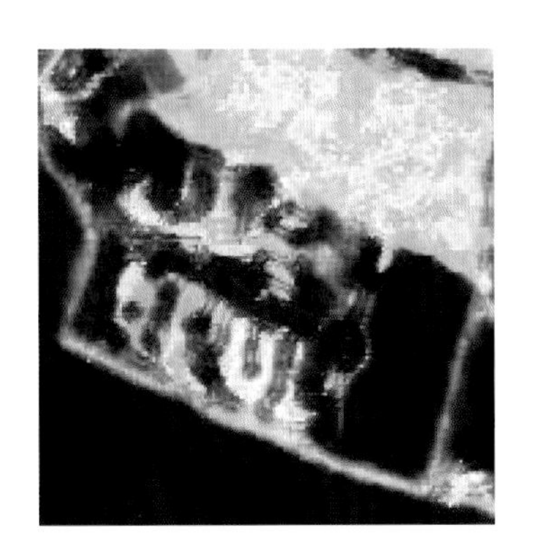

(a) 区域D的Freeman分解结果

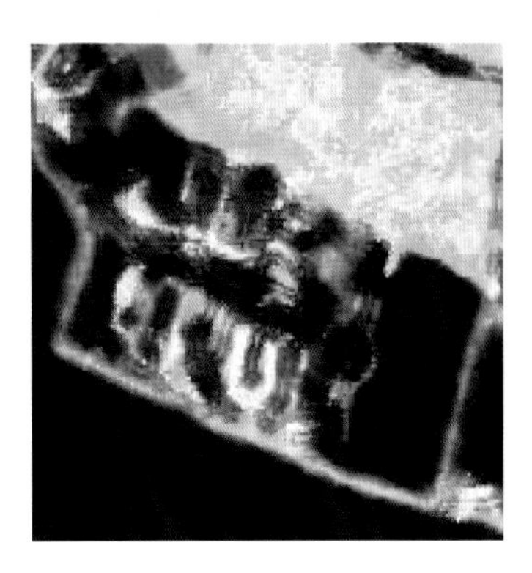

(b) 区域D的去定向Freeman分解结果

(c) 区域E的Freeman分解结果

(d) 区域E的去定向Freeman分解结果

图4-4　图4-2中区域D和区域E分解结果变化区域放大显示结果

通过大量实验发现，去定向带来的降低过高估计体散射效果对具有一定方位角的建筑区域最为明显，下面给出另一个具体实例。

实验使用的极化 SAR 数据是由加拿大 RADARSAT-2 卫星对中国苏州市区在 2010 年 3 月 3 日观测获得的。其数据原始形式为单视复图像，基于 PolSARpro 软件对其进行了空间域平均处理。将距离向 5 个像素和方位向 8 个像素所对应的 40 个一阶极化相干矩阵进行平均生成多视极化 SAR 图像中的一个像素点数据。也就是说用来进行极化分解实验的多视全极化数据的多视视数达到了 $5 \times 8 = 40$，这已经是一个相当高的多视视数了，因此对该多视全极化数据并没有再附加极化滤波处理。后文将该实验数据简称为 RS2 苏州数据（该数据存储于本书第 1.1 节给出的二维码下载程序和数据的 ExampleData 文件夹下，文件名为 RS2_Suzhou_Ghina_20100311. mat）。

RS2 苏州数据对应的观测区域主要为苏州市区，其中大部分建筑物都具有一个较小的方位角，其 Freeman 分解结果功率伪彩色合成图和去定向 Freeman 分解结果的功率伪彩色合成图分别如图 4-5 和图 4-6 所示。将图 4-6 与图 4-5 进行比较可以发现，图 4-6 中红颜色通道效果明显更强，也就是说在全部极化总功率中更多的功率被去定向 Freeman 分解算法认定为是二次散射。这一实验结果对于应该存在较多二次散射的城市区域来说显然更加合理。

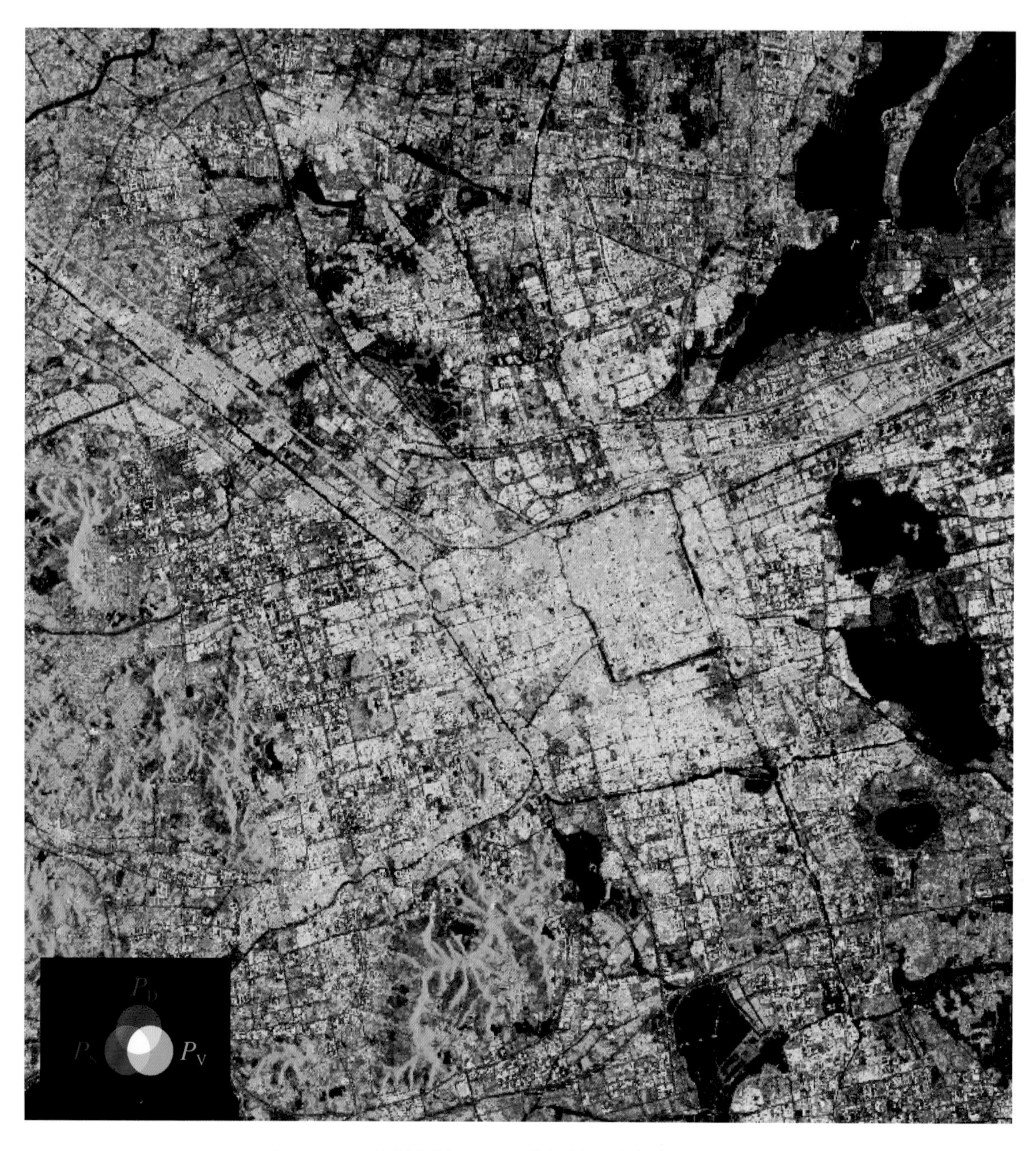

图4-5　RS2苏州数据Freeman分解结果功率伪彩色合成图

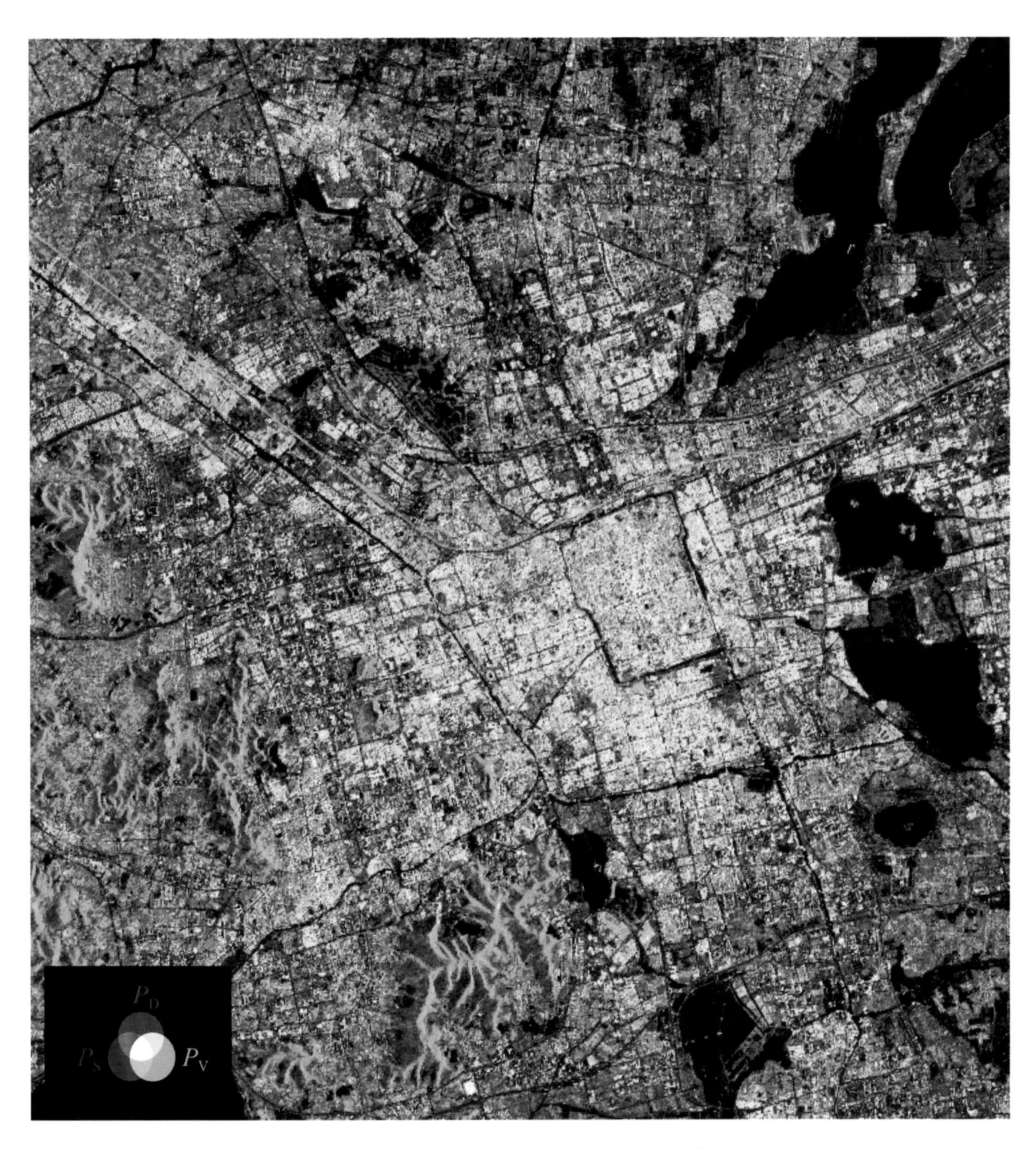

图4-6　RS2苏州数据去定向Freeman分解结果伪彩色合成图

上述基于分解结果伪彩色图像进行观察获得的对地物散射机制的认知属于定性分析，直观但不够精确。4.6.3 节将通过选取典型地块给出定量的分析结果。

4.6.3 典型地物分解结果定量分析实验

如图 4-2 所示，在裸地、森林和城镇区域分别选取 A、B、C、D、E 五块典型的矩形区域。对每块区域的分解结果进行定量分析的实验过程如下：首先每个像素点利用 *Span* 对各散射成分功率值进行归一化，然后对归一化后的各散射成分占比在每个区域内求均值。实验结果见表 4-3。

表4-3 E-SAR奥芬数据中五个矩形区域各散射成分功率占比的均值

区域	算法	mean(P_S/*Span*)	mean(P_D/*Span*)	mean(P_V/*Span*)
A: 土地 像素个数 Size: 100 × 100	F3D	80.234 6%	10.570 3%	9.195 1%
	F3R	80.295 3%	10.612 0%	9.092 7%
B: 森林 像素个数 Size: 70 × 70	F3D	19.394 7%	17.625 2%	62.980 1%
	F3R	19.905 8%	18.058 5%	62.035 7%
C: 建筑 像素个数 Size: 40 × 60	F3D	17.202 8%	66.696 3%	16.100 9%
	F3R	17.836 1%	67.235 1%	14.928 8%
D: 建筑 像素个数 Size: 80 × 60	F3D	22.931 6%	30.791 1%	46.277 3%
	F3R	30.164 4%	36.746 8%	33.088 9%
E: 建筑 像素个数 Size: 30 × 30	F3D	44.973 0%	−14.260 6%	69.287 6%
	F3R	54.532 7%	12.487 0%	32.980 2%

在表 4-3 中，区域 A 对应裸地区域，其结果中面散射占主导地位；区域 B 为森林区域，其结果中体散射占主导地位；区域 C 为几乎与雷达观测视线垂直的建筑区域，其结果中二次散射占主导地位。这三个区域的实验结果，代表了图像中绝大部分区域的结果，验证了去定向 Freeman 分解和 Freeman 分解一样都可以定量化地分析地物主导散射机制。

本节还对分解结果中存在突变的区域 D 和区域 E 也进行了与 A、B、C 三个区域一样的定量分析。通过 5 个区域的数据结果比较发现，去定向 Freeman 分解的体散射成分占比要普遍小于 Freemen 分解结果中的体散射成分占比，且区域 D 和区域 E 的体散射成分占比存在非常明显的减小。区域 D 的体散射成分占比降低后，二次散射功率成为占比最大的成分（虽然三种成分占比差不多），这解释了上一节区域 D 图像中会观察到红色增多的现象。对于区域 E，Freeman 分解的二次散射成分占比为负值，这是其负功率成分问题的一个表现。区域 E 在 Freeman 分解结果中体散射占比达到了 69.287 6%，这一数值对于单一的人工建筑显得不合理；在去定向 Freeman 分解中该值降低到 32.980 2%，同时面散射成分占比由 44.973 0% 增加到

54.532 7%，从而使得面散射成为占比最大的成分，这与建筑物屋顶的地物真实情况相符合。

表4-4　RS2苏州数据全图各散射成分功率占比的均值

区域	算法	mean(P_S/*Span*)	mean(P_D/*Span*)	mean(P_V/*Span*)
RS2 苏州数据	F3D	45.037 3%	2.250 9%	52.711 8%
	F3D+ 非负功率限制	25.143 0%	22.946 9%	51.910 1%
	F3D+ 去定向	27.860 3%	30.561 7%	41.578 0%
	F3R	28.926 0%	30.399 7%	40.674 3%

由于 RS2 苏州数据中大部分区域为城市区域，因此直接统计了全图各散射成分功率占比的均值。Freeman 分解的结果列于表 4-4 的第 1 行，去定向 Freeman 分解的结果列于表 4-4 第 4 行。同时，为了更好地评估去定向和非负功率限制这两个改进点对散射结果的影响，还分别对仅增加非负功率限制和仅增加去定向的 Freeman 分解结果进行了统计，结果见表 4-4 第 2 行和第 3 行。

通过表 4-4 各算法结果的比较可以发现，体散射功率成分占比从前两行数据到后两行数据有十多个百分点的大幅下降，这主要是因为使用了去定向变换，因而验证了去定向变换可以降低过高估计体散射的效果。而仅使用非负功率限制，可以使二次散射功率占比由 2.250 9% 升高到 22.946 9%，相应的面散射成分功率占比由 45.037 3% 降低到 25.143 0%。也就是说，在 Freeman 分解结果中的 P_D 负功率使得 P_S 占比增大的程度要显著强于 P_S 负功率使得 P_D 占比增大的程度。

由表 4-4 的第 3 行数据可以发现，由于去定向可以很好地避免由 $T_{22}<T_{33}$ 造成负功率的情况，且能降低体散射成分功率值，因此即使不使用非负功率限制其各散射成分的占比也变得与去定向 Freeman 分解算法的结果非常接近。由表 4-4 的第 3 行和第 4 行可知，在对使用了去定向的 Freeman 分解结果进行非负功率限制处理后，各散射成分功率占比变化不大，其中二次散射和体散射成分功率占比稍有减少，相应的面散射成分稍有增加。上述实验结果和表 4-1 的实验结果表明，去定向在消除小部分有负功率成分的像素点的同时，还可显著降低其他负功率成分，即去定向变换对消除负功率对散射成分占比结果的影响也有很好的效果。

通过上述实验可以发现，去定向 Freeman 分解的结果要普遍优于 Freeman 分解的结果。

4.7 存在的问题

（1）去定向虽然可以缓解过高估计体散射问题，但其使用后分解结果中体散射成分的占比是否已经合理，还有待评估。

（2）极化信息丢失问题仍然存在。引入去定向后相当于用定向角保留了 $\mathrm{Re}(T_{23}(\theta))$ 的信息，也就是说去定向 Freeman 分解对原极化相干矩阵中 9 个独立实数变量信息的保存由 Freeman 分解的 5 个增加到了 6 个。虽然增加了 1 个实变量信息的保存，但仍存在 3 个实变量信息的丢失。

（3）非负功率限制只是强制将负功率设置为 0，这只是一个治标不治本的解决方法。也就是说，去定向 Freeman 分解虽然明确找到了造成负功率成分的原因，但最后给出的解决方法——非负功率限制，仅是一个权宜之计。同时，非负功率限制还造成了新的极化信息丢失问题，具体如下。

由去定向 Freeman 分解结果恢复原极化相干信息的过程可以用式（4−19）表示：

$$\boldsymbol{R}^{\mathrm{H}}(\theta)(P_{\mathrm{S}}\boldsymbol{T}_{\mathrm{S}}+P_{\mathrm{D}}\boldsymbol{T}_{\mathrm{D}}+P_{\mathrm{V}}\boldsymbol{T}_{\mathrm{V}})\boldsymbol{R}(\theta) \tag{4-19}$$

为了处理负功率，非负功率限制直接将负功率置零，并让其他成分功率之和仍等于 *Span*，但并未对散射模型做任何修改，这使得使用各散射成分功率结果和它们各自对应的散射模型重建的极化相干矩阵，在各元素上会出现与原极化相干矩阵不一样的结果。也就是说，非负功率限制造成了新的极化信息丢失问题，使用非负功率限制的像素点，几乎不能由分解结果重建原极化相干矩阵中的各元素。本节第二条中给出的去定向 Freeman 分解可以保留 6 个独立实变量信息的描述仅对那些不需要非负功率限制处理的像素点适用，对于采用非负功率限制处理的像素点，会有新的极化信息丢失现象。

4.8 本章小结

去定向 Freeman 分解使用的去定向变换是由本章参考文献 [3] 的去定向三成分分解首次引入基于模型的非相干极化分解研究领域的。去定向变换为极化相干矩阵带来的 3 个特性（$T_{33}(\theta)$ 最小，$T_{22}(\theta)\geqslant T_{33}(\theta)$，$\mathrm{Re}(T_{23}(\theta)=0$），对基于模型的非相干极化分解来说都是非常有益的。去定向变换被引入基于模型的非相干极化分解技术后很快得到了全世界该领域研究学者的一致认可，使用了去定向变换的 Yamaguchi 四成分分解算法在去定向三成分分解提出一年后就被提出 [8−9]，随后去定向变换被广泛地应用于各种基于模型的非相干极化分解算法中，

成为基于模型的非相干极化分解算法中使用得最多的一个处理步骤。

去定向 Yamaguchi 分解就是先对极化相干矩阵进行去定向变换再进行 Yamaguchi 分解，同时在算法中也使用了非负功率限制（后文简称为 Y4R 算法）[8]。本书对 Y4R 算法的推导过程将不进行详细叙述，感兴趣的读者可以参阅本章参考文献 [8]，但在后续章节的实验过程中将把 Y4R 作为一个基本分解算法进行实验比较。Y4R 算法实验结果中也观察到了由去定向带来的降低过高估计体散射的效果。

本章介绍的去定向 Freeman 分解算法在散射模型上与 Freeman 分解完全一致，由于使用了去定向，因此体散射成分结果更加合理；由于使用了非负功率限制，分解结果中不存在负功率值。可以说去定向 Freeman 分解是改进了的 Freeman 分解，笔者建议所有使用 Freeman 分解的应用研究都可以考虑使用去定向 Freeman 分解做进一步分析，以期获得更好的实验结果。

去定向 Freeman 分解最大的问题在于非负功率限制，这是一种治标不治本的方法，也带来了新的极化信息丢失问题。也就是说去定向 Freeman 分解方法没有彻底解决负功率问题。基于模型的非相干极化分解的下一个主要进步点就集中在消除负功率结果上，详见第 5 章。

参考文献

[1] 安文韬，林明森，谢春华，等．高分三号卫星极化数据处理——产品与技术．北京：海洋出版社，2018.

[2] 安文韬，林明森，谢春华，等．高分三号卫星极化数据处理——产品与典型地物分析．北京：海洋出版社，2019.

[3] AN W, CUI Y, YANG J. Three-Component Model-Based Decomposition for Polarimetric SAR data. IEEE Trans. Geosci. Remote Sens., 2010, 48(6):2732−2739.

[4] YAJIMA Y, YAMAGUCHI Y, SATO R, et al. POLSAR Image Analysis of Wetlands Using a Modified Four-Component Scattering Power Decomposition. IEEE Trans. Geosci. Remote Sens., 2008, 46(6):1667-1673.

[5] 安文韬．基于极化 SAR 的目标极化分解与散射特征提取研究．北京：清华大学，2010.

[6] The PolSARpro Software and the E-SAR Data Used in This Paper. (Nov. 2019) [Online]. Available: https://earth.esa.int/web/polsarpro.

[7] CUI Y, ZHOU G, YANG J，et al. Unsupervised Estimation of the Equivalent Number of Looks in SAR Images, IEEE Geosci. Remote Sens. Lett., 2011, 8(4):710−714.

[8] YAMAGUCHI Y, SATO A, BOERNER W M，et al. Four-component scattering power decomposition with rotation of coherency matrix. IEEE Trans. Geosci. Remote Sens., 2011, 49(6):2251−2258.

[9] AN W, XIE C, YUAN X, et al. Four-Component Decomposition of Polarimetric SAR Images With Deorientation. IEEE Geosci. Remote Sens. Lett., 2011, 8(6):1090−1094.

第 5 章　改进 Cui 分解

5.1　要解决的问题和创新点

Cui 等于 2014 年提出了一种新的基于模型的三成分非相干极化分解算法（本章参考文献 [1] 中介绍的第 2 个算法，后文简称为 Cui 分解，算法标识为 CUI）；随后 An 等对该算法第三种成分的散射机制确定方法进行了改进 [2]，后文简称其为改进 Cui 分解，算法标识为 C3M。在 Cui 分解提出时去定向变换已广泛应用于基于模型的非相干极化分解算法中，过高估计体散射问题得到了很大缓解，但极化信息丢失和负功率成分问题仍未得到解决。

在极化信息丢失问题上，我们知道一个极化相干矩阵包含 9 个独立实变量。Freeman 分解基于反射对称假设只保留了 5 个实变量信息。Yamaguchi 分解通过引入螺旋散射成分可以保留 6 个实变量信息。在去定向变换被引入基于模型的非相干极化分解后，去定向 Freeman 分解可以保留 6 个实变量信息，去定向 Yamaguchi 分解可以保留 7 个实变量信息。随后有学者开始专门研究基于模型的非相干极化分解算法的极化信息丢失问题，但其研究重点主要集中在四成分分解算法如何充分利用输入的极化相干矩阵全部 9 个实元素信息上，提出的算法通常需要全部 9 个实变量作为输入，但分解结果中通常不能保留全部 9 个实变量信息 [3-4]。在当时对于三成分分解，还没有出现能保留全部 9 个实变量信息的分解算法。

在负功率成分问题上，众多学者已充分认识到负功率成分是影响基于模型的非相干极化分解技术可用性的一个主要问题，并进行多途径解决方法的研究。如在去定向 Freeman 分解和去定向 Yamaguchi 分解中使用了非负功率限制，但该处理方法仅是发现负功率成分后将其功率值强制置零，并未从算法理论上解决负功率问题。当时，van Zyl 等研究发现，在提取某一种散射成分时，只要能保证提取出该散射成分后的剩余极化相干矩阵不包含负特征值，就可保证分解结果中不出现负功率成分 [5]。van Zyl 等提出的“非负特征值限制”不同于第 4 章介绍的“非负功率限制”，这是一种从理论上保证不会出现负功率成分的准则。不过美中不足的是 van Zyl 等并没有找到针对任意极化相干矩阵在非负特征值限制下的解析分解算法，而是使用了迭代寻优的方法实现体散射成分的提取，因此其算法的计算较为繁琐。

Cui 等为了克服极化信息丢失问题，提出了完全的非相干极化分解算法概念，要求分解结果中要完整保持原极化相干矩阵的 9 个实变量。为了克服负功率问题，Cui 等研究发现了

基于最小广义特征的体散射成分提取方法，该提取方法正是在非负特征值限制条件下最大可能功率体散射成分的解析计算方法。基于上述研究，一种新的三成分分解算法——Cui 分解被提出，本章将对其进行详细介绍。值得指出的是本章介绍的方法中对第三个成分的散射机制分析使用的是本章参考文献 [2] 提出的改进分析方法，因此严格来说本章介绍的是改进的 Cui 分解，但由于该步骤仅涉及 Cui 分解的最后一步，因此在其之前的叙述中将仅描述为 Cui 分解，因为 Cui 分解和改进 Cui 分解在这些步骤上是完全一致的。

5.2　使用的散射模型

Cui 分解在最初推导过程中仍用式（5-1）进行表示：

$$\boldsymbol{T} = P_{\mathrm{V}}\boldsymbol{T}_{\mathrm{V}} + P_{\mathrm{S}}\boldsymbol{T}_{\mathrm{S}} + P_{\mathrm{D}}\boldsymbol{T}_{\mathrm{D}} \tag{5-1}$$

Cui 分解的三种散射成分模型仍用 $\boldsymbol{T}_{\mathrm{V}}$、$\boldsymbol{T}_{\mathrm{S}}$ 和 $\boldsymbol{T}_{\mathrm{D}}$ 分别表示。但为了同时具备无极化信息丢失和无负功率成分两个特性，Cui 分解在散射模型上并未完全沿用 Freeman 分解，其算法推导基于的 3 个散射模型假设条件如下：

条件 1：体散射模型 $\boldsymbol{T}_{\mathrm{V}}$ 是一个已知的正定厄尔米特矩阵；

条件 2：其他两个散射成分模型 $\boldsymbol{T}_{\mathrm{S}}$ 和 $\boldsymbol{T}_{\mathrm{D}}$ 是两个未知的秩为 1 的极化相干矩阵；

条件 3：P_{V}、P_{S} 和 P_{D} 分别表示每个散射成分对应的非负功率值。

读者可以发现，条件 1 只限定了体散射模型的正定性，而没有限制其具体形式。也就是说 Cui 分解算法的体散射模型是可变的，这也是 Cui 等称自己的算法为“框架”（scheme）的原因之一。Cui 分解在实验部分选用了 Yamaguchi 分解中的 3 种体散射模型，在实际计算时将 3 种体散射模型对应的功率值都进行计算，然后选取其中值最大的作为体散射成分最后结果。本书在第 3.6 节已叙述了有关改进体散射模型的一些考虑，因此为了保证不同算法之间比较的一致性和公平性，本书在叙述和实验中 Cui 分解的体散射模型仍只使用经典体散射模型，即

$$\boldsymbol{T}_{\mathrm{V}} = \frac{1}{4}\begin{bmatrix} 2 & 0 & 0 \\ 0 & 1 & 0 \\ 0 & 0 & 1 \end{bmatrix} \tag{5-2}$$

条件 2 只限定了第 2 个和第 3 个散射成分的模型为秩为 1 的极化相干矩阵。Freeman 分解使用的面散射模型和二次散射模型都是秩为 1 的极化相干矩阵，但其形式更加具体。也就

是说，Cui分解实际上放宽了对后两个散射成分在模型形式上的限制。

条件3主要是强调了分解结果中各成分功率值必须为非负值。Freeman分解因为结果中存在负功率值，因此是不满足条件3的。值得指出的是，这里P_V仍对应体散射成分功率值，但上述假设中P_S只对应第二个成分的功率值而不再对应面散射功率值，而P_D也只对应第三个成分的功率值而不再对应二次散射功率值，这点请读者特别注意。

综上所述，Cui分解假设一个观测得到的极化相干矩阵是体散射成分和其他两个完全相干的散射成分的和。读者需要注意的是，虽然Cui分解仍然使用$\boldsymbol{T}_S$和$\boldsymbol{T}_D$表示后两个成分的散射模型，但其具体含义已不再是原来的面散射模型和二次散射模型了。它们各自的散射机制需要附加的分析确定步骤。实际上通过5.3节分解算法的介绍可以发现，第2个散射成分可能为面散射也可能为二次散射，而第三个散射成分虽然被认定为是面散射或二次散射，但其在形式上并不与如下面所示的经典面散射模型和二次散射模型一致。

$$\boldsymbol{T}_S=\frac{1}{1+|\beta|^2}\begin{bmatrix}1 & \beta & 0\\ \beta^* & |\beta|^2 & 0\\ 0 & 0 & 0\end{bmatrix},\quad |\beta|\leqslant 1 \tag{5-3}$$

$$\boldsymbol{T}_D=\frac{1}{1+|\alpha|^2}\begin{bmatrix}|\alpha|^2 & \alpha & 0\\ \alpha^* & 1 & 0\\ 0 & 0 & 0\end{bmatrix},\quad |\alpha|<1 \tag{5-4}$$

在第5.3节改进Cui分解算法介绍过程中用到了两个散射模型，这里先给出其形式。其中一个散射模型是考虑定向角旋转情况下的面散射模型，其形式如下：

$$\boldsymbol{T}_S(-\theta)=\boldsymbol{R}(-\theta)\boldsymbol{T}_S\boldsymbol{R}^H(-\theta) \tag{5-5}$$

其中，$\boldsymbol{T}_S$见式(5−3)；θ为定向角；上标H表示共轭转置；$\boldsymbol{R}(\theta)$为定向角逆旋转矩阵［相应的$\boldsymbol{R}(-\theta)$则对应了定向角旋转矩阵］，即

$$\boldsymbol{R}(\theta)=\begin{bmatrix}1 & 0 & 0\\ 0 & \cos 2\theta & \sin 2\theta\\ 0 & -\sin 2\theta & \cos 2\theta\end{bmatrix} \tag{5-6}$$

上述考虑定向角的面散射模型主要对应Cui分解的第二个成分。同时，值得指出的是，若将式(5−5)中$\boldsymbol{T}_S$替换为式(5−4)的二次散射模型$\boldsymbol{T}_D$，则该模型对应的是考虑定向角旋转情况下的二次散射模型。

第三个散射模型为任意秩为 1 的极化相干矩阵，其主要对应 Cui 分解的第三个成分，在极化总功率为 1 的归一化条件下，其模型可以表示为

$$\boldsymbol{T}_{\mathrm{C}}=\boldsymbol{k}_{\mathrm{C}}\boldsymbol{k}_{\mathrm{C}}^{\mathrm{H}}=\begin{bmatrix}\cos^2\delta & \cos\delta\sin\delta\cos\omega\mathrm{e}^{-j\phi} & \cos\delta\sin\delta\sin\omega\mathrm{e}^{-j\varphi}\\ \cos\delta\sin\delta\cos\omega\mathrm{e}^{j\phi} & \sin^2\delta\cos^2\omega & \sin^2\delta\cos\omega\sin\omega\mathrm{e}^{j(\phi-\varphi)}\\ \cos\delta\sin\delta\sin\omega\mathrm{e}^{j\varphi} & \sin^2\delta\cos\omega\sin\omega\mathrm{e}^{j(\varphi-\phi)} & \sin^2\delta\sin^2\omega\end{bmatrix} \tag{5-7}$$

其中

$$\boldsymbol{k}_{\mathrm{C}}=\begin{bmatrix}\cos\delta\\ \sin\delta\cdot\cos\omega\cdot\mathrm{e}^{j\phi}\\ \sin\delta\cdot\sin\omega\cdot\mathrm{e}^{j\varphi}\end{bmatrix} \tag{5-8}$$

容易验证式 (5−7) 的极化总功率为 1。从 $\boldsymbol{T}_{\mathrm{C}}$ 模型中可以发现一个秩为 1 的极化相干矩阵模型包含 4 个独立实数变量，分别为 δ、ω、ϕ 和 φ，再加上其对应的极化总功率值，也就是说，任意一个秩为 1 的散射成分共包含 5 个独立实数变量。值得指出的是，$\boldsymbol{T}_{\mathrm{C}}$ 可以对应任意秩为 1 的极化相干矩阵，因此实际上它并不能被视为一个与面散射或二次散射一样的物理机制已知的散射模型，它仅是给出了一种表示任意秩为 1 的极化相干矩阵的方法。

5.3　分解算法

5.3.1　体散射成分的提取

为了提取体散射成分，可以将式 (5−1) 进一步改写为

$$\boldsymbol{T}-P_{\mathrm{V}}\boldsymbol{T}_{\mathrm{V}}=P_{\mathrm{S}}\boldsymbol{T}_{\mathrm{S}}+P_{\mathrm{D}}\boldsymbol{T}_{\mathrm{D}} \tag{5-9}$$

由于 $\boldsymbol{T}_{\mathrm{S}}$ 和 $\boldsymbol{T}_{\mathrm{D}}$ 是两个秩为 1 的极化相干矩阵（第 5.2 节的条件 2），因此要求 $\boldsymbol{T}-P_{\mathrm{V}}\boldsymbol{T}_{\mathrm{V}}$ 的秩最大为 2。也就是说，体散射的提取应该满足

$$\det(\boldsymbol{T}-P_{\mathrm{V}}\boldsymbol{T}_{\mathrm{V}})=0 \tag{5-10}$$

其中，det(·) 表示矩阵的行列式。如第 5.4.1 节所示，在 $\boldsymbol{T}_{\mathrm{V}}$ 形式已知的条件下（第 5.2 节的条件 1），上述行列式方程仅是一个关于 P_{V} 的三阶实数方程，其 3 个解的解析计算方法详见第 5.4.1 节。为了确定体散射成分功率 P_{V}，还需要解答两个问题：①式 (5−10) 是否存在非负解；②如果存在多个非负解，哪一个才是 P_{V} 的正确结果？

为了解答上述两个问题，Cui 等通过研究发现式 (5−10) 的解实际对应了如下广义特征值问题

$$\boldsymbol{T}\boldsymbol{x} = \lambda \boldsymbol{T}_{\mathrm{V}} \boldsymbol{x} \tag{5-11}$$

其中，λ 表示广义特征值；$\boldsymbol{x}$ 表示对应的特征向量。在本章参考文献 [1] 的附录 C 中 Cui 等首先证明，在 $\boldsymbol{T}_{\mathrm{V}}$ 为正定厄尔米特矩阵的条件下（条件 1），对于一个任意半正定厄尔米特矩阵 $\boldsymbol{T}$，式 (5−11) 的所有特征值都是非负的。也就是说，证明了式 (5−10) 的 3 个解都是非负的。随后，在该文献的附录 D 中 Cui 等证明，在限定 P_{V} 是式 (5−10) 的一个解的条件下，为保证去除体散射成分后 $\boldsymbol{T} - P_{\mathrm{V}}\boldsymbol{T}_{\mathrm{V}}$ 仍是半正定的，P_{V} 的值仅能是式 (5−11) 的最小广义特征值［即式 (5−10) 的 3 个非负解中的值最小解］。因为容易验证，当 P_{V} 为另两个比较大的广义特征值时，提取出体散射成分后，剩余的矩阵必然包含负特征值。

综上所述，Cui 分解中采用最小广义特征值方法确定体散射成分的 P_{V} 值，具体计算方法如下。令 λ_1、λ_2、λ_3 表示 $\det(\boldsymbol{T} - \lambda\boldsymbol{T}_{\mathrm{V}})=0$ 方程的 3 个解，则 $P_{\mathrm{V}} = \min(\lambda_1, \lambda_2, \lambda_3)$，其中 $\min(\cdot)$ 表示取极小值。

值得指出的是，在分析一个极化相干矩阵包含的体散射成分时，使用其最大可能功率值是一个学者们普遍认同的合理策略[5−6]。本章参考文献 [5] 中 van Zyl 等通过分析剩余矩阵是否包括负特征值来寻找体散射成分的最大功率值，其方法仅在反射对称假设下给出了解析解，对于其他情况需要采用迭代寻优，计算繁琐。实际上，式 (5−10) 的最小解正对应了任意极化相干矩阵在本章参考文献 [5] 中非负特征值限制条件下的体散射成分最大可能功率值。如果令 P_{V} 取一个更大的值，可验证提取出体散射成分后的剩余矩阵会包括负特征值；如果令 P_{V} 取一个更小的值，则剩余矩阵 $\boldsymbol{T} - P_{\mathrm{V}}\boldsymbol{T}_{\mathrm{V}}$ 会变为严格正定的，可验证在保证无负特征值条件下仍可从剩余矩阵中再提取出一定的体散射成分。也就是说，上述基于最小广义特征值的体散射成分提取方法，正对应了非负特征值限制条件下最大可能功率体散射成分提取的解析计算方法。

5.3.2 第二散射成分和第三散射成分的提取

采用第 5.3.1 节所述最小广义特征值法提取体散射成分后，剩余极化相干矩阵 $\boldsymbol{T}'$ 如下

$$\boldsymbol{T}' = \boldsymbol{T} - P_{\mathrm{V}}\boldsymbol{T}_{\mathrm{V}} = P_{\mathrm{S}}\boldsymbol{T}_{\mathrm{S}} + P_{\mathrm{D}}\boldsymbol{T}_{\mathrm{D}} \tag{5-12}$$

基于最小广义特征值法提取出体散射成分后，可以保证 $\det(\boldsymbol{T}')=\det(\boldsymbol{T} - \lambda\boldsymbol{T}_{\mathrm{V}})=0$，因此剩余极化相干矩阵 $\boldsymbol{T}'$ 的秩为 2（秩为 0 或 1 的情况对于实测数据基本不会出现）。条件 2 中假设了 $\boldsymbol{T}_{\mathrm{S}}$ 和 $\boldsymbol{T}_{\mathrm{D}}$ 是两个秩为 1 的极化相干矩阵，对于秩为 2 的剩余矩阵 $\boldsymbol{T}'$，存在无数种方法将其分

解为两个秩为 1 的极化相干矩阵的和。

其中一种人们最容易想到的方法就是对 $\boldsymbol{T}'$ 进行特征值分解，可以获得两个相互正交的秩为 1 的成分结果，本章参考文献 [1] 中首先介绍的就是这种分解方法。这种方法的一个缺陷就是，其获得的两种成分在形式上很难与哪一种实际散射模型对应，这实际上是特征值分解类方法的一个通病，早在本书的第 2 章就介绍过，当初 Freeman 分解提出的一个目的就是为了克服特征值分解类分解方法的结果不能对应实际散射模型的这一问题。

为了与基于模型的非相干极化分解技术的“基于模型的”思想更加符合，一个直接的方法就是首先假设第二个成分在形式上与式 (5−3) 面散射模型或式 (5−4) 二次散射模型一致，然后由剩余矩阵中提取出最大可能功率值的第二散射成分。且在 Cui 分解提出时，去定向变换已广泛应用于基于模型的非相干极化分解算法中，因此 Cui 分解在提取第二个散射成分时还考虑了选用剩余矩阵 $\boldsymbol{T}'$ 在所有定向角情况下能获得最大第二散射成分功率值的结果。上述第二散射成分的具体提取过程如下。

假设第二个散射成分是剩余矩阵在所有定向角情况下能提取出的功率值最大的面散射成分或二次散射成分。以式 (5−3) 所示面散射模型为例，在考虑定向角情况下，其模型可拓展为

$$\boldsymbol{T}_{\mathrm{S}}\left(-\theta\right)=\boldsymbol{R}\left(-\theta\right)\boldsymbol{T}_{\mathrm{S}}\boldsymbol{R}^{\mathrm{H}}\left(-\theta\right) \tag{5-13}$$

为了更方便地提取式 (5−13) 所示包含的定向角信息的面散射成分，可以对剩余矩阵 $\boldsymbol{T}'$ 先进行角度为 θ 的定向角补偿操作，从而消除定向角对模型的影响（注意这里的角度值 θ 与去定向变换结果中的 θ 值并不相同，因此称其为定向角补偿而不是去定向）。采用与第 4.3 节所述去定向变换相同的表示形式，上述定向角补偿操作可以表示为

$$\boldsymbol{T}'\left(\theta\right)=\boldsymbol{R}\left(\theta\right)\cdot\boldsymbol{T}'\cdot\boldsymbol{R}^{\mathrm{H}}\left(\theta\right) \tag{5-14}$$

式（5−14）中的 $\boldsymbol{T}'(\theta)$ 根据式 (5−12) 可以表示为

$$\boldsymbol{T}'\left(\theta\right)=\frac{P_{\mathrm{S}}}{1+\left|\beta\right|^{2}}\begin{bmatrix}1 & \beta & 0\\ \beta^{*} & \left|\beta\right|^{2} & 0\\ 0 & 0 & 0\end{bmatrix}+P_{\mathrm{D}}\boldsymbol{T}_{\mathrm{C}} \tag{5-15}$$

其中，$\boldsymbol{T}_{\mathrm{C}}$ 是式 (5−7) 秩为 1 的极化相干矩阵模型，其对应的是第三个散射成分在进行过角度为 θ 的去定向补偿后功率归一化的表示形式。

在保证无极化信息丢失的要求下，式 (5−15) 右侧第二个矩阵 $P_{\mathrm{D}}\boldsymbol{T}_{\mathrm{C}}$ 完全可以由矩阵 $\boldsymbol{T}'(\theta)$

的最后一列数据确定，然后相应地可以求解出式 (5−15) 等号右侧全部的未知参数，结果如下：

$$P_{\mathrm{S}} = T'_{11}(\theta) + T'_{22}(\theta) - \frac{|T'_{13}(\theta)|^2 + |T'_{23}(\theta)|^2}{T'_{33}(\theta)} \tag{5-16a}$$

$$\beta = \frac{T'_{33}(\theta)\,[T'_{12}(\theta)]^* - T'_{23}(\theta)\,[T'_{13}(\theta)]^*}{T'_{11}(\theta)T'_{33}(\theta) - |T'_{13}(\theta)|^2} \tag{5-16b}$$

$$P_{\mathrm{D}} = T'_{33}(\theta) + \frac{|T'_{13}(\theta)|^2 + |T'_{23}(\theta)|^2}{T'_{33}(\theta)} \tag{5-16c}$$

$$\delta = \sin^{-1}\sqrt{\frac{|T'_{33}(\theta)|^2 + |T'_{23}(\theta)|^2}{|T'_{33}(\theta)|^2 + |T'_{23}(\theta)|^2 + |T'_{13}(\theta)|^2}} \tag{5-16d}$$

$$\omega = \sin^{-1}\sqrt{\frac{|T'_{33}(\theta)|^2}{|T'_{33}(\theta)|^2 + |T'_{23}(\theta)|^2}} \tag{5-16e}$$

$$\phi = \arg\left\{T'_{23}(\theta)\left[T'_{13}(\theta)\right]^*\right\} \tag{5-16f}$$

$$\varphi = -\arg\left[T'_{13}(\theta)\right] \tag{5-16g}$$

其中，上标 * 表示取共轭，arg(·) 表示取相位。从式 (5−16) 可以验证，后两种散射成分的功率值 P_{S} 和 P_{D} 都是严格非负值；其中由式 (5−16c) 可以直接发现 $P_{\mathrm{D}} \geqslant 0$；至于 P_{S} 的非负性，根据矩阵 $\boldsymbol{T}'(\theta)$ 的半正定性可知其任意主子式也是半正定的，这一属性对应如下两个不等式：

$$\begin{aligned} T'_{11}(\theta)T'_{33}(\theta) - \left|T'_{13}(\theta)\right|^2 \geqslant 0 \\ T'_{22}(\theta)T'_{33}(\theta) - \left|T'_{23}(\theta)\right|^2 \geqslant 0 \end{aligned} \tag{5-17}$$

根据上述两个不等式结合式 (5−16a) 可很容易推导出 P_{S} 也是非负的。

如式 (5−16) 所示，其所有参数都是与定向角有关的函数。接下来要寻找一个最优的 θ 值以使得第二个散射成分的功率值 P_{S} 达到最大。这一过程在物理上，意味着寻找与剩余矩阵 $\boldsymbol{T}'$ 最相符合的考虑定向角旋转情况下的面散射模型。这一最优化问题的求解过程详见第 5.4.2 节，这里仅给出最终结果：

$$\theta_{\mathrm{C}} = \frac{1}{4}\tan^{-1}\left(\frac{\left(B + \sqrt{B^2 - C}\right)e - b}{\left(B + \sqrt{B^2 - C}\right)d - a}\right) \tag{5-18}$$

其中，

$$
\begin{aligned}
B &= \frac{ad + eb - cf}{d^2 + e^2 - f^2} \\
C &= \frac{a^2 + b^2 - c^2}{d^2 + e^2 - f^2} \\
a &= \frac{1}{2}\left(T'_{11}T'_{33} - \left|T'_{13}\right|^2 - T'_{11}T'_{12} + \left|T'_{12}\right|^2\right) \\
b &= \mathrm{Re}\left[T'_{12}\left(T'_{13}\right)^*\right] - T'_{11}\mathrm{Re}\left(T'_{23}\right) \\
c &= T'_{22}T'_{33} - \left|T'_{23}\right|^2 + \frac{1}{2}\left(T'_{11}T'_{33} - \left|T'_{13}\right|^2 + T'_{11}T'_{12} - \left|T'_{12}\right|^2\right) \\
d &= \frac{1}{2}\left(T'_{33} - T'_{22}\right) \\
e &= -\mathrm{Re}\left(T'_{23}\right) \\
f &= \frac{1}{2}\left(T'_{22} + T'_{33}\right)
\end{aligned}
\tag{5-19}
$$

值得注意的是，式 (5−18) 的 $\tan^{-1}(\cdot)$ 为四象限的逆正切运算，即其结果的值域范围是 $(-\pi, \pi]$，不是 $(-\pi/2, \pi/2]$，具体详见第 5.4.2 节。最后，将 θ_C 值代入式 (5−16) 即可以计算出 Cui 分解第二散射成分和第三散射成分的具体形式。

上面详细叙述的是算法的推导过程，如果仅从编程实现角度来说可以简化为如下过程。首先，基于式 (5−18) 计算出 θ_C 值，然后对剩余矩阵 $\boldsymbol{T}'$ 进行定向角补偿操作：

$$
\boldsymbol{T}'(\theta_C) = \boldsymbol{R}(\theta_C)\,\boldsymbol{T}'\,\boldsymbol{R}^{\mathrm{H}}(\theta_C) \tag{5-20}
$$

随后将 $\boldsymbol{T}'(\theta_C)$ 矩阵分解为以下两个成分

$$
\boldsymbol{T}'(\theta_C) = \boldsymbol{T}_2 + \boldsymbol{T}'_3 \tag{5-21}
$$

其中，

$$
\boldsymbol{T}_2 = \begin{bmatrix}
T'_{11}(\theta_C) - \dfrac{\left|T'_{13}(\theta_C)\right|^2}{T'_{33}(\theta_C)} & T'_{12}(\theta_C) - \dfrac{T'_{13}(\theta_C)T'^*_{23}(\theta_C)}{T'_{33}(\theta_C)} & 0 \\
T'^*_{12}(\theta_C) - \dfrac{T'^*_{13}(\theta_C)T'_{23}(\theta_C)}{T'_{33}(\theta_C)} & T'_{22}(\theta_C) - \dfrac{\left|T'_{23}(\theta_C)\right|^2}{T'_{33}(\theta_C)} & 0 \\
0 & 0 & 0
\end{bmatrix} \tag{5-22a}
$$

$$
\boldsymbol{T}_3' = \begin{bmatrix} \dfrac{\left|T_{13}'(\theta_\mathrm{C})\right|^2}{T_{33}'(\theta_\mathrm{C})} & \dfrac{T_{13}'(\theta_\mathrm{C})T_{23}'^*(\theta_\mathrm{C})}{T_{33}'(\theta_\mathrm{C})} & T_{13}'(\theta_\mathrm{C}) \\ \dfrac{T_{13}'^*(\theta_\mathrm{C})T_{23}'(\theta_\mathrm{C})}{T_{33}'(\theta_\mathrm{C})} & \dfrac{\left|T_{23}'(\theta_\mathrm{C})\right|^2}{T_{33}'(\theta_\mathrm{C})} & T_{23}'(\theta_\mathrm{C}) \\ T_{13}'^*(\theta_\mathrm{C}) & T_{23}'^*(\theta_\mathrm{C}) & T_{33}'(\theta_\mathrm{C}) \end{bmatrix} \tag{5-22b}
$$

由式(5−21)和式(5−22)可以发现，矩阵 $\boldsymbol{T}'(\theta_\mathrm{C})$ 被分解为 $\boldsymbol{T}_2$ 和 $\boldsymbol{T}_3'$ 两个极化相干矩阵，容易发现 $\boldsymbol{T}_3'$ 完全是由矩阵 $\boldsymbol{T}'(\theta_\mathrm{C})$ 的最后一列数据决定，是一个秩为 1 的极化相干矩阵。矩阵 $\boldsymbol{T}_2$ 的 T_{33} 元素为零，仅包括共极化通道信息。因为 $\boldsymbol{T}'(\theta_\mathrm{C})$ 矩阵的秩为 2 且 $\boldsymbol{T}_3'$ 矩阵的秩为 1，那么可以推导出 $\boldsymbol{T}_2$ 矩阵的秩也为 1。也就是说，$\boldsymbol{T}_2$ 和 $\boldsymbol{T}_3'$ 实际就分别对应了 Cui 分解的第二个和第三个散射成分（$\boldsymbol{T}_3'$ 增加一撇是因为后续为了分析其散射机制还要进行定向角旋转操作）。

5.3.3 后两种成分散射机制的确定

第 5.3.2 节计算过程中的 P_S 和 P_D 仅表示第二成分和第三成分的极化总功率值，也就是说，Cui 分解计算出的第二散射成分和第三散射成分，还需要附加的散射机制确定步骤。

对于第二个成分，式(5−16b)确定了其 β 参数的具体数值。对于面散射来说要求 $|\beta| \leqslant 1$，但 Cui 分解计算结果中会出现 $|\beta|>1$ 的情况。在这种情况下实际上是等价于寻找到了与剩余矩阵 $\boldsymbol{T}'$ 最相符合的考虑定向角旋转情况下的二次散射模型。也就是说 Cui 分解第二个散射成分即可能对应于面散射，也可能对应于二次散射，其具体对应于哪一种散射机制可以通过参数 β 的绝对值来确定。但实际 Cui 分解的编程实现通常是基于式(5−22)，因此并不需要直接计算出参数 β。

本章参考文献 [1] 中还使用过一种基于 $\mathrm{Re}\left(S_\mathrm{HH}S_\mathrm{VV}^*\right)$ 符号来判断第二个成分散射机制的方法，即：若 $\mathrm{Re}\left(S_\mathrm{HH}S_\mathrm{VV}^*\right) \geqslant 0$，则 $\boldsymbol{T}_2$ 对应面散射；若 $\mathrm{Re}\left(S_\mathrm{HH}S_\mathrm{VV}^*\right)<0$，则 $\boldsymbol{T}_2$ 对应二次散射。上述判别方法的原理如下。对于一个仅包含共极化通道功率的秩为 1 的极化相干矩阵 $\boldsymbol{T}$ 来说，可以找到与之对应的极化散射矩阵 $\boldsymbol{S}$（若极化相干矩阵秩不为 1 则转换为与之对应的极化相关矩阵 $\boldsymbol{C}$），因此可以通过 $\mathrm{Re}\left(S_\mathrm{HH}S_\mathrm{VV}^*\right)$（极化相干矩阵 $\boldsymbol{C}$ 则使用 $\left\langle \mathrm{Re}\left(S_\mathrm{HH}S_\mathrm{VV}^*\right)\right\rangle$，其中 $\langle\cdot\rangle$ 表示集平均）的符号来判别其对应面散射还是二次散射。但这种判别方法最初是基于极化相关矩阵 $\boldsymbol{C}$ 提出来的，对于极化相干矩阵 $\boldsymbol{T}$ 需要先转换为极化相关矩阵 $\boldsymbol{C}$ 再进行判别，使用起来并不方便。本章参考文献 [1] 中之所以使用这一方法是因为其散射机制分析过程中已先计算出

了 $\boldsymbol{S}$ 矩阵。但本书介绍的改进 Cui 分解在散射机制分析上，并未使用该方法。

对于第二个散射成分 $\boldsymbol{T}_2$ 笔者推荐使用如下准则判别其散射机制：若其 $T_{11} \geqslant T_{22}$，则 $\boldsymbol{T}_2$ 对应面散射；若其 $T_{11}<T_{22}$，则 $\boldsymbol{T}_2$ 对应二次散射。请注意上述准则中的 T_{ij} 均指的是矩阵 $\boldsymbol{T}_2$ 中的对应元素。

上述准则与基于 $\mathrm{Re}\left(S_{\mathrm{HH}}S_{\mathrm{VV}}^{*}\right)$ 符号的判别准则是等价的，因为

$$T_{11}-T_{22}=\left\langle\frac{1}{2}\left|S_{\mathrm{HH}}+S_{\mathrm{VV}}\right|^{2}\right\rangle-\left\langle\frac{1}{2}\left|S_{\mathrm{HH}}-S_{\mathrm{VV}}\right|^{2}\right\rangle=2\left\langle\mathrm{Re}\left(S_{\mathrm{HH}}S_{\mathrm{VV}}^{*}\right)\right\rangle \tag{5-23}$$

对于第三个成分，Cui 分解仍认为其对应的是面散射或二次散射，在分析其散射机制前使用了一种定向角补偿方法来规范其形式，该定向角补偿方法是基于 Huynen 分解的最大发射极化 Jones 矢量获得的，计算过程涉及散射矩阵 $\boldsymbol{S}$ 和二阶矩阵特征值分解，相对比较复杂。

关于改进 Cui 分解在本章参考文献 [2] 中认为，Cui 分解分析第三个成分散射机制时使用的定向角补偿操作并不是最优的。由式 (5−3) 和式 (5−4) 可知，面散射和二次散射模型的 T_{33} 通道功率均为零，对第三个成分使用定向角补偿是为使得其在形式上更加接近面散射和二次散射的形式。基于式 (5−21) 计算出的第三成分 $\boldsymbol{T}_3'$ 仅是一个秩为 1 的极化相干矩阵，其 T_{33} 并不为零，为了使其在形式上更加接近面散射或二次散射模型，应该通过定向角旋转使得其旋转后的 T_{33} 元素尽可能地小。Cui 分解中使用的基于最大发射极化的定向角补偿操作并不能保证旋转后的 T_{33} 元素是最小的。第 4.3 节介绍的去定向变换能保证获得最小的 T_{33}，因此在改进 Cui 分解中使用了去定向变换替代了基于最大发射极化的定向角补偿操作。

综上所述，在改进 Cui 分解中为了分析第三个成分的散射机制，首先对其进行去定向变换表示如下：

$$\boldsymbol{T}_3=\boldsymbol{R}(\theta_{\mathrm{R}})\,\boldsymbol{T}_3'\boldsymbol{R}^{\mathrm{H}}(\theta_{\mathrm{R}}) \tag{5-24}$$

其中，θ_{R} 为去定向变换计算得出的定向角值。对于最终确定第三成分 $\boldsymbol{T}_3$ 的散射机制仍使用与第二成分散射机制确定时相同的准则，即：若其 $T_{11} \geqslant T_{22}$，则 $\boldsymbol{T}_3$ 对应面散射；若其 $T_{11}<T_{22}$，则 $\boldsymbol{T}_3$ 对应二次散射。请注意上述准则中的 T_{ij} 均指的是矩阵 $\boldsymbol{T}_3$ 中的对应元素。

最后，对于改进 Cui 分解在确认了第二成分和第三成分的散射机制后，则还要最终计算出面散射成分功率和二次散射成分功率，这里仍分别使用 P_{S} 和 P_{D} 表示（请注意在这之前 P_{S} 和 P_{D} 分别表示的是第二成分和第三成分的功率，这里含义变化了），具体过程如下。令 $\mathrm{tr}(\cdot)$ 表示矩阵的迹；若 $\boldsymbol{T}_2$ 对应面散射、$\boldsymbol{T}_3$ 对应二次散射，则 $P_{\mathrm{S}}=\mathrm{tr}(\boldsymbol{T}_2)$，$P_{\mathrm{D}}=\mathrm{tr}(\boldsymbol{T}_3)$；若 $\boldsymbol{T}_2$ 对应二次散射，$\boldsymbol{T}_3$ 对应面散射，则 $P_{\mathrm{S}}=\mathrm{tr}(\boldsymbol{T}_3)$，$P_{\mathrm{D}}=\mathrm{tr}(\boldsymbol{T}_2)$；若 $\boldsymbol{T}_2$ 和 $\boldsymbol{T}_3$ 都对应面散射，则 $P_{\mathrm{S}}=\mathrm{tr}(\boldsymbol{T}_2)$

$+\mathrm{tr}(\boldsymbol{T}_3)$，$P_\mathrm{D}=0$；若 $\boldsymbol{T}_2$ 和 $\boldsymbol{T}_3$ 都对应二次散射，则 $P_\mathrm{S}=0$，$P_\mathrm{D}=\mathrm{tr}(\boldsymbol{T}_2)+\mathrm{tr}(\boldsymbol{T}_3)$。

上述使用去定向操作来分析第三个成分的散射机制，是改进 Cui 分解相对于原 Cui 分解的唯一改进之处，因此下面再以一个具体实例显示使用去定向变换替换原 Cui 分解中使用的基于散射矩阵 $\boldsymbol{S}$ 的定向角补偿带来的优势。假设一目标其散射矩阵形式如下：

$$\boldsymbol{S}=\begin{bmatrix} 2 & -100j \\ -100j & 1 \end{bmatrix} \tag{5-25}$$

由上式的散射矩阵$\boldsymbol{S}$我们可以发现这一目标的绝大部分散射来源于一个 45° 定向角的二面角。这一目标对应的 Graves 矩阵如下：

$$\boldsymbol{G}=\begin{bmatrix} 10004 & -100j \\ 100j & 10001 \end{bmatrix} \tag{5-26}$$

对于上述目标容易求得其最大发射极化对应的定向角 $\varphi=0$，而最小化其交叉极化通道功率对应的定向角 $\theta=\pi/4$。使用 $\varphi=0$ 的定向角旋转操作后，该目标对应的极化相干矩阵如下：

$$\boldsymbol{T}_\varphi=\begin{bmatrix} 4.5 & 1.5 & 300j \\ 1.5 & 0.5 & 100j \\ -300j & -100j & 20000 \end{bmatrix} \tag{5-27}$$

使用 $\theta=\pi/4$ 的定向角旋转操作后，该目标对应的极化相干矩阵如下：

$$\boldsymbol{T}_\theta=\begin{bmatrix} 4.5 & 300j & -1.5 \\ -300j & 20000 & 100j \\ -1.5 & -100j & 0.5 \end{bmatrix} \tag{5-28}$$

使用基于 $T_{11}-T_{22}$ 符号的散射机制判别规则，$\boldsymbol{T}_\varphi$ 矩阵的所有功率将被判别为对应于面散射，而 $\boldsymbol{T}_\theta$ 的所有功率将被判别为对应于二次散射。前面已经提到，由这一目标的散射矩阵 $\boldsymbol{S}$ 可以得知其主要对应一个 45° 定向角的二面角（二次散射），因此对于 $\boldsymbol{T}_\theta$ 矩阵的散射机制分析更加合理。上述具体实例部分显示了改进 Cui 分解使用去定向操作的优势，后文还将给出基于实际 SAR 数据的实验结果。

5.3.4 分解算法总结

以上各节分解算法的介绍主要基于算法推导角度，下面从编程实现角度给出改进 Cui 分解的精简计算流程（表 5-1）。

表5-1　改进Cui分解算法流程

分解算法名称：改进 Cui 分解（算法标识为 C3M）
1: 输入：$\boldsymbol{T}$ 和 $\boldsymbol{T}_{\mathrm{V}}$
2: 求解三阶方程：$\det(\boldsymbol{T}-\lambda\boldsymbol{T}_{\mathrm{V}})=0$ 获得 3 个解 $\lambda_1, \lambda_2, \lambda_3$
3: 确定体散射成分功率：$P_{\mathrm{V}}=\min(\lambda_1, \lambda_2, \lambda_3)$
4: 提取体散射成分获得剩余矩阵：$\boldsymbol{T}'=\boldsymbol{T}-P_{\mathrm{V}}\boldsymbol{T}_{\mathrm{V}}$
5: 基于 $\boldsymbol{T}'$ 和式 (5-18) 计算出定向角 θ_{C}
6: 对剩余矩阵进行定向角逆旋转：$\boldsymbol{T}'(\theta_{\mathrm{C}})=\boldsymbol{R}(\theta_{\mathrm{C}})\boldsymbol{T}'\boldsymbol{R}^{\mathrm{H}}(\theta_{\mathrm{C}})$
7: 基于式 (5-21) 计算获得 $\boldsymbol{T}_2$ 和 $\boldsymbol{T}_3'$
8: $a=T_{11}'(\theta_{\mathrm{C}})-\dfrac{\lvert T_{13}'(\theta_{\mathrm{C}})\rvert^2}{T_{33}'(\theta_{\mathrm{C}})}, b=T_{22}'(\theta_{\mathrm{C}})-\dfrac{\lvert T_{23}'(\theta_{\mathrm{C}})\rvert^2}{T_{33}'(\theta_{\mathrm{C}})}$
9: $P_{\mathrm{S}}=0, P_{\mathrm{D}}=0$
10: if $a \geqslant b$
11: 　　$P_{\mathrm{S}} \leftarrow P_{\mathrm{S}}+a+b$
12: else
13: 　　$P_{\mathrm{D}} \leftarrow P_{\mathrm{D}}+a+b$
14: end if
15: 对 $\boldsymbol{T}_3'$ 进行去定向变换获得 θ_{R} 和 $\boldsymbol{T}_3=R(\theta_{\mathrm{R}})\boldsymbol{T}_3'R^{\mathrm{H}}(\theta_{\mathrm{R}})$
16: if $T_{11} \geqslant T_{22}$（注：这里 T_{11} 和 T_{22} 指的是矩阵 $\boldsymbol{T}_3$ 对应元素）
17: 　　$P_{\mathrm{S}} \leftarrow P_{\mathrm{S}}+\mathrm{tr}(\boldsymbol{T}_3)$
18: else［注：$\mathrm{tr}(\cdot)$ 表示矩阵的迹，即对角线元素的和］
19: 　　$P_{\mathrm{D}} \leftarrow P_{\mathrm{D}}+\mathrm{tr}(\boldsymbol{T}_3)$
20: end if
21: 输出：$P_{\mathrm{V}}, P_{\mathrm{S}}, P_{\mathrm{D}}, \theta_{\mathrm{C}}, \theta_{\mathrm{R}}, \boldsymbol{T}_2, \boldsymbol{T}_3, \boldsymbol{T}_{\mathrm{V}}$

基于上述分解过程，可以将 Cui 分解完全由如下数学公式表示：

$$\begin{aligned}
&\boldsymbol{T}=P_{\mathrm{V}}\boldsymbol{T}_{\mathrm{V}}+\boldsymbol{R}(-\theta_{\mathrm{C}})\left[\boldsymbol{T}_2+\boldsymbol{R}(-\theta_{\mathrm{R}})\boldsymbol{T}_3\boldsymbol{R}^{\mathrm{H}}(-\theta_{\mathrm{R}})\right]\boldsymbol{R}^{\mathrm{H}}(-\theta_{\mathrm{C}}) \Leftrightarrow \\
&\boldsymbol{T}=P_{\mathrm{V}}\boldsymbol{T}_{\mathrm{V}}+\boldsymbol{R}(-\theta_{\mathrm{C}})\boldsymbol{T}_2\boldsymbol{R}^{\mathrm{H}}(-\theta_{\mathrm{C}})+\boldsymbol{R}(-\theta_{\mathrm{C}})\boldsymbol{R}(-\theta_{\mathrm{R}})\boldsymbol{T}_3\boldsymbol{R}^{\mathrm{H}}(-\theta_{\mathrm{R}})\boldsymbol{R}^{\mathrm{H}}(-\theta_{\mathrm{C}}) \Leftrightarrow \\
&\boldsymbol{T}=P_{\mathrm{V}}\boldsymbol{T}_{\mathrm{V}}+\boldsymbol{T}_2(-\theta_{\mathrm{C}})+\boldsymbol{R}(-\theta_{\mathrm{C}}-\theta_{\mathrm{R}})\boldsymbol{T}_3\boldsymbol{R}^{\mathrm{H}}(-\theta_{\mathrm{C}}-\theta_{\mathrm{R}}) \Leftrightarrow \\
&\boldsymbol{T}=P_{\mathrm{V}}\boldsymbol{T}_{\mathrm{V}}+\boldsymbol{T}_2(-\theta_{\mathrm{C}})+\boldsymbol{T}_3(-\theta_{\mathrm{C}}-\theta_{\mathrm{R}})
\end{aligned} \tag{5-29}$$

上式中的 $\boldsymbol{T}(\theta)$ 形式表示的是极化相干矩阵 $\boldsymbol{T}$ 的 θ 角度定向角逆旋转后的结果［实际上如果 θ 前有负号即 $\boldsymbol{T}(-\theta)$ 表示的是对极化相干矩阵 $\boldsymbol{T}$ 进行 θ 角度的定向角旋转后的结果］。

由式 (5-29) 可知由改进 Cui 分解的结果可以完整推导出原极化相干矩阵，因此分解过程中无极化信息丢失，这也是 Cui 等学者称该分解为“完全的”极化分解的原因。

由式 (5−29) 可以发现改进 Cui 分解将观测获得的极化相干矩阵分解为 3 个成分。第一个成分对应体散射；第二个成分除定向角为 θ_C 外在其他形式上与面散射或二次散射模型完全一致；第三个成分的定向角为 $\theta_C+\theta_R$，在形式上仅是一个秩为 1 的极化相干矩阵。

5.4 核心计算的解析形式

5.4.1 行列式三阶实数方程的解析解

式 (5−10) 对应了一个三阶实数方程，而三阶实数方程是有解析解的。本节根据三阶方程的解析解给出一种求解式 (5−10) 的解析计算方法。在 Cui 分解实际编程实现时，使用本节介绍的计算方法可以实现一景图像所用像素点的同时解算，从而显著提高计算效率。

假设 $\boldsymbol{A}$ 和 $\boldsymbol{B}$ 是两个厄尔米特矩阵，且 $\boldsymbol{B}$ 是正定的。可以证明 $\det(\boldsymbol{A}-x\boldsymbol{B})=0$ 是一个关于 x 的三阶实数方程，可以将其形式整理为如下形式：

$$a_3x^3+a_2x^2+a_1x+a_0=0 \tag{5-30}$$

其中，各系数具体如下：

$$\begin{aligned}
a_0 = {} & A_{11}A_{22}A_{33}+2\mathrm{Re}\left\{A_{13}A_{12}^*A_{23}^*\right\} \\
& -A_{11}|A_{23}|^2-A_{22}|A_{13}|^2-A_{33}|A_{12}|^2 \\
a_1 = {} & -B_{11}A_{22}A_{33}-B_{22}A_{11}A_{33}-B_{33}A_{11}A_{22} \\
& -2\mathrm{Re}\left\{B_{12}A_{23}A_{13}^*\right\}-2\mathrm{Re}\left\{B_{23}A_{12}A_{13}^*\right\} \\
& -2\mathrm{Re}\left\{B_{13}A_{12}^*A_{23}^*\right\}+2\mathrm{Re}\left\{B_{13}A_{22}A_{13}^*\right\} \\
& +2\mathrm{Re}\left\{B_{23}A_{11}A_{23}^*\right\}+2\mathrm{Re}\left\{B_{12}A_{33}A_{12}^*\right\} \\
& +B_{11}|A_{23}|^2+B_{22}|A_{13}|^2+B_{33}|A_{12}|^2 \\
a_2 = {} & A_{11}B_{22}B_{33}+A_{22}B_{11}B_{33}+A_{33}B_{11}B_{22} \\
& +2\mathrm{Re}\left\{A_{12}B_{23}B_{13}^*\right\}+2\mathrm{Re}\left\{A_{23}B_{12}B_{13}^*\right\} \\
& +2\mathrm{Re}\left\{A_{13}B_{12}^*B_{23}^*\right\}-2\mathrm{Re}\left\{A_{13}B_{22}B_{13}^*\right\} \\
& -2\mathrm{Re}\left\{A_{23}B_{11}B_{23}^*\right\}-2\mathrm{Re}\left\{A_{12}B_{33}B_{12}^*\right\} \\
& -A_{11}|B_{23}|^2-A_{22}|B_{13}|^2-A_{33}|B_{12}|^2 \\
a_3 = {} & -B_{11}B_{22}B_{33}-2\mathrm{Re}\left\{B_{13}B_{12}^*B_{23}^*\right\} \\
& +B_{11}|B_{23}|^2+B_{22}|B_{13}|^2+B_{33}|B_{12}|^2
\end{aligned} \tag{5-31}$$

因为 $\boldsymbol{B}$ 是正定的，因此 $a_3 = -\det(\boldsymbol{B}) \neq 0$，相应的式 (5−30) 为一个三阶方程。定义如下两个参数：

$$
\begin{aligned}
P &= \sqrt{(2a_2^3 - 9a_3a_2a_1 + 27a_3^2a_0)^2 - 4(a_2^2 - 3a_3a_1)^3} \\
Q &= \sqrt[3]{(P + 2a_2^3 - 9a_3a_2a_1 + 27a_3^2a_0)/2}
\end{aligned}
\tag{5-32}
$$

式 (5−30) 的 3 个解如下：

$$
\begin{aligned}
x_1 &= -\frac{a_2}{3a_3} - \frac{Q}{3a_3} - \frac{a_2^2 - 3a_3a_1}{3a_3Q} \\
x_2 &= -\frac{a_2}{3a_3} + \frac{Q\left(1 + j\sqrt{3}\right)}{6a_3} + \frac{\left(1 - j\sqrt{3}\right)\left(a_2^2 - 3a_3a_1\right)}{6a_3Q} \\
x_3 &= -\frac{a_2}{3a_3} + \frac{Q\left(1 - j\sqrt{3}\right)}{6a_3} + \frac{\left(1 + j\sqrt{3}\right)\left(a_2^2 - 3a_3a_1\right)}{6a_3Q}
\end{aligned}
\tag{5-33}
$$

5.4.2　第二散射成分最大功率值最优化问题求解

本节给出式 (5−16a) 中最大化 P_{S} 值的定向角 θ 的求解方法。这一最优化问题可以表示为

$$
\max_{\theta}\left(T_{11}'(\theta) + T_{22}'(\theta) - \frac{\left|T_{13}'(\theta)\right|^2 + \left|T_{23}'(\theta)\right|^2}{T_{33}'(\theta)}\right) \tag{5-34}
$$

其中，$T_{ij}'(\theta)$ 表示角度为 θ 的定向角逆旋转后矩阵 $\boldsymbol{T}'(\theta) = \boldsymbol{R}(\theta)\boldsymbol{T}\boldsymbol{R}^{\mathrm{H}}(\theta)$ 中的元素。用 T_{ij}' 和 θ 来表示 $T_{ij}'(\theta)$，上述最优化问题可表示为

$$
\max_{\theta}\left(\frac{a \cdot \cos 4\theta + b \cdot \sin 4\theta + c}{d \cdot \cos 4\theta + e \cdot \sin 4\theta + f}\right) \tag{5-35}
$$

其参数 a、b、c、d、e、f 的具体形式见式 (5−19)。

令

$$
\frac{a \cdot \cos 4\theta + b \cdot \sin 4\theta + c}{d \cdot \cos 4\theta + e \cdot \sin 4\theta + f} = x \tag{5-36}
$$

可以得到

$$
(dx - a) \cdot \cos 4\theta + (ex - b) \cdot \sin 4\theta = c - fx \tag{5-37}
$$

根据式 (5−37) 和柯西不等式，对于任意 θ，存在如下不等式：

$$
(dx - a)^2 + (ex - b)^2 \geqslant (c - fx)^2 \tag{5-38}
$$

因此 x 的值域范围可通过求解如下不等式获得：

$$x^2 - 2Bx + C \leq 0 \tag{5-39}$$

其中参数 B 和 C 的具体形式见式 (5−19)。根据式 (5−39) 可知 x 的最大值为

$$x_{\max} = B + \sqrt{B^2 - C} \tag{5-40}$$

将式 (5−40) 的 $x_{\max}$ 带入式 (5−37) 后，可以由如下两个公式确定旋转的定向角值：

$$\begin{aligned} \cos 4\theta &= \frac{\left(B + \sqrt{B^2 - C}\right)d - a}{c - \left(B + \sqrt{B^2 - C}\right)f} \\ \sin 4\theta &= \frac{\left(B + \sqrt{B^2 - C}\right)e - b}{c - \left(B + \sqrt{B^2 - C}\right)f} \end{aligned} \tag{5-41}$$

最终，由式 (5−41) 限定 θ 的取值范围是 $(-\pi, \pi]$ 可以求解出最优的定向角表达式，即式 (5−18)。

5.5 实验分析

本节将结合实际极化 SAR 数据，对改进 Cui 分解进行实验分析，验证其地物散射机制分析能力。

实验使用的极化 SAR 数据仍选用 E-SAR 奥芬数据。该数据是由德国宇航中心（DLR）的 L 波段机载 E-SAR 系统对德国奥博珀法芬霍芬（Oberpfaffenhofen）机场附近区域进行观测获得的。E-SAR 奥芬数据包含 1 300 × 1 200 个像素点，对应的观测区域包含城镇、裸地、森林和机场等多种地物类型。有关 E-SAR 奥芬数据的详细介绍请见第 4.6 节。

5.5.1 典型地物分解结果定量分析

对 E-SAR 奥芬数据，分别使用 Cui 分解和改进 Cui 分解进行处理，将结果中的 P_V、P_S 和 P_D 按第 2.4.1 节所述的方法生成功率伪彩色合成图，结果分别如图 5−1 和图 5−2 所示。

将图 5−1 和图 5−2 与图 4−2 和图 4−3 比较可以发现它们非常相似，这表明 Cui 分解和改进 Cui 分解对地物散射机制的分解结果与 Freeman 分解和去定向 Freeman 分解是基本相同的，这基本验证了 Cui 分解和改进 Cui 分解对典型地物散射机制的分析能力。

为了更详细地比较这四个基于模型的三成分分解方法，选取如图 5−1 中所示的 A、B、C、D、

E 五个矩形区域进行定量分析。对于每个矩形区域，首先每个像素点利用 *Span* 对各散射成分功率值进行归一化，然后对归一化后的各散射成分占比在每个区域内求均值。上述实验结果见表 5-2。为了便于比较，表 5-2 中还列出了 Freeman 分解和去定向 Freeman 分解对这 5 个矩形区域的实验结果。

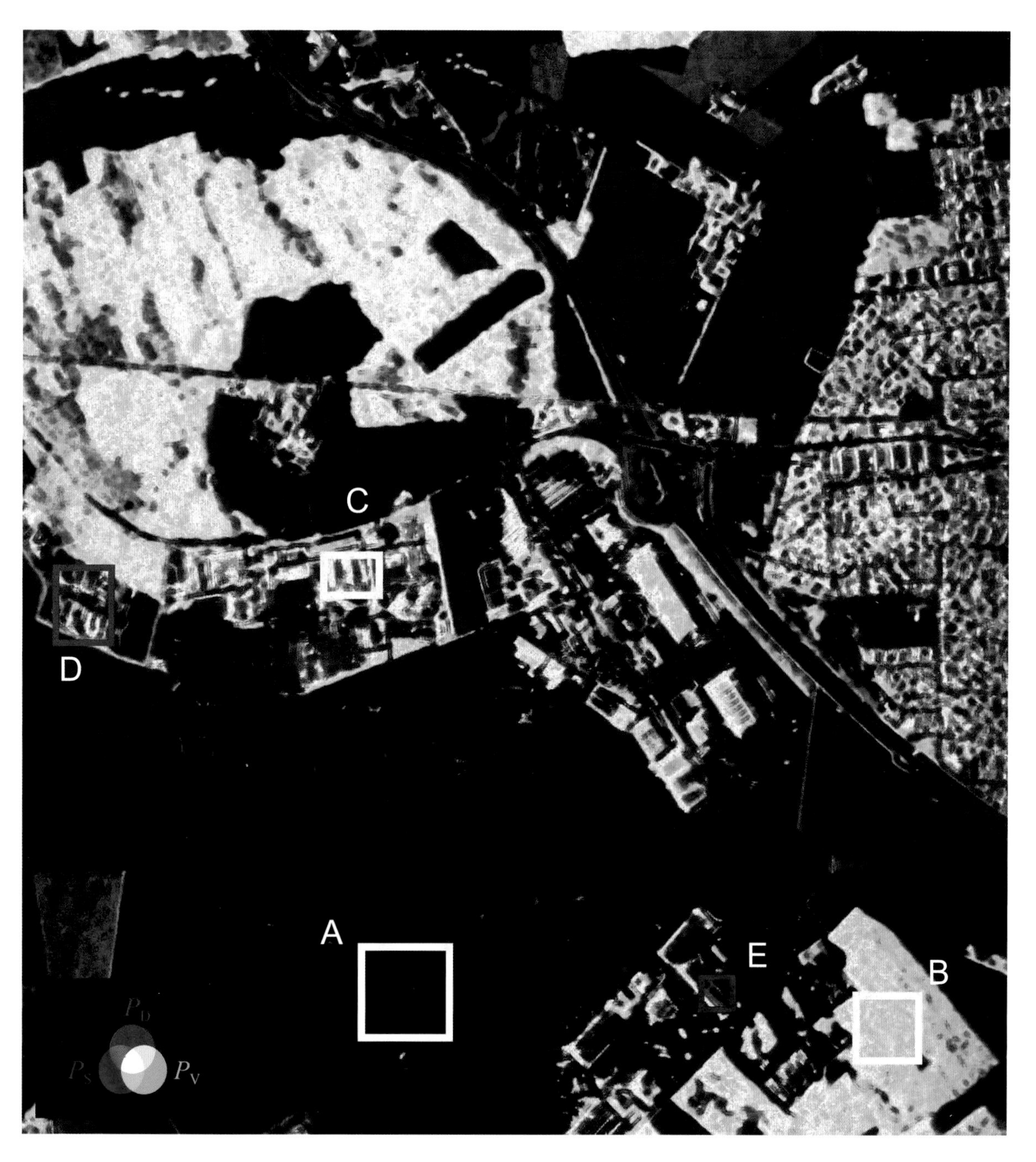

图5-1　E-SAR奥芬数据Cui分解结果功率伪彩色合成图

图5-2 E-SAR奥芬数据改进Cui分解结果功率伪彩色合成图

表5-2 E-SAR奥芬数据中5个矩形区域各散射成分功率占比的均值

区域	算法	mean($P_S/Span$)	mean($P_D/Span$)	mean($P_V/Span$)
A: 土地 像素个数 : 100 × 100	F3D	80.234 6%	10.570 3%	9.195 1%
	F3R	80.295 3%	10.612 0%	9.092 7%
	CUI	82.778 1%	8.395 3%	8.826 6%
	C3M	82.355 1%	8.818 4%	8.826 6%

续表

区域	算法	mean(P_S/$Span$)	mean(P_D/$Span$)	mean(P_V/$Span$)
B: 森林 像素个数 : 70 × 70	F3D	19.394 7%	17.625 2%	62.980 1%
	F3R	19.905 8%	18.058 5%	62.035 7%
	CUI	22.683 9%	19.257 6%	58.058 5%
	C3M	22.011 8%	19.929 7%	58.058 5%
C: 建筑 像素个数 : 40 × 60	F3D	17.202 8%	66.696 3%	16.100 9%
	F3R	17.836 1%	67.235 1%	14.928 8%
	CUI	17.553 1%	68.595 5%	13.851 4%
	C3M	16.905 0%	69.243 5%	13.851 4%
D: 建筑 像素个数 : 80 × 60	F3D	22.931 6%	30.791 1%	46.277 3%
	F3R	30.164 4%	36.746 8%	33.088 9%
	CUI	33.795 8%	37.429 8%	28.774 4%
	C3M	32.498 4%	38.727 2%	28.774 4%
E: 建筑 像素个数 : 30 × 30	F3D	44.973 0%	−14.260 6%	69.287 6%
	F3R	54.532 7%	12.487 0%	32.980 2%
	CUI	67.780 7%	14.902 0%	17.317 3%
	C3M	63.606 6%	19.076 1%	17.317 3%

由表 5-2 可知，区域 A 对应于裸地区域，其结果中面散射占主导地位；区域 B 对应森林区域，其结果中体散射占主导地位；区域 C 对应于与 SAR 观测视线近似垂直的人工建筑，其结果中二次散射占主导地位。

区域 D 对应于有一定方位角的人工建筑区域，通过比较可以发现，Cui 分解和改进 Cui 分解结果中体散射成分占比要低于 Freeman 分解和去定向 Freeman 分解，且二次散射占比进一步提高。区域 E 对应建筑屋顶，其 Cui 分解和改进 Cui 分解的结果要明显优于 Freeman 分解和去定向 Freeman 分解，面散射占比显著增大，而体散射占比显著降低。

通过纵向比较可以发现，Cui 分解和改进 Cui 分解的体散射成分功率占比是完全一样的，这是由于它们采用了同样的体散射成分提取方法，但它们都要小于去定向 Freeman 分解中的体散射成分占比。第 4 章曾经指出去定向 Freeman 分解已经极大地缓解了过高估计体散射问题，而改进 Cui 分解给出了极化相干矩阵中的最大可能功率体散射成分，可以说过高估计体散射问题基本得到解决，有关这一问题第 6 章将给出详细分析。

改进 Cui 分解的结果与 Cui 分解结果非常接近，通过仔细比较可以发现，它们的体散射占比是完全一样的，改进 Cui 分解的二次散射占比总是稍高于 Cui 分解的二次散射占比。其原因是改进 Cui 分解在分析第三个成分的散射机制时使用的是去定向变换，而去定向变换可以让 T_{22} 元素达到最大，相应地会增大二次散射成分的估计结果。通过大量实验可以发现，对于裸地和海面等典型面散射地物，基于模型的非相干极化分解结果中面散射成分通常都占绝对主导地位。而对于存在定向角的建筑区域，通常二次散射的估计会存在不足的情况。基于上述实验现象，可以认为改进 Cui 分解稍稍增加二次散射成分的估计结果是要稍稍优于 Cui 分解的。

5.5.2 定向角补偿比较实验

本节实验是为了详细比较改进 Cui 分解和 Cui 分解，它们的区别主要在于分析第三个成分的散射机制时使用了不同的定向角补偿方法。实验过程如下。

（1）执行表 5-1 所示的改进 Cui 分解算法步骤 1 至步骤 7，获得矩阵 $\boldsymbol{T}_3'$，为了表示清晰这里用 $\boldsymbol{T}''$ 表示 $\boldsymbol{T}_3'$。

（2）执行步骤 16，即对 $\boldsymbol{T}_3'$ 进行去定向变换获得 $\boldsymbol{T}_3$，这里用 $\boldsymbol{T}''(\theta_R)$ 表示 $\boldsymbol{T}_3$。

（3）对 $\boldsymbol{T}''$ 执行 Cui 分解中使用的定向角补偿方法。即对于一个像素点，首先计算出 $\boldsymbol{T}''$ 对应的极化散射矩阵 $\boldsymbol{S}$，然后基于最大发射极化 Jones 矢量确定的定向角对其进行定向角逆旋转操作。为了与 $\boldsymbol{T}''$ 和 $\boldsymbol{T}''(\theta_R)$ 矩阵进行比较，将上述定向角补偿后的 $\boldsymbol{S}$ 矩阵再转换为对应的秩为 1 的极化相干矩阵，记为 $\boldsymbol{T}''(\theta_S)$。

（4）使用伪彩色图像显示 $\boldsymbol{T}''$、$\boldsymbol{T}''(\theta_S)$、$\boldsymbol{T}''(\theta_R)$，结果如图 5-3 所示。

在图 5-3（a）中可以发现许多像素显示为绿色，这意味着 $\boldsymbol{T}''$ 数据的交叉极化通道功率占比（T_{33} 占极化总功率的比例）还是比较大。通过比较图 5-3（b）和图 5-3（a），可以发现绿色像素点明显减少，这意味着 $\boldsymbol{T}''(\theta_S)$ 数据的交叉极化通道功率已明显小于 $\boldsymbol{T}''$。对于图 5-3（c）已几乎观察不到绿色的像素点，这意味着 $\boldsymbol{T}''(\theta_R)$ 数据中交叉极化通道功率仅占很小一部分，相应的 $\boldsymbol{T}''(\theta_R)$ 的功率主要集中在共极化通道上。

（5）为了更定量化地分析图 5-3 所示的结果，针对整幅实验图像，分别计算了 $T_{33}''/Span$、$T_{33}''(\theta_S)/Span$、$T_{33}''(\theta_R)/Span$ 三个参数的均值，其中 $Span = T_{11}'' + T_{22}'' + T_{33}''$，结果见表 5-3。

由表 5-3 可知，$\boldsymbol{T}''(\theta_R)$ 的交叉极化通道功率仅占 1.403%，该值要明显小于 $\boldsymbol{T}''$ 和 $\boldsymbol{T}''(\theta_S)$ 的对应值。也就是说，$\boldsymbol{T}''(\theta_R)$ 的功率主要集中在共极化通道中，这也是改进 Cui 分解将第三个成分认为是面散射或二次散射的原因。通过实验还可以发现，对于每一个像素点 $\boldsymbol{T}''(\theta_R)$ 的交叉极化通道功率占比总是要小于 $\boldsymbol{T}''$ 和 $\boldsymbol{T}''(\theta_S)$，即 $\boldsymbol{T}''(\theta_R)$ 比 $\boldsymbol{T}''$ 和 $\boldsymbol{T}''(\theta_S)$ 更要接近于交叉极

化通道功率值为 0 的面散射和二次散射模型。

综上所述，去定向变换可以使第三成分的交叉极化通道功率达到最小，使得其在形式上最接近于面散射模型或二次散射模型。从这一角度来说，改进 Cui 分解采用去定向变换分析第三个成分的散射机制要优于原 Cui 分解的分析方法。

表5-3　图5-3中3幅图像各自绿色通道的平均占比

(a)　mean $\left[T''_{33}/Span\right]$	(b)　mean $\left[T''_{33}(\theta_S)/Span\right]$	(c)　mean $\left[T''_{33}(\theta_R)/Span\right]$
10.359%	6.234%	1.403%

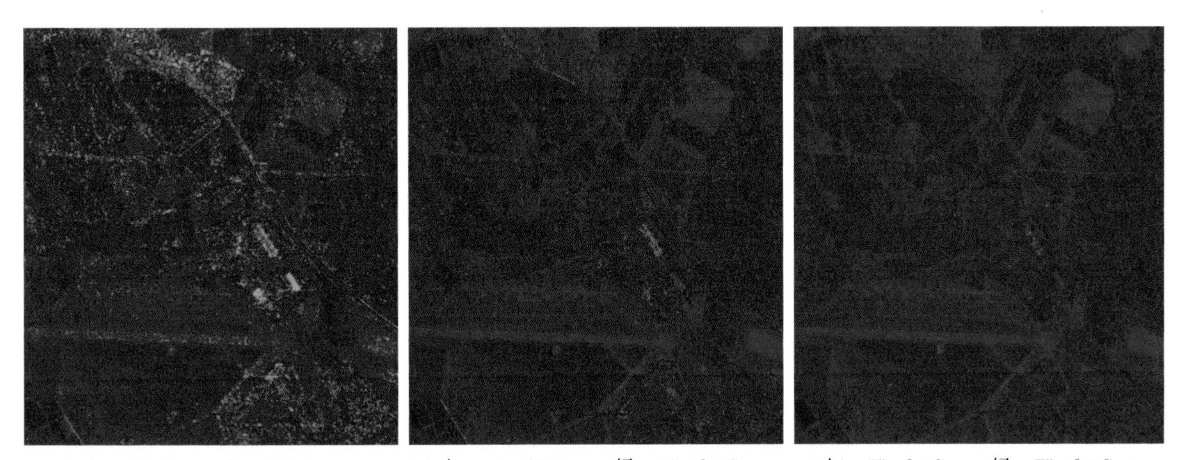

(a)红：$T''_{22}/Span$；绿：$T''_{33}/Span$；蓝：$T''_{11}/Span$　(b) 红：$T''_{22}(\theta_S)/Span$；绿：$T''_{33}(\theta_S)/Span$；蓝：$T''_{11}(\theta_S)/Span$　(c) 红：$T''_{22}(\theta_R)/Span$；绿：$T''_{33}(\theta_R)/Span$；蓝：$T''_{11}(\theta_R)/Span$

图5-3　数据$\boldsymbol{T}''$、$\boldsymbol{T}''(\theta_S)$、$\boldsymbol{T}''(\theta_R)$的伪彩色图。其中$Span = T''_{11}+T''_{22}+T''_{33}$。通过比较3幅图像可以发现其中的绿颜色从图像(a)到图像(c)中逐渐减少

5.6　存在的问题

改进 Cui 分解的分解结果中无负功率成分、分解过程无极化信息丢失，但从基于模型的非相干极化分解技术角度仍存在以下两点不足。

（1）改进 Cui 分解的第三个成分仅为一个秩为 1 的极化相干矩阵，其在形式上不能与已知的物理散射模型相符。也就是说，Cui 分解存在一个散射成分不是“基于模型的”。且通过实验发现，第三成分的功率还经常出现占主导地位的情况。也就是说，Cui 分解不能从基于模型的角度完全解释观测得到极化相干矩阵。

（2）通过分析可以发现，改进 Cui 分解的分解结果中包含 10 个独立实变量。改进 Cui 分

解输出包括 $P_V, P_S, P_D, \theta_C, \theta_R, \boldsymbol{T}_2, \boldsymbol{T}_3, \boldsymbol{T}_V$，其中：$\boldsymbol{T}_V$ 已知，P_V 是 1 个独立实变量；P_S 和 P_D 完全由 $\boldsymbol{T}_2$ 和 $\boldsymbol{T}_3$ 确定，因此不包括独立实变量；θ_C 和 θ_R 为 2 个独立实变量；$\boldsymbol{T}_2$ 包括 3 个独立实变量，$\boldsymbol{T}_3$ 包括 4 个独立实变量；综上所述共 10 个独立实变量。我们知道一个极化相干矩阵 $\boldsymbol{T}$ 只包括 9 个独立实变量。也就是说，改进 Cui 分解虽然没有极化信息丢失，但可能存在不同输出结果对应同一个极化相干矩阵 $\boldsymbol{T}$ 的情况。请注意，实际上改进 Cui 分解输出端的 10 个实数变量不是完全独立的，而是基于式 (5−15) 要保证第二个成分的功率值为最大，因此存在一个实数等式方程，所以可以减少一个独立实数变量个数，即仍是 9 个独立实数变量。但改进 Cui 分解的结果在存储和表示时必须要用到 10 个独立实变量，因此才有了上面的分析。

5.7 本章小结

Cui 分解的最大贡献在于给出了基于最小广义特征值的体散射成分提取方法。这一方法实际上正是在非负特征值限制下提取某种散射成分最大可能功率值的解析计算方法。该方法从理论上保证了分解结果中不会出现负功率成分。

Cui 分解第一次真正地实现了无极化信息丢失。它为了保证无极化信息丢失，实际上对后两种成分的散射模型进行了较大程度的扩展，其带来了一个后果就是后两种散射成分可能都对应面散射或都对应二次散射。在 Cui 分解和改进 Cui 分解刚提出时，学者们甚至都没有清晰地认识到这一现象。上述对散射模型的扩展也直接带来了 Cui 分解的最大问题，即第三个成分不能与已知的物理散射模型相对应。

Cui 分解的上述两点创新对基于模型的非相干极化分解技术的发展影响非常深远，可以说是奠定了一种在理论上更加完备，且完全不同于 Freeman 等提出的解决未知数个数多于方程个数的分解方法。Cui 等首先提出并使用了“完全的”基于模型的非相干极化分解概念，该概念被提出后学者们开始寻找所有分解成分都是“基于模型的”且无极化信息丢失的“完全的”极化分解算法。

参考文献

[1] CUI Y, YAMAGUCHI Y, YANG J, et al. On Complete Model-Based Decomposition of Polarimetric SAR Coherency Matrix Data. IEEE Trans. Geosci. Remote Sens., 2014, 52(4):1991−2001.

[2] AN W, XIE C. An Improvement on the Complete Model-Based Decomposition of Polarimetric SAR Data.

IEEE Geosci. Remote Sens. Lett., 2014, 11(11):1926−1930.

[3] YAMAGUCHI Y, SINGH G, PARK S-E, et al. Scattering power decomposition using fully polarimetric information. Proc. IEEE Int. Geosci. Remote Sens. Symp., 2012:91−94.

[4] SINGH G, YAMAGUCHI Y, PARK S-E. General four-component scattering power decomposition with unitary transformation of coherency matrix. IEEE Trans. Geosci. Remote Sens., 2013, 51(5):3014−3022.

[5] VAN ZYL J J, ARII M, KIM Y. Model-based decomposition of polarimetric SAR covariance matrices constrained for nonnegative eigenvalues. IEEE Trans. Geosci. Remote Sens., 2011, 49(9):3452−3459.

[6] ARII M, VAN ZYL J J, KIM Y. Adaptive model-based decomposition of polarimetric SAR covariance matrices. IEEE Trans. Geosci. Remote Sens., 2011, 49(3):1104−1113.

第 6 章　反射对称分解

6.1　要解决的问题和创新点

本章研究的最初目的是寻找一种具有以下三个特点的三成分非相干极化分解方法。

（1）分解过程无极化信息丢失，即分解过程中利用了待分解极化相干矩阵中的所有元素，并且由分解结果可以完整重建原极化相干矩阵。

（2）分解结果中各成分的功率不会出现负值。

（3）分解结果中各成分在形式上与分解中使用的体散射模型、面散射模型和二次散射模型严格相符。

下面首先分析本书之前介绍的基于模型的非相干极化分解方法是否能满足上述三个要求。第 2 章介绍的 Freeman 分解仅能保存原极化相干矩阵 5 个实元素信息，存在极化信息丢失，且结果中存在负功率成分。第 3 章介绍的 Yamaguchi 分解仅能保存 6 个实元素信息。第 4 章介绍的去定向 Freeman 分解可保存 6 个实元素信息，其结论部分介绍的去定向 Yamaguchi 分解可保存 7 个实元素信息，即都存在极化信息丢失问题。第 5 章介绍的 Cui 分解和改进 Cui 分解无极化信息丢失也无负功率成分，但它们第三个成分的模型仅为一个秩为 1 的极化相干矩阵，即并非完全是“基于模型的”。

为了寻找满足上述三个要求的分解方法，笔者对这三个要求进行了认真分析。下面介绍主要的分析过程。

6.1.1　“完全的”非相干极化分解算法定义

第一个要求可以简单描述为“分解算法无极化信息丢失”。在基于模型的非相干极化分解技术研究领域，已经有学者使用了“完全的”（complete）来形容其研发的算法具备无极化信息丢失的特性，但却没有给出满足什么条件的非相干极化分解才可以称为“完全非相干极化分解”的严格定义。

笔者建议将“完全非相干极化分解”定义为在分解结果中对原极化相干矩阵信息无任何丢失的非相干极化分解方法。上述定义相信学者们不会有太大异议，但上述定义的实操性较低，因为它并没有给出如何判断一个非相干极化分解是否为完全分解的条件。

已经有学者从分解算法的输入端来讨论完全非相干分解算法，即要求完全非相干极化分解算法必须要求其分解过程中涉及待分解极化相干矩阵中的全部 9 个独立实数变量。但即使算法涉及全部 9 个实数变量也不能保证不存在极化信息丢失，以本章参考文献 [1] 中的 G4U 算法为例，其运算过程中必须要输入全部 9 个独立实数变量，但其分解过程中存在 $C=T_{12}+T_{13}$ 的一步运算直接将 T_{12} 和 T_{13} 表示的 4 个独立实数变量减少为了 2 个。因此，从输入端是否涉及全部 9 个独立实数变量来评价一个非相干极化分解算法是否为完全分解算法是必要但不充分的。

从输出端角度来说，完全非相干极化分解至少要求其分解结果中包括 9 个或 9 个以上的独立实数变量。因为只有输出端包含 9 个或 9 个以上的独立实数变量，才有可能包含输入端极化相干矩阵全部 9 个独立实数变量的完整信息。若一个非相干分解算法输出端只有 8 个独立实数变量，那么是不可能包含输入端 9 个独立实数变量的全部信息的，更别说输出端只含 7 个或 5 个独立实数变量的分解算法了。但值得指出的是，即使一个非相干极化分解算法输出端包含 9 个以上的独立实数变量，也可能存在不能完整保留原极化相干矩阵全部信息的情况。

综上所述，单纯分析输入端和输出端包含的独立实数变量个数都是不充分的。笔者经研究，建议将判断一个非相干极化分解算法是否为完全分解的条件（简称**完全分解条件**）确定为：一个非相干极化分解算法，若由其输出的分解结果可以完整重建原极化相干矩阵，那么则可以判定其为完全分解算法。

上述条件具有非常强的实操性，例如基于该条件我们可以判断特征值分解算法和以其为基础改进获得的 Holm 分解均为完全分解算法，因为由输出可以完整重建原极化相干矩阵；而 Freeman 分解不是完全分解算法，因为原极化相干矩阵的 T_{13} 和 T_{23} 的信息无法由其分解结果重新构建；去定向 Yamaguchi 分解也不是完全分解算法，因为由其分解结果重建原极化相干矩阵时因为非负功率限制的影响，T_{12}、T_{13} 和 T_{23} 的信息都会有所不同。

值得指出的是，完全分解条件还可以有一个附加条件，即：若一个非相干极化分解算法，满足完全分解条件，且其输出结果中仅包含 9 个独立实数变量时，可称为严格完全的非相干极化分解算法。因为满足上述“严格完全分解条件”的分解算法，由其输入可以推导出输出（分解过程），同时由输出也可以推导出输入（重构过程），且输入和输出端都包含 9 个独立实数变量，即输入和输出端的信息量完全一致，因此其输入和输出端可以认为是完全等价的。若一个算法满足完全分解条件，但输出结果却包含 10 个独立实数变量（实际可能并不完全独立，如 Cui 分解），那么其输出端相对于输入端是存在一定信息冗余的，也就是说可能存在两个不同的输出结果重构后的极化相干矩阵却是一样的，而分解的正向过程只是选择了其中一种作为输出（或者表示输出端的 10 个独立变量在分解结果中实际是存在一个实数等式关系的）。

6.1.2 新分解方法的两个寻找方向

为了满足第二个要求“分解结果中无负功率成分”，新分解方法应使用 Cui 分解中给出的基于最小广义特征值的散射成分提取方法，因为该方法可以从理论上保证无负功率成分。

同时，笔者最初研究时希望寻找的新分解方法是一个严格完全的非相干极化分解算法，也就是说分解结果中只包含 9 个独立实数变量。若新分解方法的 3 个成分仍对应体散射、面散射和二次散射模型，那么其体散射成分将只包含 P_V 一个独立实变量，面散射成分和二次散射成分各自都包括 3 个独立实变量，即基于模型的 3 个成分只能包含 7 个独立实变量，再加上定向角，则一共 8 个实变量。也就是说还需要再找到 1 个新的实变量，才能凑足 9 个独立变量。

参考上述实变量分析的过程，笔者初步假设这一个新的实变量可以是与去定向一样的一个酉变换，也可以是与 P_V 一样的一个物理散射模型已知的新的散射成分。其中酉变换方向的研究结果就是本章要介绍的反射对称分解，而新的散射成分方向的研究结果就是第 7 章将介绍的极化对称分解。

在酉变换方向的寻找过程中，笔者发现在去定向变换被引入基于模型的非相干极化分解算法后，已经有学者开始尝试使用其他的酉变换来改进分解算法 [1]。通过对这些酉变换的比较分析，笔者选定了一种酉变换，从而寻找到了反射对称分解（也可称为镜像对称分解）。

值得指出的一点是，笔者在研究过程中实际上是先发现了反射对称分解方法，随后才研究出其背后的物理含义的。反射对称分解的物理含义与 Freeman 分解存在联系，都可以理解为对观测得到的极化相干矩阵在反射对称假设条件下的近似。反射对称分解物理含义的发现，使得笔者对 Freeman 分解的理解得以进一步加深。

6.2 使用的散射模型

反射对称分解使用的散射模型与 Freeman 分解完全相同，仍是经典的体散射模型、面散射模型和二次散射模型。但值得指出的一点是，其第二成分和第三成分既可以对应面散射也可以对应二次散射，这一点与 Cui 分解中的第二个成分类似，第 6.6.4 节会详细介绍这一现象。

下面首先介绍反射对称分解算法的计算过程，随后再详细分析各步骤和其对应的物理含义。

采用这种介绍方法的原因是防止过多的细节介绍影响读者对整个算法计算流程的了解。

6.3　分解算法

反射对称分解是一种基于模型的非相干三成分极化分解算法 [2]，其分解结果中的三种成分均满足反射对称假设，因此而得名。

对于一个观测获得的极化相干矩阵 $\boldsymbol{T}$，反射对称分解算法的整个流程如图 6-1 所示。其中上标 * 表示共轭，上标 H 表示共轭转置，det(·) 表示取行列式，tr(·) 表示矩阵的迹，θ 的值域范围是 $(-\pi/4, \pi/4]$；对于一个极化相干矩阵 $\boldsymbol{T}$，其 $\boldsymbol{T}(\theta, \varphi)$ 形式表示先对 $\boldsymbol{T}$ 进行角度为 θ 的 $\boldsymbol{R}(\theta)$ 变换（即第 4.3 节的去定向变换）再进行角度为 φ 的 $\boldsymbol{Q}(\varphi)$ 变换，即

$$\boldsymbol{T}(\theta, \varphi) = \boldsymbol{Q}(\varphi)\,\boldsymbol{R}(\theta)\,\boldsymbol{T}\boldsymbol{R}^{\mathrm{H}}(\theta)\,\boldsymbol{Q}^{\mathrm{H}}(\varphi) \tag{6-1}$$

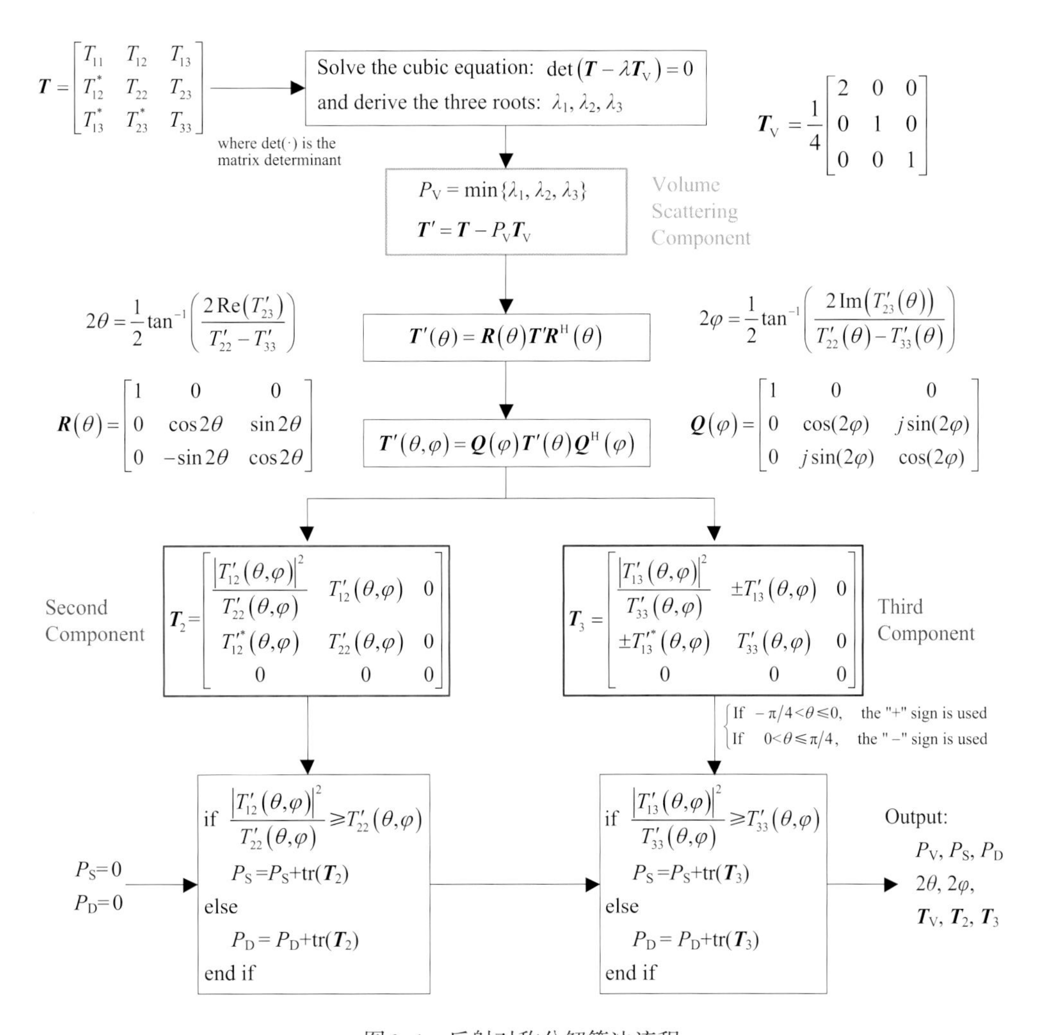

图6-1　反射对称分解算法流程

6.3.1 体散射成分提取

反射对称分解中选用下式所示的最经典的体散射模型：

$$T_V = \frac{1}{4}\begin{bmatrix} 2 & 0 & 0 \\ 0 & 1 & 0 \\ 0 & 0 & 1 \end{bmatrix} \tag{6-2}$$

Freeman 分解中的负功率成分，很大程度上是由于过高估计体散射成分造成的。因此在反射对称分解中首先由待分解极化相干矩阵 $\boldsymbol{T}$ 中提取出最大可能的体散射成分，也就是说在提取出体散射成分后，剩余矩阵 $\boldsymbol{T}'$ 仍需要是一个具有物理含义的极化相干矩阵，即其不包括负特征值：

$$\boldsymbol{T}' = \boldsymbol{T} - P_V \boldsymbol{T}_V \tag{6-3}$$

本章参考文献 [3] 中，Cui 等已经证明上述问题的体散射成分最大可能功率值是如下广义特征值问题的最小特征值：

$$\boldsymbol{T}\boldsymbol{x} = \lambda \boldsymbol{T}_V \boldsymbol{x} \tag{6-4}$$

因此根据特征值的求解方法，仅需要求解以下三次实数方程：

$$\det(\boldsymbol{T} - \lambda \boldsymbol{T}_V) = 0 \tag{6-5}$$

在获得其 3 个特征值解 $\lambda_1, \lambda_2, \lambda_3$ 后，令 $P_V = \min(\lambda_1, \lambda_2, \lambda_3)$，其中 $\det(\cdot)$ 表示矩阵的行列式，$\min(\cdot)$ 表示取最小值（本书第 5.4.1 节给出了上述三阶实数方程 3 个非负解的一种解析计算方法，可实现针对整景 SAR 图像的快速求解计算）。

在获得 P_V 值后，根据式 (6-3) 由待分解极化相干矩阵 $\boldsymbol{T}$ 中提取出体散射成分 $P_V\boldsymbol{T}_V$。因为 $\det(\boldsymbol{T}') = \det(\boldsymbol{T} - P_V\boldsymbol{T}_V) = 0$，因此最后剩余的矩阵 $\boldsymbol{T}'$ 的秩最多为 2。

最后补充说明一点，本节在叙述中使用的是经典的体散射模型，实际上还可以使用其他更复杂和更精确的体散射模型，提取过程仍然可以使用上述基于最小广义特征值的提取方法，这样将不会影响后续其他两种成分的提取过程（但注意反射对称分解要求其各成分都满足反射对称假设，因此选取的体散射成分最好也满足反射对称假设）。

6.3.2 另两种成分的提取方法

首先，将去定向变换应用于剩余矩阵 $\boldsymbol{T}'$，具体如下：

$$\boldsymbol{T}'(\theta) = \boldsymbol{R}(\theta)\, \boldsymbol{T}' \boldsymbol{R}^{H}(\theta) \tag{6-6}$$

其中，

$$\boldsymbol{R}(\theta)=\begin{bmatrix}1 & 0 & 0\\ 0 & \cos 2\theta & \sin 2\theta\\ 0 & -\sin 2\theta & \cos 2\theta\end{bmatrix}$$

$$2\theta=\frac{1}{2}\tan^{-1}\left(\frac{2\operatorname{Re}\left(T'_{23}\right)}{T'_{22}\quad T'_{33}}\right) \tag{6-7}$$

角度 θ 的值域范围选取为 $(-\pi/4, \pi/4]$。在去定向变换后，$\operatorname{Re}\left(T'_{23}(\theta)\right)$ 变为零值，且 $T'_{22}(\theta) \geqslant T'_{23}(\theta)$，其中 $\operatorname{Re}(\cdot)$ 表示复数的实部（注意 $\boldsymbol{R}$ 矩阵对应的是定向角逆向旋转矩阵，若其旋转的角度为负值，则对应于定向角正向旋转）。

然后，对去定向变换后的矩阵 $\boldsymbol{T}'(\theta)$ 进行如下酉变换：

$$\boldsymbol{T}'(\theta, \varphi)=\boldsymbol{Q}(\varphi)\boldsymbol{T}'(\theta)\boldsymbol{Q}^{\mathrm{H}}(\varphi) \tag{6-8}$$

其中，

$$\boldsymbol{Q}(\varphi)=\begin{bmatrix}1 & 0 & 0\\ 0 & \cos(2\varphi) & j\sin(2\varphi)\\ 0 & j\sin(2\varphi) & \cos(2\varphi)\end{bmatrix} \tag{6-9}$$

与去定向变换类似，角度 φ 选取为能令 $\boldsymbol{T}'_{33}(\theta, \varphi)$ 元素达到最小时的取值，可推导出

$$2\varphi=\frac{1}{2}\tan^{-1}\left(\frac{2\operatorname{Im}\left(T'_{23}(\theta)\right)}{T'_{22}(\theta)-T'_{33}(\theta)}\right) \tag{6-10}$$

式 (6−8) 的酉变换如果作用于任意的极化相干矩阵，那么角度 φ 的值域范围应选取为 $(-\pi/4, \pi/4]$。但在反射对称分解过程中，上述酉变换是在去定向变换后作用于极化相干矩阵的，因为去定向变换会使得 $T'_{22}(\theta) \geqslant T'_{23}(\theta)$，因此会造成 φ 的值域范围缩小为 $[-\pi/8, \pi/8]$。在经过上述酉变换后，$T'_{23}(\theta, \varphi)$ 元素会变为零，且 $T'_{22}(\theta, \varphi) \geqslant T'_{33}(\theta, \varphi)$。也就是说，上述酉变换会令 $\operatorname{Im}\left(T'_{23}(\theta, \varphi)\right)$ 变为零，其中 $\operatorname{Im}(\cdot)$ 表示复数的虚部。

式 (6−8) 的酉变换，在本章参考文献 [1] 和参考文献 [4] 的非相干极化分解方法中已有所应用，但上述两篇文献中仅将该变换当作一种数学上的变换使用，没有在该变换的物理含义上给出分析和说明。为了与基于 $\boldsymbol{R}(\theta)$ 的去定向（或称定向角补偿）和定向角 θ 相区别，笔者建议称角度 φ 为螺旋角，称上述基于 $\boldsymbol{Q}(\varphi)$ 的酉变换为螺旋角补偿（helix angle compensation，HAC）[5−6]，有关这些建议的原因和上述酉变换的详细物理含义分析请参看第 6.4 节。

在经过去定向和螺旋角补偿这两个酉变换后，剩余矩阵的形式如下：

$$\boldsymbol{T}'(\theta,\varphi)=\begin{bmatrix} T'_{11}(\theta,\varphi) & T'_{12}(\theta,\varphi) & T'_{13}(\theta,\varphi) \\ T'^{*}_{12}(\theta,\varphi) & T'_{22}(\theta,\varphi) & 0 \\ T'^{*}_{13}(\theta,\varphi) & 0 & T'_{33}(\theta,\varphi) \end{bmatrix} \tag{6-11}$$

通过观察可以发现 $\boldsymbol{T}'(\theta, \varphi)$ 矩阵的 T_{22} 和 T_{33} 通道的相关系数为零,即这两个通道不相关。因此,基于这两个不相关的通道将 $\boldsymbol{T}'(\theta, \varphi)$ 矩阵分为如下两个部分:

$$\boldsymbol{T}'(\theta, \varphi) = \boldsymbol{T}_2 + \boldsymbol{T}'_3 \tag{6-12}$$

其中,

$$\boldsymbol{T}_2=\begin{bmatrix} T'_{11}(\theta,\varphi)-\dfrac{\left|T'_{13}(\theta,\varphi)\right|^2}{T'_{33}(\theta,\varphi)} & T'_{12}(\theta,\varphi) & 0 \\ T'^{*}_{12}(\theta,\varphi) & T'_{22}(\theta,\varphi) & 0 \\ 0 & 0 & 0 \end{bmatrix}$$

$$\boldsymbol{T}'_3=\begin{bmatrix} \dfrac{\left|T'_{13}(\theta,\varphi)\right|^2}{T'_{33}(\theta,\varphi)} & 0 & T'_{13}(\theta,\varphi) \\ 0 & 0 & 0 \\ T'^{*}_{13}(\theta,\varphi) & 0 & T'_{33}(\theta,\varphi) \end{bmatrix} \tag{6-13}$$

上式中的两个矩阵正对应了反射对称分解的第二个和第三个散射成分。

由式 (6-13) 容易发现,第三个成分 $\boldsymbol{T}'_3$ 仅是一个秩为 1 的矩阵,其完全由 $\boldsymbol{T}'(\theta, \varphi)$ 矩阵的最后一列数据决定。在体散射成分提取部分最后曾经指出,$\boldsymbol{T}'$ 矩阵的秩最多为 2。因此其经过两次由酉变换后获得的 $\boldsymbol{T}'(\theta, \varphi)$ 矩阵的秩也最多为 2。对于实际的极化 SAR 数据来说,$\boldsymbol{T}'(\theta, \varphi)$ 矩阵的秩通常等于 2(因为多视获得的实际数据由于噪声的存在几乎不可能出现秩为 1 的情况)。因此,可以推导得到

$$T'_{11}(\theta,\varphi)-\frac{\left|T'_{13}(\theta,\varphi)\right|^2}{T'_{33}(\theta,\varphi)}=\frac{\left|T'_{12}(\theta,\varphi)\right|^2}{T'_{22}(\theta,\varphi)} \tag{6-14}$$

也就是说,第二个成分 $\boldsymbol{T}_2$ 的秩也为 1,相应地其最终形式可以表示为

$$\boldsymbol{T}_2=\begin{bmatrix} \dfrac{\left|T'_{12}(\theta,\varphi)\right|^2}{T'_{22}(\theta,\varphi)} & T'_{12}(\theta,\varphi) & 0 \\ T'^{*}_{12}(\theta,\varphi) & T'_{22}(\theta,\varphi) & 0 \\ 0 & 0 & 0 \end{bmatrix} \tag{6-15}$$

由上式容易验证 $\boldsymbol{T}_2$ 满足反射对称假设。

对于第三个成分 $\boldsymbol{T}_3'$，因为其 T_{22} 元素为零，因此仅需要一个 ±45° 的定向角逆旋转，来将其交叉极化通道的功率转换到共极化通道，以使其在形式上满足反射对称假设，即

$$\boldsymbol{T}_3=\boldsymbol{R}\left(\pm45^\circ\right)\boldsymbol{T}_3'\boldsymbol{R}^{\mathrm{H}}\left(\pm45^\circ\right)=\begin{bmatrix}\dfrac{\left|T_{13}'(\theta,\varphi)\right|^2}{T_{33}'(\theta,\varphi)} & \pm T_{13}'(\theta,\varphi) & 0\\ \pm T_{13}'^{*}(\theta,\varphi) & T_{33}'(\theta,\varphi) & 0\\ 0 & 0 & 0\end{bmatrix} \tag{6-16}$$

容易发现 $R(45°)$ 和 $R(-45°)$ 两种操作带来的唯一差别是使得 $\boldsymbol{T}_3$ 矩阵的 T_{12} 元素符号发生了变化。因为通常假设定向角的范围是 (−45°, 45°]，因此可以使用如下判别准则来确定最终使用 $\boldsymbol{R}(45°)$ 还是 $\boldsymbol{R}(-45°)$。若 $\theta\leqslant0$，选择 $\boldsymbol{R}(45°)$ 旋转；若 $\theta>0$，选择 $\boldsymbol{R}(-45°)$ 旋转。使用这一判别准则，是为了保证第三个成分的定向角 $\theta\pm45°$ 的值域范围仍是 (−45°, 45°]。

值得指出的是，式 (6−16) 中“±”号的选取在物理上还是很重要的。举例来说，如果仅使用“+”号，那么第三成分 $\boldsymbol{T}_3$ 与原观测获得的极化相干矩阵 $\boldsymbol{T}$ 之间相差的定向角将始终为 θ+45°。这种情况下，若 θ=45°，那么 $\boldsymbol{T}_3$ 与 $\boldsymbol{T}$ 之间的定向角差别就是 90°，这会使得 $\boldsymbol{T}$ 矩阵对应的 HH 极化通道在 $\boldsymbol{T}_3$ 中对应的是 VV 极化通道，而 $\boldsymbol{T}$ 矩阵对应的 VV 极化通道在 $\boldsymbol{T}_3$ 中对应的是 HH 极化通道。也就是说，如果 $0<\theta\leqslant\pi/4$ 且仅使用“+”号，$\boldsymbol{T}_3$ 与 $\boldsymbol{T}$ 矩阵之间的 HH 和 VV 极化通道将互相交换。对于基于模型的非相干极化分解，这种会导致分解结果中某一成分和原极化相干矩阵的 HH 极化通道和 VV 极化通道互相交换的大角度定向角旋转应该是需要尽量避免的。因此，在式 (6−16) 中需要通过选择“±”号，以使得 θ 和 $\theta\pm45°$ 的值域范围都为 (−45°, 45°]。

6.3.3　面散射功率 P_{S} 和二次散射功率 P_{D} 的确定

反射对称分解仍使用如下经典的面散射和体散射模型：

$$\boldsymbol{T}_{\mathrm{S}}=\frac{1}{1+|\beta|^2}\begin{bmatrix}1 & \beta & 0\\ \beta^* & |\beta|^2 & 0\\ 0 & 0 & 0\end{bmatrix},\quad |\beta|\leqslant1 \tag{6-17}$$

$$\boldsymbol{T}_{\mathrm{D}}=\frac{1}{1+|\alpha|^2}\begin{bmatrix}|\alpha|^2 & \alpha & 0\\ \alpha^* & 1 & 0\\ 0 & 0 & 0\end{bmatrix},\quad |\alpha|<1 \tag{6-18}$$

由上面两个表达式容易发现 $\boldsymbol{T}_{\mathrm{S}}$ 和 $\boldsymbol{T}_{\mathrm{D}}$ 模型在形式上非常相似，它们唯一的差别在于 T_{11} 元素是否小于 T_{22} 元素。

通过对比 $\boldsymbol{T}_2$ 和 $\boldsymbol{T}_3$ 与 $\boldsymbol{T}_{\mathrm{S}}$ 和 $\boldsymbol{T}_{\mathrm{D}}$，可以发现它们在形式上是完全相符的。因此，可以使用如下判断原则来确定 $\boldsymbol{T}_2$ 和 $\boldsymbol{T}_3$ 成分的散射机制：

若$\dfrac{\left|T'_{12}(\theta,\varphi)\right|^2}{T'_{22}(\theta,\varphi)} \geqslant T'_{22}(\theta,\varphi)$，$\boldsymbol{T}_2$对应面散射；

若$\dfrac{\left|T'_{12}(\theta,\varphi)\right|^2}{T'_{22}(\theta,\varphi)} < T'_{22}(\theta,\varphi)$，$\boldsymbol{T}_2$对应二次散射；

若$\dfrac{\left|T'_{13}(\theta,\varphi)\right|^2}{T'_{33}(\theta,\varphi)} \geqslant T'_{33}(\theta,\varphi)$，$\boldsymbol{T}_3$对应面散射；

若$\dfrac{\left|T'_{13}(\theta,\varphi)\right|^2}{T'_{33}(\theta,\varphi)} < T'_{33}(\theta,\varphi)$，$\boldsymbol{T}_3$对应二次散射。

在确定了 $\boldsymbol{T}_2$ 和 $\boldsymbol{T}_3$ 成分的散射机制后，就可以将其各自的功率按照散射机制分别对应到面散射功率 P_{S} 和二次散射功率 P_{D} 上，具体过程如下。令 $\mathrm{tr}(\cdot)$ 表示矩阵的迹，即矩阵对角线元素的和；若 $\boldsymbol{T}_2$ 对应面散射 $\boldsymbol{T}_3$ 对应二次散射，则 $P_{\mathrm{S}}=\mathrm{tr}(\boldsymbol{T}_2)$，$P_{\mathrm{D}}=\mathrm{tr}(\boldsymbol{T}_3)$；若 $\boldsymbol{T}_2$ 对应二次散射 $\boldsymbol{T}_3$ 对应面散射，则 $P_{\mathrm{S}}=\mathrm{tr}(\boldsymbol{T}_3)$，$P_{\mathrm{D}}=\mathrm{tr}(\boldsymbol{T}_2)$；若 $\boldsymbol{T}_2$ 和 $\boldsymbol{T}_3$ 都对应面散射，则 $P_{\mathrm{S}}=\mathrm{tr}(\boldsymbol{T}_2)+\mathrm{tr}(\boldsymbol{T}_3)$，$P_{\mathrm{D}}=0$；若 $\boldsymbol{T}_2$ 和 $\boldsymbol{T}_3$ 都对应二次散射，则 $P_{\mathrm{S}}=0$，$P_{\mathrm{D}}=\mathrm{tr}(\boldsymbol{T}_2)+\mathrm{tr}(\boldsymbol{T}_3)$。

6.3.4 由分解结果重建原极化相干矩阵的方法

如图 6-1 算法流程示意图所示，反射对称分解的输出结果包括 $P_{\mathrm{V}}, P_{\mathrm{S}}, P_{\mathrm{D}}, \theta, \varphi, \boldsymbol{T}_{\mathrm{V}}, \boldsymbol{T}_2, \boldsymbol{T}_3$。其中，$\boldsymbol{T}_{\mathrm{V}}$ 是选用的体散射模型。根据式 (6-8) 和式 (6-12) 可推导出由分解的输出结果重建原极化相干矩阵的过程如下：

$$
\begin{aligned}
&\boldsymbol{T}'(\theta,\varphi)=\boldsymbol{Q}(\varphi)\boldsymbol{R}(\theta)(\boldsymbol{T}-P_{\mathrm{V}}\boldsymbol{T}_{\mathrm{V}})\boldsymbol{R}^{\mathrm{H}}(\theta)\boldsymbol{Q}^{\mathrm{H}}(\varphi)=\boldsymbol{T}_2+\boldsymbol{R}^{\mathrm{H}}(\pm45^\circ)\boldsymbol{T}_3\boldsymbol{R}(\pm45^\circ)\\
&\Leftrightarrow(\boldsymbol{T}-P_{\mathrm{V}}\boldsymbol{T}_{\mathrm{V}})=\boldsymbol{R}^{\mathrm{H}}(\theta)\boldsymbol{Q}^{\mathrm{H}}(\varphi)\left[\boldsymbol{T}_2+\boldsymbol{R}^{\mathrm{H}}(\pm45^\circ)\boldsymbol{T}_3\boldsymbol{R}(\pm45^\circ)\right]\boldsymbol{Q}(\varphi)\boldsymbol{R}(\theta)\\
&\Leftrightarrow\boldsymbol{T}=P_{\mathrm{V}}\boldsymbol{T}_{\mathrm{V}}+\boldsymbol{R}^{\mathrm{H}}(\theta)\boldsymbol{Q}^{\mathrm{H}}(\varphi)\boldsymbol{T}_2\boldsymbol{Q}(\varphi)\boldsymbol{R}(\theta)+\boldsymbol{R}^{\mathrm{H}}(\theta)\boldsymbol{Q}^{\mathrm{H}}(\varphi)\boldsymbol{R}^{\mathrm{H}}(\pm45^\circ)\boldsymbol{T}_3\boldsymbol{R}(\pm45^\circ)\boldsymbol{Q}(\varphi)\boldsymbol{R}(\theta)
\end{aligned}
\tag{6-19}
$$

上式中，对于一个任意极化相干矩阵来说，其 (θ) 形式表示经过角度为 θ 的定向角逆旋转后的结果，而其 (θ, φ) 形式表示先经过定向角逆旋转再经过螺旋角补偿旋转后的结果。对于 $\boldsymbol{R}(\theta)$ 和 $\boldsymbol{Q}(\varphi)$ 两个逆旋转矩阵，它们具有如下属性：

$$\boldsymbol{R}\left(\pm 45^{\circ}\right)\boldsymbol{Q}\left(\varphi\right)=\boldsymbol{Q}\left(-\varphi\right)\boldsymbol{R}\left(\pm 45^{\circ}\right) \tag{6-20}$$

将式 (6−20) 应用于式 (6−19) 的第三个成分，可以得到

$$\begin{aligned}\boldsymbol{T}&=P_{\mathrm{V}}\boldsymbol{T}_{\mathrm{V}}+\boldsymbol{R}^{\mathrm{H}}\left(\theta\right)\boldsymbol{Q}^{\mathrm{H}}\left(\varphi\right)\boldsymbol{T}_{2}\boldsymbol{Q}\left(\varphi\right)\boldsymbol{R}\left(\theta\right)+\boldsymbol{R}^{\mathrm{H}}\left(\theta\right)\boldsymbol{R}^{\mathrm{H}}\left(\pm 45^{\circ}\right)\boldsymbol{Q}^{\mathrm{H}}\left(-\varphi\right)\boldsymbol{T}_{3}\boldsymbol{Q}\left(-\varphi\right)\boldsymbol{R}\left(\pm 45^{\circ}\right)\boldsymbol{R}\left(\theta\right)\\&=P_{\mathrm{V}}\boldsymbol{T}_{\mathrm{V}}+\boldsymbol{R}^{\mathrm{H}}\left(\theta\right)\boldsymbol{Q}^{\mathrm{H}}\left(\varphi\right)\boldsymbol{T}_{2}\boldsymbol{Q}\left(\varphi\right)\boldsymbol{R}\left(\theta\right)+\boldsymbol{R}^{\mathrm{H}}\left(\theta\pm 45^{\circ}\right)\boldsymbol{Q}^{\mathrm{H}}\left(-\varphi\right)\boldsymbol{T}_{3}\boldsymbol{Q}\left(-\varphi\right)\boldsymbol{R}\left(\theta\pm 45^{\circ}\right)\end{aligned} \tag{6-21}$$

为了进一步简化上式，使用一个极化相干矩阵的 (φ, θ) 形式表示如下变换：

$$\boldsymbol{T}\left(\varphi,\theta\right)=\boldsymbol{R}^{\mathrm{H}}\left(\theta\right)\boldsymbol{Q}^{\mathrm{H}}\left(\varphi\right)\boldsymbol{T}\boldsymbol{Q}\left(\varphi\right)\boldsymbol{R}\left(\theta\right) \tag{6-22}$$

将式 (6−22) 与式 (6−1) 比较可以发现 (φ,θ) 变换正表示了 (θ,φ) 变换的逆变换，即

$$\boldsymbol{T}\left(\theta,\varphi\right)\left(\varphi,\theta\right)=\boldsymbol{T}\left(\varphi,\theta\right)\left(\theta,\varphi\right)=\boldsymbol{T} \tag{6-23}$$

使用 (φ, θ) 变换的表达形式，式 (6−21) 可以简化为如下形式：

$$\boldsymbol{T}=P_{\mathrm{V}}\boldsymbol{T}_{\mathrm{V}}+\boldsymbol{T}_{2}\left(\varphi,\theta\right)+\boldsymbol{T}_{3}\left(-\varphi,\theta\pm 45^{\circ}\right) \tag{6-24}$$

式 (6−24) 给出了由反射对称分解的输出重建原极化相干矩阵的方法，该式是一个严格的数学等式，这点要优于 Freeman 分解（Freeman 分解的 $\boldsymbol{T}=P_{\mathrm{V}}\boldsymbol{T}_{\mathrm{V}}+P_{\mathrm{S}}\boldsymbol{T}_{\mathrm{S}}+P_{\mathrm{D}}\boldsymbol{T}_{\mathrm{D}}$ 公式仅是一个象征性公式，因为等式右侧的和实际上并不等于左侧）。本书后文中将用式 (6−24) 表示整个反射对称分解。对于一个极化相干矩阵，其 (θ, φ) 变换表示了先进行定向角补偿再进行螺旋角补偿，相应的其 (φ, θ) 变换也就表示了先进行螺旋角旋转再进行定向角旋转。因此，由式 (6−24) 我们可以知道，第二重建成分 $\boldsymbol{T}_2(\varphi,\theta)$ 的螺旋角为 φ、定向角为 θ，第三重建成分 $\boldsymbol{T}_3(-\varphi,\theta\pm 45^{\circ})$ 的螺旋角为 $-\varphi$、定向角为 $\theta\pm 45^{\circ}$。即第二个重建成分和第三个重建成分的定向角相差 45°，且它们的螺旋角符号正好相反。也就是说，在提取出体散射成分后，反射对称分解将剩余矩阵分解为定向角相差 45° 螺旋角正好相反的两个成分。这是反射对称分解的一个重要属性。

6.3.5　分解结果独立实变量分析

一个极化相干矩阵具有 9 个独立的实数变量，反射对称分解的输出结果中同样也包含 9 个独立的实变量，具体如下。

首先，$\boldsymbol{T}_{\mathrm{V}}$ 是一个确定的矩阵，P_{S} 和 P_{D} 完全由 $\boldsymbol{T}_2$ 和 $\boldsymbol{T}_3$, 确定，因此它们不包括任何独立的实变量。P_{V} 是一个独立的实变量。定向角 θ 和螺旋角 φ 是两个独立的实变量。矩阵 $\boldsymbol{T}_2$ 具有 3 个独立的实变量，分别为 $T'_{22}(\theta, \varphi)$、$\mathrm{Re}\left(T'_{12}(\theta, \varphi)\right)$ 和 $\mathrm{Im}\left(T'_{12}(\theta, \varphi)\right)$。矩阵 $\boldsymbol{T}_3$ 也具有 3 个独立

的实变量，分别为 $T'_{33}(\theta,\varphi)$、$\mathrm{Re}\left(T'_{13}(\theta,\varphi)\right)$ 和 $\mathrm{Im}\left(T'_{13}(\theta,\varphi)\right)$。

综上所述，在反射对称分解的输出结果中同样也包括 9 个独立的实变量，分别为 $P_{\mathrm{V}},\theta,\varphi$，$T'_{22}(\theta,\varphi)$，$T'_{33}(\theta,\varphi)$，$\mathrm{Re}\left(T'_{12}(\theta,\varphi)\right)$，$\mathrm{Im}\left(T'_{12}(\theta,\varphi)\right)$，$\mathrm{Re}\left(T'_{13}(\theta,\varphi)\right)$，$\mathrm{Im}\left(T'_{13}(\theta,\varphi)\right)$。也就是说反射对称分解是一种严格完全的非相干极化分解算法，它完整地继承了极化相干矩阵的自由度，这是反射对称分解的一个优点。实际上根据这一个优点，甚至可以在计算机存储上使用反射对称分解的结果来存储极化相干矩阵的数据。

6.4 螺旋角补偿的物理含义分析

本节主要详细分析和探讨上一节叙述中使用的螺旋角补偿变换（HAC）所对应的实际物理含义，整个分析从 5 个角度分别叙述，具体如下。

6.4.1 极化散射矩阵的对角化

Kennaugh 曾给出了一种散射矩阵对角化的方法（第 6.4.5 节会对该方法进行详细叙述和分析）。事实上，对于一个散射矩阵来说，(θ,φ) 变换同样也是一种对角化的方法，下面将具体说明。

如果一个极化散射矩阵满足反射对称假设，那么其在形式上应该是一个对角矩阵，即

$$\boldsymbol{S}=\begin{bmatrix} S_{\mathrm{HH}} & 0 \\ 0 & S_{\mathrm{VV}} \end{bmatrix} \tag{6-25}$$

通过上式可以发现 S_{HV} 元素为零，相应地 $\boldsymbol{S}$ 矩阵对应的 Pauli 矢量的 3 个元素也为零值。若一种变换能将任意一个极化散射矩阵变为对角阵形式，则可认为它是一种极化散射矩阵对角化方法。

使用 Pauli 矢量 $\boldsymbol{k}$ 表示一个散射矩阵，那么其对应的极化相干矩阵为 $\boldsymbol{T}=\boldsymbol{k}\boldsymbol{k}^{\mathrm{H}}$。该极化相干矩阵的 (θ,φ) 变换的数学表示如下：

$$\boldsymbol{T}(\theta,\varphi)=\boldsymbol{Q}(\varphi)\,\boldsymbol{T}(\theta)\,\boldsymbol{Q}^{\mathrm{H}}(\varphi)=\boldsymbol{Q}(\varphi)\,\boldsymbol{R}(\theta)\,\boldsymbol{T}\boldsymbol{R}^{\mathrm{H}}(\theta)\,\boldsymbol{Q}^{\mathrm{H}}(\varphi) \tag{6-26}$$

因为极化相干矩阵仅对应一个散射矩阵，因此其秩为 1，(θ,φ) 变换仅包括酉变换，$\boldsymbol{T}(\theta,\varphi)$ 矩阵的秩也为 1，因此有如下关系：

$$\left|T_{23}(\theta,\varphi)\right|^2=T_{22}(\theta,\varphi)\,T_{33}(\theta,\varphi) \tag{6-27}$$

因为 (θ,φ) 变换会使得 $T_{22}(\theta,\varphi) \geqslant T_{33}(\theta,\varphi)$ 且令 $T_{23}(\theta,\varphi)=0$，因此根据上式可以推导出 $T_{33}(\theta,\varphi)=0$，也就是说

$$\boldsymbol{k}(\theta,\varphi)=\boldsymbol{Q}(\varphi)\boldsymbol{R}(\theta)\boldsymbol{k}=\begin{bmatrix} k_1(\theta,\varphi) \\ k_2(\theta,\varphi) \\ 0 \end{bmatrix} \tag{6-28}$$

由上式可以发现，Pauli 矢量的第三个元素变为了零值，这也意味着与之对应的散射矩阵中的 S_{HV} 元素变为零值，即与之对应的散射矩阵变为了一个对角阵。

通过比较分析可以发现，基于 (θ,φ) 变换的散射矩阵对角化方法，与 Kennaugh 提出的散射矩阵对角化方法并不相同（详细比较分析将在第 6.4.5 节给出）。(θ,φ) 变换是通过去定向变换和螺旋角补偿，使得 T_{23} 元素变为零值，并使得 T_{33} 元素的功率值转移至 T_{22} 元素，从而得到令散射矩阵对角化的结果。

6.4.2　$\boldsymbol{Q}(-\varphi)$ 变换的物理含义

正如 $\boldsymbol{R}(\theta)$ 表示定向角逆旋转，$\boldsymbol{R}(-\theta)$ 表示定向角旋转，$\boldsymbol{R}(\theta)$ 与 $\boldsymbol{R}(-\theta)$ 互为逆变换一样，$\boldsymbol{Q}(\varphi)$ 变换也是 $\boldsymbol{Q}(-\varphi)$ 变换的逆变换。因此只要给出 $\boldsymbol{Q}(-\varphi)$ 变换的物理含义，那么其对应的逆变换即是 $\boldsymbol{Q}(\varphi)$ 变换的物理含义。接下来就基于上一部分给出的散射矩阵对角化方法，来分析 $\boldsymbol{Q}(-\varphi)$ 变换的物理含义。

使用 $\boldsymbol{k}_0$ 表示一个经过对角化后的散射矩阵所对应的 Pauli 矢量，对其进行 $\boldsymbol{Q}(-\varphi)$ 变换，即如下式所示：

$$\boldsymbol{k}=\boldsymbol{Q}(-\varphi)\boldsymbol{k}_0=\begin{bmatrix} 1 & 0 & 0 \\ 0 & \cos(2\varphi) & -j\sin(2\varphi) \\ 0 & -j\sin(2\varphi) & \cos(2\varphi) \end{bmatrix}\begin{bmatrix} k_1 \\ k_2 \\ 0 \end{bmatrix} \tag{6-29}$$

对上式进行如下的等价变换：

$$\begin{aligned} \boldsymbol{k}=\boldsymbol{Q}(-\varphi)\boldsymbol{k}_0 &=\begin{bmatrix} 1 & 0 & 0 \\ 0 & 1 & 0 \\ 0 & 0 & -j \end{bmatrix}\begin{bmatrix} 1 & 0 & 0 \\ 0 & \cos(2\varphi) & -\sin(2\varphi) \\ 0 & \sin(2\varphi) & \cos(2\varphi) \end{bmatrix}\begin{bmatrix} 1 & 0 & 0 \\ 0 & 1 & 0 \\ 0 & 0 & j \end{bmatrix}\begin{bmatrix} k_1 \\ k_2 \\ 0 \end{bmatrix} \\ &=\begin{bmatrix} 1 & 0 & 0 \\ 0 & 1 & 0 \\ 0 & 0 & -j \end{bmatrix}\begin{bmatrix} 1 & 0 & 0 \\ 0 & \cos(2\varphi) & -\sin(2\varphi) \\ 0 & \sin(2\varphi) & \cos(2\varphi) \end{bmatrix}\begin{bmatrix} k_1 \\ k_2 \\ 0 \end{bmatrix}=\begin{bmatrix} 1 & 0 & 0 \\ 0 & 1 & 0 \\ 0 & 0 & -j \end{bmatrix}\boldsymbol{R}(-\varphi)\boldsymbol{k}_0 \end{aligned} \tag{6-30}$$

上式最终结果可以进一步表示为

$$\boldsymbol{k}=\begin{bmatrix}1&0&0\\0&1&0\\0&0&\mathrm{e}^{-j\frac{\pi}{2}}\end{bmatrix}\boldsymbol{k}_0(-\varphi) \tag{6-31}$$

其中 $\boldsymbol{k}_0(-\varphi)$ 表示 $\boldsymbol{R}(-\varphi)\boldsymbol{k}_0$，即对原 Pauli 矢量 $\boldsymbol{k}_0$ 进行 φ 角度的定向角旋转后获得的新的 Pauli 矢量。

式（6-31）右侧第一个矩阵表示令 Pauli 矢量 $\boldsymbol{k}_0(-\varphi)$ 的第三个元素的相位变化 $-\pi/2$，即令一个 Pauli 矢量的第二个元素 k_2 和第三个元素 k_3 之间增加了 $-\pi/2$ 的相位差。对于一个单站观测的雷达系统来说，$-\pi/2$ 的相位差可以认为是 k_2 和 k_3 元素所分别对应的散射中心在雷达视线上的 $\lambda/8$ 的距离差，即 k_3 元素对应的散射中心比 k_2 元素所对应的散射中心更接近雷达 $\lambda/8$，其中 λ 表示雷达电磁波的波长。

综上所述，对于一个对角化后的散射矩阵，其 $\boldsymbol{Q}(-\varphi)$ 变换表示两个变换的组合，第一个变换是角度为 φ 的定向角旋转操作，第二个变换是令旋转后获得的 Pauli 矢量的第三个元素所对应的散射成分沿雷达视线方向向雷达移近 $\lambda/8$ 的距离。

对于一个真实目标来说，仅移动其 Pauli 矢量第三个元素所对应的散射成分在实现上是非常困难的。实际上，可以认为螺旋角 φ 表示了目标具备一种结构，在这一结构下其 Pauli 矢量第二元素和第三元素所分别对应的散射中心相对于雷达来说具有距离差。也就是说，螺旋角可以认为是描述目标在雷达视线方向是否存在距离差异性结构的一种描述参数。我们知道，Pauli 矢量的第二个元素表示 0° 定向角的二面角散射，第三个元素表示 45° 定向角的二面角散射，因此若目标具有螺旋角，也就意味着目标实际具有在雷达视线上存在距离差异的 0° 和 45° 二次散射。

上述分析隐含了反射对称分解最重要的一个观点：对于一个真实目标来说，其不同的散射成分中心之间通常存在到雷达的距离差，这些距离差会造成各散射成分在相位上的差异。这一观点的一个例子就是，Pauli 矢量第二元素和第三元素之间有 $\lambda/8$ 的距离差，会产生类螺旋体（helix-like）目标，本节的下一部分就是分析类螺旋体目标。

6.4.3 类螺旋体目标（Helix-like Targets）

Krogager 曾经指出螺旋体散射可以通过与雷达距离相差 $\lambda/8$ 的 0° 定向角二面角散射和 45° 定向角二面角散射的组合来获得。类似的，基于 6.4.2 节介绍的 $\boldsymbol{Q}(-\varphi)$ 变换，我们可以将螺旋体目标推广为类螺旋体目标，具体过程如下。

对一个 0° 二面角进行 $\boldsymbol{Q}(-\varphi)$ 变换可得具有如下 Pauli 矢量的目标：

$$\boldsymbol{k}_{\mathrm{H}}=\boldsymbol{Q}\left(-\varphi\right)\begin{bmatrix}0\\1\\0\end{bmatrix}=\begin{bmatrix}0\\\cos\left(2\varphi\right)\\-j\sin\left(2\varphi\right)\end{bmatrix}\tag{6-32}$$

如前文所述，将角度 φ 的值域选取为 [−π/8, π/8]，容易验证当 φ=−π/8 时，$\boldsymbol{k}_{\mathrm{H}}=\frac{1}{\sqrt{2}}\begin{bmatrix}0\\1\\j\end{bmatrix}$对应于左螺旋散射；当 φ=π/8 时，$\boldsymbol{k}_{\mathrm{H}}=\frac{1}{\sqrt{2}}\begin{bmatrix}0\\1\\-j\end{bmatrix}$对应于右螺旋散射。

因此，笔者建议称具有式（6-32）所示 $\boldsymbol{k}_{\mathrm{H}}$ 形式 Pauli 矢量的目标为类螺旋体目标，称角度 φ 为螺旋角，并称 $\boldsymbol{Q}(-\varphi)$ 变换为螺旋角旋转变换。螺旋角 φ 可以认为是描述类螺旋体目标与纯螺旋体目标相似程度的一个参数，其绝对值越大越相似。

6.4.4　螺旋角补偿（HAC）

对于一个类螺旋体目标 $\boldsymbol{k}_{\mathrm{H}}$ 进行 $\boldsymbol{Q}(\varphi)$ 变换，可以获得零度定向角的二面角散射目标。因此，本书建议称 $\boldsymbol{Q}(\varphi)$ 变换为螺旋角补偿（HAC）。

实际上称 $\boldsymbol{Q}(\varphi)$ 变换为螺旋角补偿还有另一个原因，具体如下。螺旋角补偿在字面上的含义可以理解为消除目标中的螺旋散射成分。基于圆极化基，目标的散射信息可以表示为

$$\begin{bmatrix}S_{\mathrm{LL}}\\\sqrt{2}S_{\mathrm{LR}}\\S_{\mathrm{RR}}\end{bmatrix}=\begin{bmatrix}\frac{1}{2}&\frac{j}{\sqrt{2}}&-\frac{1}{2}\\\frac{1}{\sqrt{2}}&0&\frac{1}{\sqrt{2}}\\\frac{1}{2}&\frac{-j}{\sqrt{2}}&-\frac{1}{2}\end{bmatrix}\begin{bmatrix}S_{\mathrm{HH}}\\\sqrt{2}S_{\mathrm{HV}}\\S_{\mathrm{VV}}\end{bmatrix}\tag{6-33}$$

式中，S_{LL} 表示右螺旋散射成分；S_{RR} 表示左螺旋散射成分。我们知道，如果 S_{LL} 和 S_{RR} 的绝对值和相位均相同，那么这两种成分的相干叠加仅为二次散射，即没有螺旋散射残留。因此，为了消除目标中的螺旋散射，需要寻找可以使 S_{LL} 和 S_{RR} 的绝对值和相位达到相同的变换方法。实际上，去定向变换和螺旋角补偿就是要寻找的变换方法，具体如下。

圆极化基下，去定向变换的公式为

$$\begin{bmatrix} S_{LL}(\theta) \\ \sqrt{2}S_{LR}(\theta) \\ S_{RR}(\theta) \end{bmatrix} = \begin{bmatrix} e^{-j2\theta} & 0 & 0 \\ 0 & 1 & 0 \\ 0 & 0 & e^{j2\theta} \end{bmatrix} \begin{bmatrix} S_{LL} \\ \sqrt{2}S_{LR} \\ S_{RR} \end{bmatrix} \tag{6-34}$$

角度值 θ 的计算方法为 $2\theta=\frac{1}{2}\arg\left(S_{LL}\cdot S_{RR}^*\right)$，其中 $\arg(\cdot)$ 表示取相位。容易验证，在去定向变换后，$S_{LL}(\theta)$ 和 $S_{RR}(\theta)$ 元素间的相位差为零。圆极化基下，$\boldsymbol{Q}(\varphi)$ 变换的公式为

$$\begin{bmatrix} S_{LL}(\theta,\varphi) \\ \sqrt{2}S_{LR}(\theta,\varphi) \\ S_{RR}(\theta,\varphi) \end{bmatrix} = \begin{bmatrix} \cos(2\varphi) & 0 & -\sin(2\varphi) \\ 0 & 1 & 0 \\ \sin(2\varphi) & 0 & \cos(2\varphi) \end{bmatrix} \begin{bmatrix} S_{LL}(\theta) \\ \sqrt{2}S_{LR}(\theta) \\ S_{RR}(\theta) \end{bmatrix} \tag{6-35}$$

基于令变换后 $S_{LL}(\theta,\varphi)$ 和 $S_{RR}(\theta,\varphi)$ 元素的绝对值相同的目标，即要令 $|S_{LL}(\theta,\varphi)|^2=|S_{RR}(\theta,\varphi)|^2$，可以推导出角度值 φ 的取值为

$$2\varphi=\frac{1}{2}\tan^{-1}\left(\frac{|S_{LL}|^2-|S_{RR}|^2}{2\,\mathrm{Re}\left(S_{LL}\cdot S_{RR}^*\right)}\right) \tag{6-36}$$

容易验证上式的结果与式 (6−10) 的结果完全等价，即式 (6−35) 的变换正是螺旋角补偿。

综上所述，在圆极化基下，去定向变换和螺旋角补偿分别使得 S_{LL} 和 S_{RR} 元素的相位和绝对值变得相同，从而使得它们的相干叠加彻底消除了螺旋散射成分。这也是笔者建议称 $\boldsymbol{Q}(\varphi)$ 变换为螺旋角补偿的原因之一。

6.4.5 不选用 Kennaugh 散射矩阵对角化方法的原因

本部分首先介绍 Kennaugh 给出的散射矩阵对角化方法，然后给出反射对称分解过程中不使用该方法的原因。

对于一个散射矩阵 $\boldsymbol{S}$，Kennaugh 给出并被 Huynen 使用的对角化方法如下：

$$\boldsymbol{S}=\boldsymbol{J}(\theta)\boldsymbol{K}(\phi)\boldsymbol{L}(\nu)\begin{bmatrix} m & 0 \\ 0 & m\tan^2\gamma \end{bmatrix} e^{2j\rho}\boldsymbol{L}(\nu)\boldsymbol{K}(\phi)\boldsymbol{J}(-\theta) \tag{6-37}$$

其中，

$$\boldsymbol{J}(\theta)=\begin{bmatrix} \cos(\theta) & -\sin(\theta) \\ \sin(\theta) & \cos(\theta) \end{bmatrix},\ \boldsymbol{K}(\phi)=\begin{bmatrix} \cos(\phi) & -j\sin(\phi) \\ -j\sin(\phi) & \cos(\phi) \end{bmatrix},\ \boldsymbol{L}(\nu)=\begin{bmatrix} e^{j\nu} & 0 \\ 0 & e^{-j\nu} \end{bmatrix} \tag{6-38}$$

上述对角化方法可简化表达如下：

$$\boldsymbol{S}=\boldsymbol{J}(\theta)\boldsymbol{K}(\phi)\begin{bmatrix}a & 0\\ 0 & b\end{bmatrix}\boldsymbol{K}(\phi)\boldsymbol{J}(-\theta) \tag{6-39}$$

使用 Pauli 矢量 $\boldsymbol{k}$ 替代矩阵 $\boldsymbol{S}$，上述对角化过程可以表示为

$$\boldsymbol{k}=\begin{bmatrix}1 & 0 & 0\\ 0 & \cos(2\theta) & -\sin(2\theta)\\ 0 & \sin(2\theta) & \cos(2\theta)\end{bmatrix}\begin{bmatrix}\cos(2\phi) & 0 & -j\sin(2\phi)\\ 0 & 1 & 0\\ -j\sin(2\phi) & 0 & \cos(2\phi)\end{bmatrix}\begin{bmatrix}(a+b)/\sqrt{2}\\ (a-b)/\sqrt{2}\\ 0\end{bmatrix} \tag{6-40}$$

即

$$\begin{bmatrix}\cos(2\phi) & 0 & j\sin(2\phi)\\ 0 & 1 & 0\\ j\sin(2\phi) & 0 & \cos(2\phi)\end{bmatrix}\begin{bmatrix}1 & 0 & 0\\ 0 & \cos(2\theta) & \sin(2\theta)\\ 0 & -\sin(2\theta) & \cos(2\theta)\end{bmatrix}\boldsymbol{k}=\begin{bmatrix}(a+b)/\sqrt{2}\\ (a-b)/\sqrt{2}\\ 0\end{bmatrix} \tag{6-41}$$

从上面的公式可以发现，角度 θ 就是定向角，但是角度 ϕ 却与螺旋角 φ 不同（本节用 ϕ 和 φ 表示两个不同的变量）。

为了更透彻地分析上述对角化方法，将其形式拓展为极化相干矩阵形式如下：

$$\begin{aligned}\boldsymbol{T}(\theta,\phi)&=\boldsymbol{Q}'(\phi)\boldsymbol{R}(\theta)\boldsymbol{k}\boldsymbol{k}^{\mathrm{H}}\boldsymbol{R}^{\mathrm{H}}(\theta)\boldsymbol{Q}'^{\mathrm{H}}(\phi)\\&=\boldsymbol{Q}'(\phi)\boldsymbol{T}(\theta)\boldsymbol{Q}'^{\mathrm{H}}(\phi)\end{aligned} \tag{6-42}$$

如果令

$$2\theta=\tan^{-1}\left(\frac{\operatorname{Re}(T_{13}(\theta))}{\operatorname{Re}(T_{12}(\theta))}\right),\ 2\phi=\frac{1}{2}\tan^{-1}\left(\frac{2\operatorname{Im}(T_{13}(\theta))}{T_{11}(\theta)-T_{33}(\theta)}\right) \tag{6-43}$$

可以发现，$T_{13}(\theta,\phi)=0$ 且 $T_{11}(\theta,\phi)\geqslant T_{33}(\theta,\phi)$，即如果 $\boldsymbol{T}(\theta,\phi)$ 是秩为 1 的矩阵，经过上述对角化变换后 $T_{33}(\theta,\phi)$ 元素会变为零。由上面两个公式的分析可以发现，Kennaugh 通过令 T_{13} 元素变为零来使得散射矩阵对角化，同时 T_{33} 元素的一部分功率通过 $\boldsymbol{Q}'(\phi)$ 变换转换到了 T_{11} 元素上。

在反射对称分解过程中选用基于 (θ,φ) 变换的对角化而不是 Kennaugh 对角化方法的原因包括两点。①对于基于 Pauli 基的极化相干矩阵来说，T_{11} 元素表示球面散射，T_{22} 元素表示 0° 定向角的二次散射，T_{33} 元素表示 45° 定向角的二次散射。因此，由各元素的物理含义可以发现，将 T_{33} 元素的一部分功率转移到 T_{22} 元素要比转移到 T_{11} 元素更加合理。② $\boldsymbol{Q}(\varphi)$ 变换即螺旋角补偿的物理含义通过本节的分析已经相对比较清晰了，但 Kennaugh 对角化中使用的 $\boldsymbol{Q}'(\phi)$ 变换的物理含义目前还没有见到给出比较清晰的分析，因此在反射对称分解中未选用基于该变换的 Kennaugh 散射矩阵对角化方法。

实际上，反射对称分解未选用 Kennaugh 对角化方法还有另一原因。Kennaugh 对角化方法通过令 T_{13} 元素变为零来使得散射矩阵对角化，从极化信息角度来讲，T_{12} 和 T_{13} 元素是完全等价的（详见第 7 章从极化对称性角度的分析），也就是说还存在另一种新的对角化方法，该方法通过令 T_{12} 元素变为零来使得散射矩阵对角化。这两种对角化方法是完全等价的，如果选用了 Kennaugh 对角化方法，那么也可以选用这种新的对角化方法，可以验证两种对角化方法的最终分解结果也是等价的，且这两种对角化方法都会产生一个不具有反射对称性的成分。而 (θ, φ) 变换对于一个极化相干矩阵来说是唯一的，不存在多选问题，且其结果都具有反射对称性。

6.4.6 螺旋角补偿的一个简单应用

螺旋角补偿可以用来改进非相干极化分解算法中的分析过程，下面给出一个例子。

第 5 章中介绍了改进 Cui 分解方法，该方法可以用下式表示：

$$\boldsymbol{T} = P_{\mathrm{V}}\boldsymbol{T}_{\mathrm{V}} + \boldsymbol{T}_2(-\theta_{\mathrm{C}}) + \boldsymbol{T}_3(-\theta_{\mathrm{C}}-\theta_{\mathrm{R}}) \tag{6-44}$$

其中，$\boldsymbol{T}_2$ 对应一个对角化的散射矩阵；$\boldsymbol{T}_3$ 是一个 $\mathrm{Re}(T_{23})$ 元素为零的秩为 1 的极化相干矩阵［请注意这里的 $\boldsymbol{T}_2$ 和 $\boldsymbol{T}_3$ 与反射对称分解的 $\boldsymbol{T}_2$ 和 $\boldsymbol{T}_3$ 并不相同，详见第 5.3.4 节式 (5−29)］。如果对第三个成分 $\boldsymbol{T}_3$ 再使用螺旋角补偿操作，则可以获得该分解方法的一种改进算法（算法标识记为 C3M+HAC），使用式 (6−22) 所示 (φ, θ) 变换形式可表示为下式：

$$\boldsymbol{T} = P_{\mathrm{V}}\boldsymbol{T}_{\mathrm{V}} + \boldsymbol{T}_2(-\theta_{\mathrm{C}}) + \boldsymbol{T}_3'(\varphi, \theta_{\mathrm{C}}+\theta_{\mathrm{R}}) \tag{6-45}$$

其中，$\boldsymbol{T}_3'$ 也表示一个对角化的散射矩阵，其功率值是对应面散射 P_{S} 还是二次散射 P_{D} 可以通过比较其 T_{11} 和 T_{22} 元素来确定。由上式可以发现，原极化相干矩阵中所有类螺旋体散射都集中在第三个重建成分中，即第三个重建成分包括了原目标中 Pauli 矢量第二元素和第三元素所对应成分存在到雷达距离差的结构信息。而对于本章介绍的反射对称分解来说，其第二重建成分和第三重建成分都包含类螺旋体散射成分。

值得指出的是，如果 Cui 分解和改进 Cui 分解中使用 $T_{11} < T_{22}+T_{33}$ 的准则来判别第三个成分是否二次散射，那么其分解结果中各散射成分的功率值结果将与式 (6−45) 的方法分解结果完全相同。式 (6−45) 的分解方法实际上是通过引入螺旋角补偿，进一步简化了第三个成分的形式，从而使得可以完全基于 $T_{11}<T_{22}$ 准则来判别其散射特性，因为 T_{33} 元素已经为零值。

最后，分析一下式 (6−45) 所示分解方法结果中包括几个独立的实数变量。P_{V} 是一个独立的实变量，$\boldsymbol{T}_2$ 包括 3 个独立实变量，$\boldsymbol{T}'_3$ 包括 3 个独立实变量，θ_{C}、θ_{R} 和 φ 是 3 个独立的实变量，即其输出结果中包括 10 个独立的实变量（实际并非完全独立，详见第 5.6 节），这

要比一个极化相干矩阵的 9 个独立实变量多出 1 个实变量。这点是该分解方法的一个不足之处，这与改进 Cui 分解和 Cui 分解是相同的。

6.5　反射对称近似

6.5.1　基本概念和定义

如本书前文所述 Freeman 分解提出之后过高估计体散射问题和负功率问题引起了学者们的广泛关注。学者们普遍认为这两个问题的存在是由于分解算法本身不完善造成的，通过研究，去定向、非负功率限制、基于最小广义特征值的体散射提取等新工具逐渐被用于改进基于模型的非相干极化分解算法，过高估计体散射问题和负功率问题逐渐得以解决，但也出现了最后一个成分不能与已知物理散射模型相符的新问题。

通过反射对称分解的研究使得从另一种新角度来理解和解决 Freeman 分解算法存在的问题成为可能，即 Freeman 分解的问题可能是由于其输入仅是对一个观测获得的极化相干矩阵在反射对称假设下的直接的、武断的截取造成的，如果 Freeman 分解的输入更加合理则可以避免其后续算法中的问题。下面介绍基于这个全新角度的一些研究成果。

Freeman 分解基于反射对称假设，在反射对称假设条件下，一个极化相干矩阵应该具有如下形式：

$$\boldsymbol{T}=\begin{bmatrix} x & x & 0 \\ x & x & 0 \\ 0 & 0 & x \end{bmatrix} \tag{6-46}$$

即其 T_{13} 和 T_{23} 元素应该为零。对于实际极化 SAR 数据来说，其极化相干矩阵的 T_{13} 和 T_{23} 元素都为非零值。Freeman 分解在处理实际极化 SAR 数据时，直接忽略了实际数据的 T_{13} 和 T_{23} 元素数据。也就是说 Freeman 分解的输入并不是完整的观测获得的极化相干矩阵，而是如下式所示的一个对原极化相干矩阵直接的截取

$$\boldsymbol{T}_{\mathrm{a}}=\begin{bmatrix} T_{11} & T_{12} & 0 \\ T_{12}^{*} & T_{22} & 0 \\ 0 & 0 & T_{33} \end{bmatrix} \tag{6-47}$$

矩阵 $\boldsymbol{T}_{\mathrm{a}}$ 是在反射对称假设下由原极化相干矩阵获得的，因此 $\boldsymbol{T}_{\mathrm{a}}$ 可以认为是对原极化相干矩阵在反射对称假设条件下的一个近似，后文简称这类近似为反射对称近似（reflection symmetry approximation，RSA；也称为镜像对称近似）[2]。

笔者认为，$\boldsymbol{T}_{\mathrm{a}}$只是对原极化相干矩阵在反射对称条件下的一个直接的甚至可以说是武断的截取。通过研究发现，对于一个极化相干矩阵$\boldsymbol{T}$来说，$\boldsymbol{T}_{\mathrm{a}}$并不是一个好的反射对称近似，这一结论基于如下四点理由。

（1）$\boldsymbol{T}_{\mathrm{a}}$仅是对$\boldsymbol{T}$的直接强制截取以使得其在形式上具有反射对称性。这种直接截取通常会使得$\boldsymbol{T}_{\mathrm{a}}$具有一个很大的$T_{33}$元素，这是造成过高估计体散射成分的一个直接原因。过高估计的体散射成分又造成了接下来Freeman分解过程中相应地出现了负功率成分。

（2）如果T_{13}(或T_{23})的绝对值比较大，可以说T_{13}(或T_{23})包含了比较重要的极化信息。矩阵$\boldsymbol{T}_{\mathrm{a}}$只是武断地直接将其置零，它们包含的极化信息白白地丢失了。

（3）在获取$\boldsymbol{T}_{\mathrm{a}}$时并没有考虑定向角旋转。如果地物对应的极化相干矩阵具有反射对称性，只是同时还具有一定的定向角，那么可以通过去定向（或定向角补偿），使得其极化相干矩阵具备反射对称形式。实际上第4章的研究已经表明，去定向的使用会极大地缓解过高估计体散射问题和负功率问题。因此如果在获取$\boldsymbol{T}_{\mathrm{a}}$时能考虑去定向应该能获得更好的反射对称近似。不过仅对整个极化相干矩阵$\boldsymbol{T}$进行一个整体上的去定向，Freeman分解算法结果中仍会存在负功率成分，因此一个整体的去定向可能仍是不够的，由此引出了下面的第四点理由。

（4）对于多视极化SAR数据来说，一个极化相干矩阵是通过多个秩为1的极化相干矩阵的非相干平均获得的。也就是说一个观测获得的极化相干矩阵是多个目标散射的非相干叠加。这些目标可能具有不同的定向角，每个目标也都有各自的反射对称近似。因此，如果可以将矩阵$\boldsymbol{T}$分解为几个成分（如几个秩为1的极化相干矩阵），那么将这些成分各自的反射对称近似非相干叠加也许能获得对矩阵$\boldsymbol{T}$的一个可能更好的反射对称近似。

上面第四点考虑正好与本章介绍的反射对称分解不谋而合。反射对称分解将一个极化相干矩阵分解为了三个成分，且每个成分都满足反射对称假设。因此基于反射对称分解的结果可以直接提出一种新的反射对称近似如下：

$$\boldsymbol{T}_{\mathrm{A}}=P_{\mathrm{V}}\boldsymbol{T}_{\mathrm{V}}+\boldsymbol{T}_{2}+\boldsymbol{T}_{3} \tag{6-48}$$

容易验证，使用$\boldsymbol{T}_{\mathrm{A}}$作为Freeman分解的输入，其输出将不会存在负功率成分，且结果中体散射成分就是$P_{\mathrm{V}}\boldsymbol{T}_{\mathrm{V}}$。通过本章后续实验可以发现，使用$\boldsymbol{T}_{\mathrm{A}}$作为输入的Freeman分解可以认为是一种新的非相干极化分解方法，后文用RSA+F3D对其进行标识。

6.5.2　引申思考

基于反射对称近似的概念，可以对 Freeman 分解和反射对称分解的一些具体步骤进行更好的理解。例如，(θ,φ) 变换可以使极化散射矩阵对角化，那么其结果可以认为是原极化散射矩阵的一个反射对称近似。实际上笔者正是在意识到这一点后，在寻找反射对称分解时将 (θ,φ) 变换应用于提取出体散射后的剩余矩阵 $\boldsymbol{T}'$ 上，发现 $\boldsymbol{T}_2$ 也具有反射对称形式，另一个成分经过 45° 定向角旋转后也具有反射对称形式。也就是说，通过合理地提取体散射成分，并使用 (θ,φ) 变换后可以使得所有分解结果都满足反射对称假设。(θ,φ) 变换正是反射对称近似和反射对称分解的核心。Freeman 分解算法可以认为是对原极化相干矩阵的反射对称近似进行散射机制分析的一种方法。或者说原始的 Freeman 分解其结果就是对原极化相干矩阵的一种反射对称近似。

新的反射对称近似 $\boldsymbol{T}_{\mathrm{A}}$ 相对于原极化相干矩阵忽略了一些极化信息，将式 (6−48) 与式 (6−24) 比较可以发现，与定向角和螺旋角相关的极化信息被忽略了。对于 2 个定向角 θ 和 $\theta\pm45°$，因为它们的值域范围都是 $(-\pi/4, \pi/4]$，且定向角的物理概念清晰明确，因此忽略它们是可以接受的。对于 2 个螺旋角 $\pm\varphi$，其对应的具体数值主要由 $\mathrm{Im}(T_{23})$ 元素确定。Yamaguchi 和 Singh 等曾经指出 $\mathrm{Im}(T_{23})$ 主要与螺旋散射相关 [1, 7]，螺旋体是典型的非反射对称目标，因此为了获得一个物体的反射对称近似，通过合理的变换消除其包含的螺旋散射信息也是合理的。不过值得指出的是，一个目标包含的螺旋散射信息是对其自身属性的一个非常重要的描述，实际上第 6.4 节给出的针对螺旋角 φ 的物理含义的相关研究仍然是不充分的，只有在反射对称假设要求下，才能考虑忽略螺旋散射，因为螺旋散射是不符合反射对称假设的。

最后再指出一点，由式 (6−48) 合成反射对称近似时还会带来一次 2 个实元素极化信息的丢失。反射对称近似求和之前，$P_{\mathrm{V}}\boldsymbol{T}_{\mathrm{V}}$ 包括 1 个实变量信息，$\boldsymbol{T}_2$ 和 $\boldsymbol{T}_3$ 各包括 3 个实变量信息，共 7 个实变量信息；求和后的 $\boldsymbol{T}_{\mathrm{A}}$ 只包括 5 个实变量信息。这 2 个实变量信息的丢失主要是由于 $\boldsymbol{T}_2$ 和 $\boldsymbol{T}_3$ 各自的 T_{12} 元素的相加，直接使得 2 个复数变为 1 个复数造成的。因此，反射对称近似虽然可以帮我们更好地理解 Freeman 分解，但真正使用时反射对称分解的结果已基本表明了各成分的散射机制，基于 $\boldsymbol{T}_{\mathrm{A}}$ 反射对称近似和 Freeman 分解的分析已并不是十分必要的了。

6.6 实验分析

本节将基于实际 SAR 数据，通过实验比较验证反射对称分解分析地物散射机制的性能和其自身的一些特点。实验过程中与其比较的算法包括基于新反射对称近似的 Freeman 分解（RSA+F3D）、使用螺旋角补偿后的改进 Cui 分解［式 (6−45) 的分解，记为 C3M+HAC］、改进 Cui 分解（C3M）、Cui 分解、去定向 Freeman 分解、Freeman 分解。详细实验过程如下。

6.6.1 典型地物分解结果定量分析

为了保证与本书之前各章节介绍的分解算法在实验结果上的可比较性，实验数据仍选用 E-SAR 奥芬数据。该数据是由德国宇航中心（DLR）的 L 波段机载 E-SAR 系统对德国奥博珀法芬霍芬（Oberpfaffenhofen）机场附近区域进行观测获得的。E-SAR 奥芬数据包含 1 300 × 1 200 个像素点，对应的观测区域包含城镇、裸地、森林和机场等多种地物类型。有关 E-SAR 奥芬数据的详细介绍请见第 4.6 节。

对 E-SAR 奥芬数据，首先分别使用反射对称分解和 RSA+F3D 分解进行处理，将结果中的 P_V、P_S 和 P_D 按第 2.4.1 节所述的方法生成功率伪彩色合成图，用绿色表示 P_V、蓝色表示 P_S、红色表示 P_D，结果分别如图 6−2 和图 6−3 所示。

将图 6−2 和图 6−3 与本书之前所述其他方法的分解结果相比较可以发现它们非常相似，这表明反射对称分解和基于新反射对称近似的 Freeman 分解对地物散射机制的分解结果与其他分解方法是基本相同的，这基本验证了这两种新方法对典型地物散射机制的分析能力。图 6−3 所示的反射对称分解结果看起来要更红一些，推测其结果中二次散射成分占比要稍大一些。

为了更详细地比较各种三成分分解方法，选取如图 6−2 中所示的 A、B、C、D、E 五个矩形区域进行定量分析。对于每个矩形区域，首先每个像素点利用 *Span* 对各散射成分功率值进行归一化，然后对归一化后的各散射成分占比在每个区域内求均值。上述实验结果见表 6−1。

图6-2　E-SAR奥芬数据基于新反射对称近似的Freeman分解结果功率伪彩色合成图

图6-3　E-SAR奥芬数据反射对称分解结果功率伪彩色合成图

表6-1　E-SAR奥芬数据中5个矩形区域各散射成分功率占比的均值

区域	算法	mean(P_S/*Span*)	mean(P_D/*Span*)	mean(P_V/*Span*)
A: 土地 像素个数 : 100 × 100	F3D	80.234 6%	10.570 3%	9.195 1%
	F3R	80.295 3%	10.612 0%	9.092 7%
	CUI	82.778 1%	8.395 3%	8.826 6%
	C3M	82.355 1%	8.818 4%	8.826 6%
	C3M+HAC	82.323 8%	8.849 7 %	8.826 6%
	RSA+F3D	80.323 7%	10.849 8%	8.826 6%
	RSD	88.085 1%	3.088 3%	8.826 6%
B: 森林 像素个数 : 70 × 70	F3D	19.394 7%	17.625 2%	62.980 1%
	F3R	19.905 8%	18.058 5%	62.035 7%
	CUI	22.683 9%	19.257 6%	58.058 5%
	C3M	22.011 8%	19.929 7%	58.058 5%
	C3M+HAC	21.884 1%	20.057 5%	58.058 5%
	RSA+F3D	21.862 0%	20.079 5%	58.058 5%
	RSD	19.533 5%	22.408 0%	58.058 5%
C: 建筑 像素个数 : 40 × 60	F3D	17.202 8%	66.696 3%	16.100 9%
	F3R	17.836 1%	67.235 1%	14.928 8%
	CUI	17.553 1%	68.595 5%	13.851 4%
	C3M	16.905 0%	69.243 5%	13.851 4%
	C3M+HAC	16.816 7%	69.331 9%	13.851 4%
	RSA+F3D	18.373 5%	67.775 1%	13.851 4%
	RSD	18.113 1%	68.035 4%	13.851 4%
D: 建筑 像素个数 : 80 × 60	F3D	22.931 6%	30.791 1%	46.277 3%
	F3R	30.164 4%	36.746 8%	33.088 9%
	CUI	33.795 8%	37.429 8%	28.774 4%
	C3M	32.498 4%	38.727 2%	28.774 4%
	C3M+HAC	32.232 1%	38.993 5%	28.774 4%
	RSA+F3D	32.346 6%	38.879 0%	28.774 4%
	RSD	26.995 6%	44.230 0%	28.774 4%
E: 建筑 像素个数 : 30 × 30	F3D	44.973 0%	−14.260 6%	69.287 6%
	F3R	54.532 7%	12.487 0%	32.980 2%
	CUI	67.780 7%	14.902 0%	17.317 3%
	C3M	63.606 6%	19.076 1%	17.317 3%
	C3M+HAC	62.183 1%	20.499 6%	17.317 3%
	RSA+F3D	59.064 4%	23.618 3%	17.317 3%
	RSD	58.934 9%	23.747 8%	17.317 3%

由表 6-1 可知，区域 A 对应于裸地区域，其结果中面散射占主导地位，其中反射对称分解结果的面散射功率占比最大，其结果相对来说是最优的；区域 B 对应森林区域，其结果中体散射占主导地位；区域 C 对应于与 SAR 观测视线近似垂直的人工建筑，其结果中二次散射占主导地位；区域 D 对应有一定方位角的人工建筑区域，通过比较可以发现，反射对称分解结果中二次散射功率占比是最大的，其结果相对来说是最优的；区域 E 对应建筑屋顶，后 5 种方法的面散射占比都是 3 个成分中最大的，但从 Cui 分解开始依次减小。

表 6-1 中共给出了 7 种分解方法的实验结果，通过纵向比较可以发现如下规律。Freeman 分解的体散射成分功率占比最大，其次是去定向 Freeman 分解，后面 5 种方法的体散射功率占比完全相同（其原因是在这 5 种方法中体散射成分的提取方法都是相同的），且要小于去定向 Freeman 分解的体散射功率占比。

对于 Cui 分解、改进 Cui 分解和使用了螺旋角补偿的改进 Cui 分解三种方法，通过比较可以发现，它们的二次散射功率占比依次稍有增大。改进 Cui 分解相对 Cui 分解的二次散射占比增大是由于其使用的去定向变换把更多的功率集中到了第三个成分的 T_{22} 元素上，所以更多的功率被判定为二次散射。改进的 Cui 分解在使用螺旋角补偿后，其第三个成分的 T_{33} 元素功率全部被转换到其 T_{22} 元素上，使得二次散射分解结果进一步增大。但由于第三个成分的 T_{33} 元素功率仅占第三个成分总极化功率很小的一部分（详见第 5.5.2 节），因此二次散射占比增大的程度很小。

对于基于新反射对称近似的 Freeman 分解，通过表 6-1 中数据比较可以发现其性能与其之前 3 种 Cui 分解相关方法的性能基本相当，也就是说，基于新反射对称近似的 Freeman 分解也是一种有效分析地物散射机制的方法。

反射对称分解对于区域 A 裸地区域的面散射功率占比要明显高于其他方法，且对于区域 D 具有一定方位角的人工建筑区域其结果中二次散射功率占比也要高于其他方法，对于其他区域其性能与其他方法基本相当。基于上述实验结果可以验证反射对称分解在进行地物散射机制分析上还是稍有优势的。

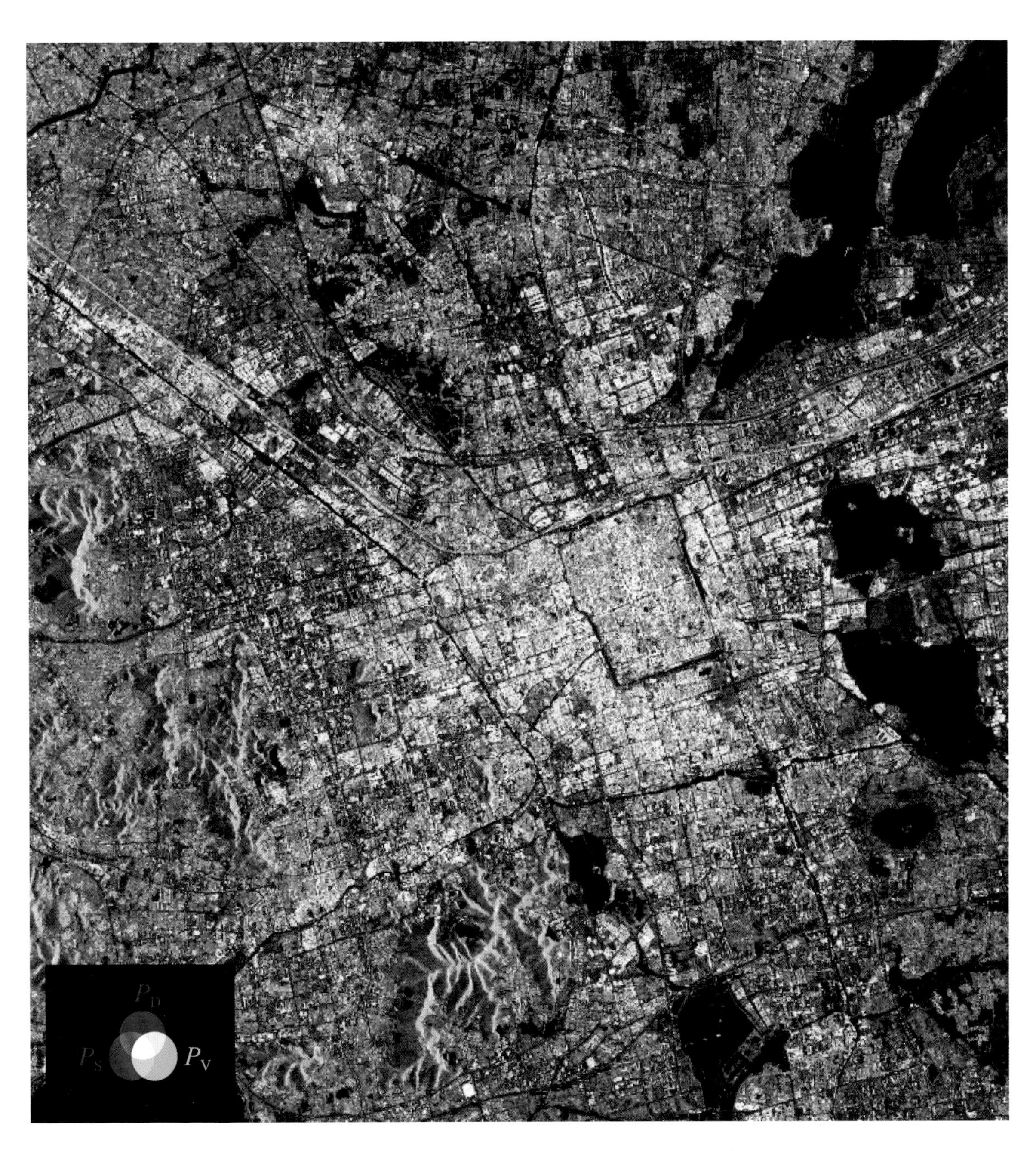

图6-4　RS2苏州数据反射对称分解结果功率伪彩色合成图

第二个实验使用的数据是在第 4 章使用过的 RS2 苏州数据。该数据是由加拿大 RADARSAT-2 卫星对中国苏州市区于 2010 年 3 月 3 日观测获得的，多视数据共具有 777 × 728 个像素点，该数据具体介绍详见第 4.6.2 节。RS2 苏州数据反射对称分解结果的功率伪彩色合成图像如图 6-4 所示，通过与图 4-6 比较可以发现图像中红颜色强度明显增强。由于 RS2 苏州数据中大部分区域为城市区域，因此直接统计了全图各散射成分功率占比的均值，结果见表 6-2。从结果中可以发现反射对称分解的二次散射功率占比是最大的。上述实验结果都显示了反射对称分解对分析具有一定定向角的人工建筑区域，其结果是有一定优势的。

表6-2　RS2苏州数据全图各散射成分功率占比的均值

数据	算法	mean(P_S/*Span*)	mean(P_D/*Span*)	mean(P_V/*Span*)
RS2 苏州数据 777 × 728 像素	F3D	45.037 3%	2.250 9%	52.711 8%
	F3D+ 非负功率限制	25.143 0%	22.946 9%	51.910 1%
	F3D+ 去定向	27.860 3%	30.561 7%	41.578 0%
	F3R	28.926 0%	30.399 7%	40.674 3%
	CUI	33.725 4%	34.230 7%	32.044 0%
	C3M	32.512 3%	35.443 7%	32.044 0%
	C3M+HAC	32.122 1%	35.833 9%	32.044 0%
	RSA+F3D	33.190 6%	34.765 5%	32.044 0%
	RSD	30.385 3%	37.570 7%	32.044 0%

6.6.2　体散射估计实验

上一节给出了 7 种分解方法的实验结果，这 7 种方法中，Freeman 分解会过高估计体散射功率，去定向 Freeman 分解结果中过高估计体散射问题得到很大缓解，其他 5 种方法体散射成分提取方法是相同的，都是基于最小广义特征值方法获得的最大可能功率体散射成分。本节将通过实验检验基于最小广义特征值法提取的体散射成分是否还存在功率被过高估计的问题。本节给出的主要是使用新反射对称近似的 Freeman 分解实验结果，表 6-1 中后面 5 种方法的实验结果都与这一方法的实验结果类似，因为它们的体散射成分提取方法是完全相同的。

本节实验数据是中国高分三号（GF-3）卫星于 2017 年 1 月 3 日对日本富士山区域进行

观测获得的全极化数据。富士山的低海拔区域绝大部分被森林所覆盖。该数据原始格式为单视复图像，将其每 4×3（距离向 × 方位向）个像素点数据非相干平均为一个像素点的极化相干矩阵，获得的多视全极化图像共包含 2 061×1 636 个像素点。以该多视数据为基础，使用本章参考文献 [8] 中的极化滤波算法(即 PolSARpro 软件 5.0 以后版本中的 An-Yang 滤波 [9] ）通过不同的输入参数生成一组具备不同等效视数（equivalent number of looks, ENL）的多视数据集。随后，对每一个多视数据使用基于新反射对称近似的 Freeman 分解进行处理，其结果的功率伪彩色合成图像如图 6–5 所示。各多视数据集的等效视数值均基于其 T_{11} 数据根据本章参考文献 [10] 给出的等效视数估计方法计算获得。

如图 6–5 所示，当 ENL 值较低时，可以发现伪彩色图像中绿通道颜色明显偏低，也就是说体散射功率被过低估计了，这使得图像看起来主要偏向红、蓝两色。随着 ENL 值的增加，分解结果看起来变得越来越绿。当 ENL 值大于 20 时，分解结果的伪彩色合成图像已几乎看不出区别。

为了更加定量化地分析实验结果，由实验数据中选取一个典型的森林区域（如图 6–5 中白色矩形框所示），对其中的每个像素点使用极化总功率 *Span* 对各散射成分功率进行归一化，然后在区域内求均值，结果见表 6–3。

由表 6–3 可知，体散射功率占比随着 ENL 值的增加而不断增大，它们之间的关系曲线如图 6–6 所示。根据表 6–3 和图 6–6 可以发现，当 ENL 值比较小时，体散射功率占比会随着 ENL 值的增加而快速增长；但当 ENL 值大于 20 以后，体散射功率占比则变得比较稳定了。

通过分析发现造成上述现象的原因可以从 Freeman 分解选用的经典体散射模型角度进行解释。经典体散射模型建模时是基于大量随机朝向的偶极子的非相干叠加获得的。当等效视数比较小时，意味着极化相干矩阵的非相干叠加仍然不够充分。在这种情况下，体散射成分可以说仍处于形成过程当中。当等效视数已经足够大时，充分非相干叠加的极化相干矩阵会形成一个相对比较稳定的体散射成分组成。即使等效视数再增加，这个稳定的体散射成分在占比上也不会出现显著变化了。

通过上面的实验可以获得如下结论。基于最小广义特征值法提取的体散射成分已经不存在如 Freeman 分解中的过高估计体散射问题了。相反的，如果全极化数据的视数不够高，反而会存在一定的过低估计体散射问题。不过值得指出的一点是，对于基于小广义特征值法提取的体散射成分，已经不能再增大其功率值了，因为该方法提取出的体散射成分已经是最大可能功率值了，对其值的任意增加都会使得后续分解中出现含负特征值的剩余矩阵，从而造成负功率成分。也就是说，上述过低估计体散射成分问题是因为数据本身的多视处理不足够造成的，是数据本身的问题，而不是分解算法的问题。为了避免过低估计体散射成分问题，笔者建议当全极化数据多视视数不足时可以使用全极化滤波算法来提升其等效视数，基于笔者经验当等效视数基本在 10 附近或更大时，已经能基本形成相对比较稳定的体散射成分了。

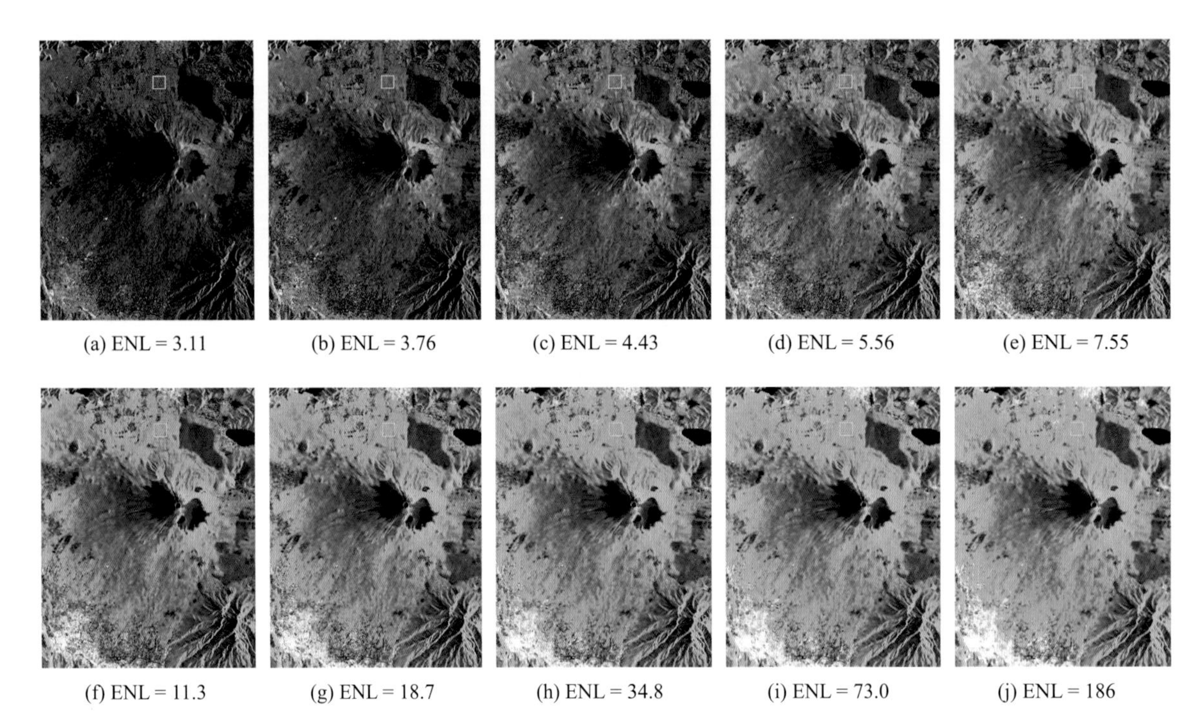

图6-5　具有不同等效视数（ENL）多视数据的基于新反射对称近似的Freeman分解结果功率伪彩色合成图像（白色矩形框中像素点对应的数据将用于表6-3所示的定量分析实验）

表6-3　图6-5白色矩形框区域中各散射成分功率占比的均值

	等效视数值	mean($P_S/Span$)	mean($P_D/Span$)	mean($P_V/Span$)
GF-3 数据 2061 × 1636 个像素点	3.11	43.1%	23.3%	33.6%
	3.76	38.4%	17.6%	44.0%
	4.43	35.3%	14.2%	50.5%
	5.56	32.2%	11.1%	56.7%
	7.55	29.4%	8.93%	61.7%
	11.3	27.4%	7.58%	65.0%
	18.7	26.2%	6.95%	66.8%
	34.8	25.7%	6.68%	67.7%
	73.0	25.4%	6.59%	68.0%
	186	25.3%	6.55%	68.1%

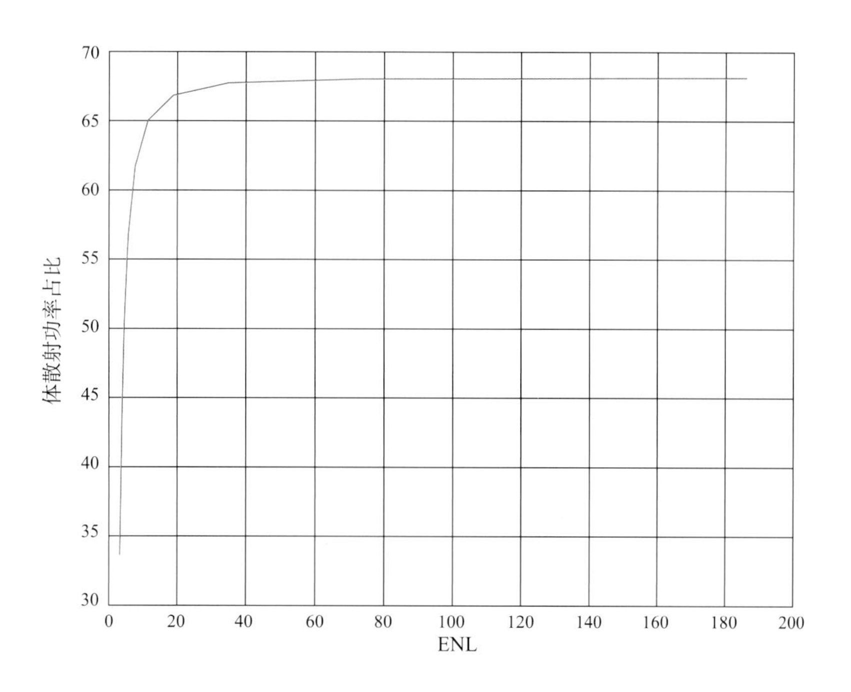

图6-6　表6-3中体散射功率占比相对于ENL值的关系变化曲线

6.6.3　螺旋角的统计分布

图 6-7 中给出了 E-SAR 奥芬数据整景区域反射对称分解的螺旋角结果统计分布。通过观察可以发现螺旋角分布的峰值集中在 0 值附近，且分布的值域范围是 [−22.2°, 22.4°]，这与其理论值域范围 [−π/8, π/8] 相符。

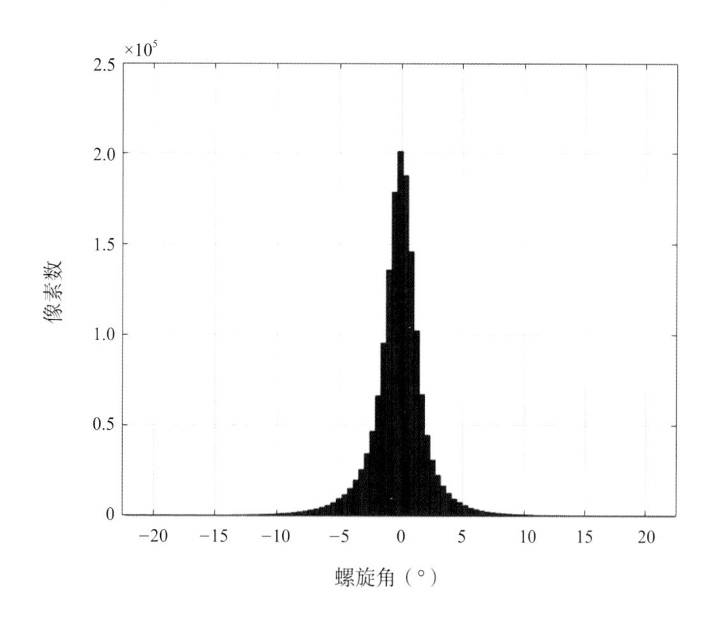

图6-7　E-SAR奥芬数据的螺旋角分布直方图

参数 $|\varphi|/22.5°$ 的灰度图像如图 6-8 所示，通过观察可以发现对于裸地地区，其螺旋角的绝对值通常比较小。森林区域螺旋角的绝对值要大于裸地区域，这应该是由于大量树叶和树枝到 SAR 的径向距离不同造成的。如图 6-8 中 3 个红色圆圈所示，这些螺旋角绝对值最大的区域有一个共同的特征，就是其在地面上的方位角与 SAR 飞行或观测方向的夹角在 45° 左右。对于这类地物，显然由于方位角的原因会造成地物各散射点到 SAR 的距离存在径向上的变化。上述实验结果部分显示了螺旋角与不同散射成分到雷达的不同径向距离有关。

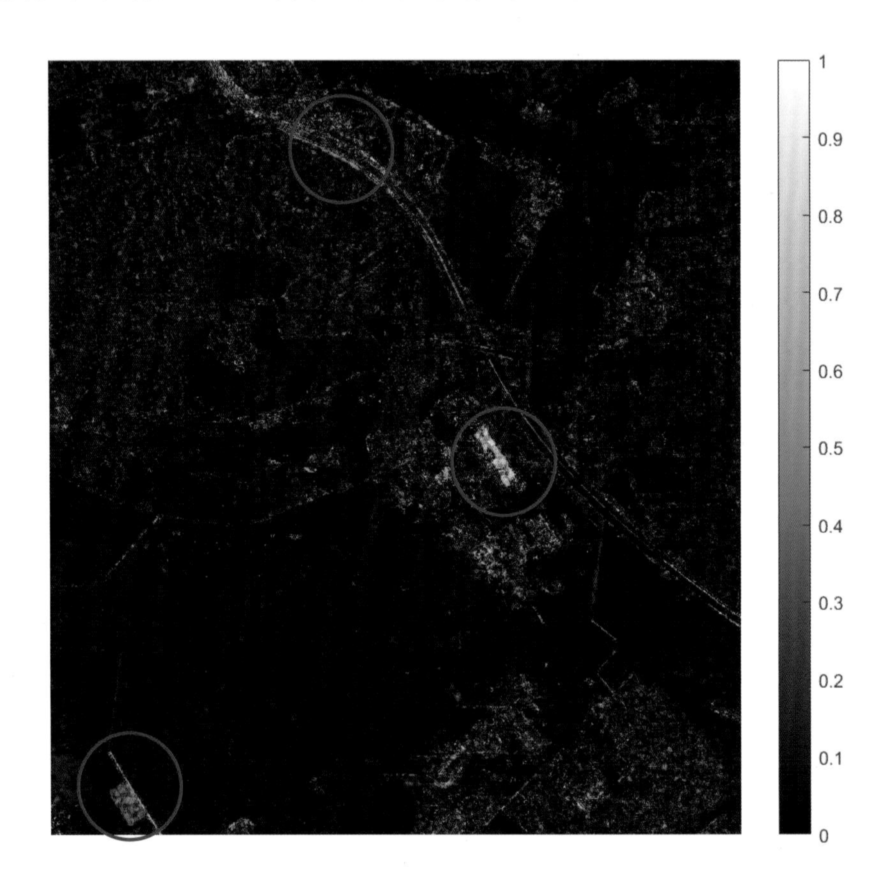

图6-8　E-SAR奥芬数据参数$|\varphi|/22.5°$的灰度图像
（3个圆圈指示的是螺旋角绝对值较大的区域）

6.6.4　T_2 和 T_3 成分的散射机制分析

对于反射对称分解，其 $\boldsymbol{T}_2$ 和 $\boldsymbol{T}_3$ 成分均可对应于面散射或二次散射。对于 E-SAR 奥芬数据的整个区域，分别统计 $\boldsymbol{T}_2$（或 $\boldsymbol{T}_3$）对应于面散射（或二次散射）的像素所占的比例，结果见表 6-4。通过表中数据可以发现，第二成分 $\boldsymbol{T}_2$ 主要对应于二次散射，而第三成分 $\boldsymbol{T}_3$ 主要对应于面散射，如式 (6−24) 中第二重建成分 $\boldsymbol{T}_2(\varphi, \theta)$ 和第三重建成分 $\boldsymbol{T}_3(-\varphi, \theta \pm 45°)$ 的螺旋角正好相反，因此它们的 $\mathrm{Im}(T_{23})$ 元素的符号也相反。并且通过实验可以发现，第二个重建成分 $\mathrm{Im}(T_{23})$ 元素的符号通常与原极化相干矩阵的 $\mathrm{Im}(T_{23})$ 元素符号相同。

表6−4　实验数据中 T_2（或 T_3）对应于面散射（或二次散射）像素所占比例

像素比例	$\boldsymbol{T}_3$ 对应于面散射	$\boldsymbol{T}_3$ 对应于二次散射	行结果的和
$\boldsymbol{T}_2$ 对应于面散射	9.84%	0.12%	9.95%
$\boldsymbol{T}_2$ 对应于二次散射	89.57%	0.48%	90.05%
列结果的和	99.41%	0.60%	100%

对整景实验数据，将 $\boldsymbol{T}_2(\varphi, \theta)$ 成分的 $|\mathrm{Im}(T_{23})|$ 值除以 $\boldsymbol{T}_3(-\varphi, \theta \pm 45°)$ 的 $|\mathrm{Im}(T_{23})|$ 值。该值的均值结果为 2 813.7，中值结果为 194.29，最小值结果为 1.045 3。也就是说第二重建成分的 $\mathrm{Im}(T_{23})$ 元素的绝对值一般要远大于第三重建成分的该值。

造成上述现象的原因在于，去定向操作和螺旋角补偿操作都是最小化 T_{33} 元素，从而使得 T_{22} 元素大于 T_{33} 元素。而 T_{22} 元素主要对应第二重建成分 $\boldsymbol{T}_2(\varphi, \theta)$，$T_{33}$ 元素主要对应第三重建成分 $\boldsymbol{T}_3(-\varphi, \theta \pm 45°)$。

6.6.5　类似噪声的图像特征分析

通过对反射对称分解结果和式 (6−45) 的 C3M+HAC 分解结果放大后进行细致观察可以发现，在算法 C3M+HAC 输出结果的伪彩色合成图中存在类似噪声的图像特征。为了更清楚地显示这一现象将 E-SAR 奥芬图像中部一块人工建筑区域进行全分辨率放大，结果如图 6-9 所示。通过图 6-9（a）与图 6-9（b）的比较可以发现，算法 C3M+HAC 的结果具有更多的类似噪声的红蓝突变点特征，也就是说反射对称分解算法的输出结果更加连续。

为了更加定量化地分析上述类似噪声的图像特征，使用如下过程。首先，针对每个像素点将其 P_S、P_D 和 P_V 按如下矢量进行组织，其中 $Span$ 表示总功率。

$$\boldsymbol{x} = \frac{1}{Span}\begin{bmatrix} P_\mathrm{S} \\ P_\mathrm{D} \\ P_V \end{bmatrix} \tag{6-49}$$

然后按行和列两个方向计算如下参数：

$$
y_{\text{Row}} = \frac{1}{M(N-1)} \sum_{i=1,j=1}^{i=M,j=N-1} \frac{\left|\boldsymbol{x}_{i,j}^{\text{H}} \boldsymbol{x}_{i,j+1}\right|^2}{\left|\boldsymbol{x}_{i,j}\right|^2 \cdot \left|\boldsymbol{x}_{i,j+1}\right|^2}
$$
$$
y_{\text{Col}} = \frac{1}{(M-1)N} \sum_{i=1,j=1}^{i=M-1,j=N} \frac{\left|\boldsymbol{x}_{i,j}^{\text{H}} \boldsymbol{x}_{i+1,j}\right|^2}{\left|\boldsymbol{x}_{i,j}\right|^2 \cdot \left|\boldsymbol{x}_{i+1,j}\right|^2} \tag{6-50}
$$

其中，i 和 j 表示像素的行、列坐标。上面的参数 y_{Row} 和 y_{Col} 分别表示在行和列两个方向上相邻两个像素的平均相似程度 [11-12]。若 C3M+HAC 算法的输出具有更多的突变性的类似噪声的结构，其 y_{Row} 和 y_{Col} 参数的结果应该更小。分别计算 E-SAR 奥芬整个实验区域和图 6-9 所示区域的 y_{Row} 和 y_{Col} 参数结果，具体见表 6-5。通过比较可以发现，C3M+HAC 算法的 y_{Row} 和 y_{Col} 参数都要小于反射对称分解算法。也就是说，上述定量化的分析结果与从图像上观测到的特征吻合，即反射对称分解算法的输出结果更加连续。

(a) 反射对称分解结果伪彩色图

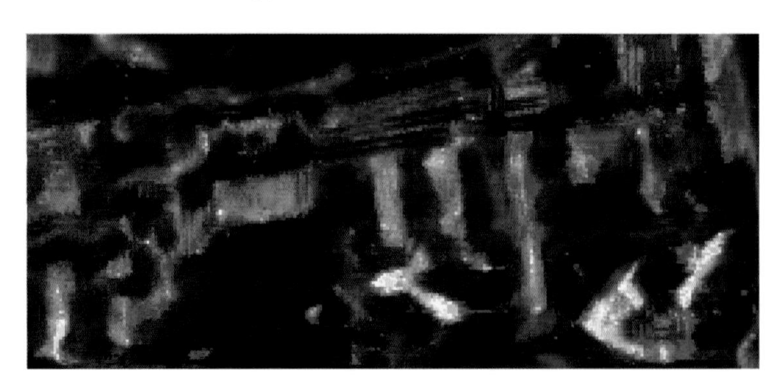

(b) C3M+HAC分解结果伪彩色合成图

图6-9　E-SAR奥芬数据中部人工建筑区域全分辨率放大显示结果

对于实际地物来说，如一栋楼房，通常可以假设其对应的像素点散射特征应该比较连续，也就是说，地物若不存在明显的变化其极化 SAR 图像中的散射特征也不应出现明显变化。在这一假设下，可以认为反射对称分解的结果要稍优于 C3M+HAC 的结果。

这种类似噪声的图像特征在其他非相干极化分解算法的结果中也能观察到，类似噪声的图像特征可能意味着分解方法的结果不够稳定，有关这一现象还需要后续更多的研究。

表6-5　不同实验区域的y_{Row}和y_{Col}参数实验结果

区域	算法	y_{Row}	y_{Col}
图 6-9 所示区域 120×270 像素	RSD	0.953	0.943
	C3M+HAC	0.862	0.847
整景数据 1 300×1 200 像素	RSD	0.961	0.959
	C3M+HAC	0.915	0.912

6.6.6　计算耗时分析

反射对称分解中计算耗时最大的步骤就是求解 $\det(\boldsymbol{T}-\lambda\boldsymbol{T}_{V})=0$ 方程获取 P_{V} 值，使用第 5.4.1 节介绍的解析快速算法可以高效实现其计算过程。针对本节使用的 3 个实验数据通过普通个人计算机进行反射对称分解计算，经过多次运行统计平均耗时情况，结果见表 6-6。其中最长耗时也少于 3s，可见反射对称分解的计算耗时很短、十分高效。

表6-6　对整景数据进行反射对称分解的多次运行平均耗时结果

数据	图像尺寸	处理耗时
E-SAR 奥芬数据	1 300×1 200 个像素	1.35s
RS2 苏州数据	777×728 个像素	0.49s
GF-3 富士山数据	2 061×1 636 个像素	2.95s

6.7　本章小结

本章主要介绍了反射对称分解方法。该方法在提取出最大可能的体散射成分后，使用去定向变换和螺旋角补偿将剩余矩阵分解为定向角相差 45°、螺旋角符号相反的两种成分。

通过分析发现，去定向加上螺旋角补偿可认为是一种极化散射矩阵对角化的方法。对于一个对角化的极化散射矩阵，螺旋角旋转是定向角旋转与 Pauli 矢量第三成分沿雷达视线方向移动的组合。螺旋角补偿揭示的最重要的一点就是：对于一个真实目标来说，其不同的散射成分中心之间通常存在到雷达的距离差，这些距离差会造成各散射成分在相位上的差异。Pauli 矢量第二成分和第三成分之间的相位差就会生成类螺旋体目标。

反射对称分解具有如下 3 个优点：①分解结果中无负功率成分；②由分解结果可以完整重建原极化相干矩阵；③分解结果中 3 个成分在形式上与选用的散射模型完全相符。

反射对称分解的主要缺陷也集中在螺旋角补偿上。虽然第 6.4 节已经给出了其物理含义的详细分析，但笔者仍然认为我们对其背后实际物理过程的认知是不足够的。螺旋角补偿到底是否能像定向角旋转那样能与目标的实际物理变换过程相对应仍然是一个没有得到解决的问题。也就是说，虽然反射对称分解结果中各成分在形式上都是“基于模型的”，但是其分解算法过程中使用的螺旋角补偿这一步骤到底是不是“基于模型的”，仍有待研究确认。

参考文献

[1] SINGH G, YAMAGUCHI Y, PARK S-E. General four-component scattering power decomposition with unitary transformation of coherency matrix. IEEE Trans. Geosci. Remote Sens., 2013, 51(5):3014−3022.

[2] AN W T, LIN M S. A reflection symmetry approximation of multi-look polarimetric SAR data and its Application to Freeman-Durden decomposition. IEEE Transactions on Geoscience and Remote Sensing, 2019, 57(6):3649−3660.

[3] CUI Y, YAMAGUCHI Y, YANG J, et al. On Complete Model-Based Decomposition of Polarimetric SAR Coherency Matrix Data. IEEE Trans. Geosci. Remote Sens., 2014, 52(4):1991−2001.

[4] BHATTACHARYA A, SINGH G, MANICKAM S, et al. An Adaptive General Four-Component Scattering Power Decomposition With Unitary Transformation of Coherency Matrix. IEEE Geosci. Remote Sens. Lett., 2015, 12(10):2110−2114.

[5] AN W, XIE C, LIN M. A Three-Component Decomposition Algorithm for Polarimetric SAR With the Helix Angle Compensation. IEEE Int. Geosci. Remote Sens. Symp., Beijing, China. July 2016.

[6] AN W T, LIN M S, ZOU J H. A STUDY ON PHYSICAL MEANINGS OF A UNITARY TRANSFORMATION USED IN POLARIMETRIC DECOMPOSITION. IEEE International Geoscience and Remote Sensing Symposium, Valencia, Spain. July 2018.

[7] YAMAGUCHI Y, SATO A, BOERNER W M, et al. Four-component scattering power decomposition with rotation of coherency matrix. IEEE Trans. Geosci. Remote Sens., 2011, 49(6):2251−2258.

[8] CHEN J, CHEN Y, AN W, et al. Nonlocal Filtering for Polarimetric SAR Data: A Pretest Approach. IEEE Trans. Geosci. Remote Sens., 2011, 49(5):1744−1754.

[9] The PolSARpro5.0 software and the ESR data used in this paper. (Sept. 2018) [Online]. Available: https://earth.esa.int/web/polsarpro/overview.

[10] CUI Y, ZHOU G, YANG J, et al. Unsupervised Estimation of the Equivalent Number of Looks in SAR Images. IEEE Geosci. Remote Sens. Lett., 2011, 8(4):710−714.

[11] AN W, ZHANG W, YANG J, et al. On the Similarity Parameter between Two Targets for the Case of Multi-Look Polarimetric SAR. Chinese J. electronics, 2009, 18(3):545−550.

[12] YANG J, PENG Y, LIN S. Similarity between two scattering matrices, Electronics Lett., 2001, 37(3):193−194.

第 7 章　极化对称分解

7.1　要解决的问题和创新点

本章最初的研究目标也是为了寻找一种无极化信息丢失、无负功率成分且分解结果各成分与已知物理散射模型相符的非相干极化分解方法。第 6.1.2 节指出在基于经典体散射模型、面散射模型、二次散射模型和去定向变换的基础上，寻找满足上述三个要求的非相干极化分解算法有两个研究方向：一个方向是增加一个新的酉变换；另一个方向是增加一个已知物理散射模型的新成分。

第 6 章已经介绍了一种满足这三个要求的非相干极化分解方法——反射对称分解，该方法是基于增加一个新的酉变换（螺旋角补偿）方向研究获得的，但其最后总结部分也给出了该分解方法的最大问题，即螺旋角补偿变换实际对应的物理过程目前仍不是完全明确的，即该步骤还不能说是“基于模型的”。为了克服这一问题，笔者开始尝试从增加一种新的成分角度寻找新的、严格完全的、基于模型的非相干极化分解算法。

增加一种新的成分后，算法将变为四成分的非相干极化分解算法，笔者的第一反应就是增加螺旋散射成分。因为基于增加螺旋散射的四成分非相干极化分解早在 2005 年就已由 Yamaguchi 等提出 [1−2]，随后经过了多次改进，如非负功率限制被提出并使用 [3]，去定向变换被采用 [4−5]，进一步扩展体散射模型 [6]，使用新的酉变换等 [7]。上述这类基于模型的四成分非相干极化分解算法在散射成分提取上均沿用了 Freeman 分解解决未知数个数多于方程个数的方法，因此主要存在未能彻底解决负功率成分问题和存在极化信息丢失问题。这些方法中使用了非负功率限制来消除负功率成分，本书第 4 章已指出这是一种治标不治本的方法。极化信息丢失问题主要表现在无法由分解结果完整重建原极化相干矩阵上，该类方法经常称自身为散射功率分解方法，也就是将关注重点集中在了对极化功率的分解和理解上，在一定程度上忽略了对整个极化相干矩阵信息的保留。

基于上述研究现状，笔者决定采用如下研究思路。四个成分的模型仍选择最基本的经典体散射模型、面散射模型、二次散射模型和螺旋散射模型；使用去定向变换；在散射成分提取上基于最小广义特征值方法从理论上保证不出现负功率成分；最后两种成分的提取尽量保证一定的不相关性。从实数变量角度分析上述研究思路发现，体散射成分和螺旋散射成分仅它们各自的功率值对应 2 个独立实数变量（它们的散射模型是完全确定的，没有未知变量），面散射成分和二次散射成分各自包含 3 个实数变量，再加上去定向获得的定向角这一个实数变量，刚好 9 个独立实数变量。如果仅基于上述这些信息可以完整地表示一个观测获得的极化相干矩阵，那么其算法将是一个严格完全的基于模型的非相干极化分解算法。

基于上述思路研究获得了本章将要介绍的第一个四成分非相干极化分解算法，即后文的 PSDv1 算法。可是通过实际 SAR 数据实验发现，该算法并不能很好地处理所有的极化相干矩阵数据，对于一小部分极化相干矩阵其最后一种成分在形式上并不能与面散射或二次散射模型相符。为了解决这一问题，笔者对找寻到的新算法进行了深入分析，发现了其背后隐含的物理本质——极化对称性。在理解并清晰认识了极化对称性后，通过极化对称性对使用的散射模型进行了扩展，将螺旋散射扩展为类螺旋散射，并对后两种成分的提取给出了一定基于极化对称性的理论依据。通过上述研究获得了本章要介绍的第二个算法，即后文的 PSDv2 算法。

可是通过实验发现，虽然 PSDv2 能良好处理的实际数据量要明显多于 PSDv1，但对于极少一部分极化相干矩阵，PSDv2 分解的最后一种成分仍不能与使用的散射模型相符。通过进一步分析，结合 PSDv2 的分解过程，笔者发现了基于模型的非相干极化分解算法的一种理论极限。

本章在叙述时为了简洁清晰，将不依据上述研究探索过程，而是先介绍极化对称性相关理论，然后基于极化对称性扩展散射模型，最后再直接介绍两个分解算法的具体分解流程，具体内容如下。

7.2 极化对称性（polarimetric symmetry）

7.2.1 对称性的概念

“对称性”作为一个科学用语在科学界早已是司空见惯，如在物理学中对称性已成为物理学家的一种基本思考和研究方法，但在基于模型的非相干极化分解技术领域对“对称性”思想的认识、使用和普及还非常欠缺，希望本节内容能给国内广大科研工作者以启迪。

什么是对称性？在人们日常生活中，对称性最通俗的含义是沿着某些方向的对称镜像关系上结构相同。而科学研究中的对称性是对日常生活中对称性概念的抽象和扩展。简单来说，科学研究中的对称性指研究对象在经过某种变换或操作后仍保持自身不变的性质。为了让读者更好地理解对称性的含义，这里给出一个非常著名的科学中的对称性实例：一切物理定律在所有惯性参考系中都是等价的，换一种表述就是一切物理定律在洛伦兹变换下数学形式不变，这就是爱因斯坦提出的狭义相对性原理。在对称性研究中最重要的就是德国数学家艾米·诺特提出的诺特定理（Noether theorem），其相关内容这里不再详述，感兴趣的读者可以查阅相关材料。

那么什么是极化对称性？本书介绍的极化对称性包含两层含义：基本含义是目标的极化散射（相干）矩阵或者某种极化散射特征，在经过某种变换或实际操作后仍保持不变的性质（后文有时会将这种基本含义的极化对称性简称为极化不变性）；引申含义是一个极化散射（相干）矩阵经过某种变换后变得与另一个极化散射（相干）矩阵相同，则称这两个极化散射（相干）矩阵（关于这种变换）具有极化等价性。基于基本含义的极化对称性，在极化数据分析中并不是一个新概念，第 7.3 节会给出一些具体介绍。下面以一些具体实例来进一步说明极化对称性。

7.2.2　单视数据的极化对称性

极化 SAR 单视数据中的散射矩阵信息通常以 Pauli 矢量表示，Pauli 矢量的极化对称性既包括极化不变性也包括极化等价性，下面将分别介绍。单视数据的极化对称性可能乍看起来会稍显突兀，但在进一步了解多视数据的极化对称性后（第 7.2.3 节）就可以清晰理解其含义了。

7.2.2.1　Pauli 矢量的极化等价性

一个 Pauli 矢量可以按下式理解为 3 种成分的组合：

$$\boldsymbol{k}=\begin{bmatrix}k_1\\k_2\\k_3\end{bmatrix}=\begin{bmatrix}k_1\\0\\0\end{bmatrix}+\begin{bmatrix}0\\k_2\\0\end{bmatrix}+\begin{bmatrix}0\\0\\k_3\end{bmatrix}=\boldsymbol{k}_1+\boldsymbol{k}_2+\boldsymbol{k}_3 \tag{7-1}$$

其中，$\boldsymbol{k}_1$ 成分对应球面散射；$\boldsymbol{k}_2$ 成分对应 0° 定向角的二面角散射；$\boldsymbol{k}_3$ 成分对应 45° 定向角的二面角散射。从各成分的物理含义描述中可以发现，$\boldsymbol{k}_2$ 和 $\boldsymbol{k}_3$ 成分具有一定等价性，即 $\boldsymbol{k}_3$ 成分经过 45° 定向角逆旋转后将变得与 $\boldsymbol{k}_2$ 成分等价，这一变换的数学表述如下：

$$\boldsymbol{R}\left(45^{\circ}\right)\cdot\boldsymbol{k}_3=\begin{bmatrix}1&0&0\\0&0&1\\0&-1&0\end{bmatrix}\begin{bmatrix}0\\0\\k_3\end{bmatrix}=\begin{bmatrix}0\\k_3\\0\end{bmatrix} \tag{7-2}$$

其中，$\boldsymbol{R}(\theta)$ 表示如下定向角逆旋转矩阵：

$$\boldsymbol{R}(\theta)=\begin{bmatrix}1 & 0 & 0\\0 & \cos 2\theta & \sin 2\theta\\0 & -\sin 2\theta & \cos 2\theta\end{bmatrix} \tag{7-3}$$

根据式 (7−2) 可以了解到 Pauli 矢量虽然包含 3 个成分，但其中后两个成分在定向角旋转变换下是等价的，即可以得到如下结论：Pauli 矢量后两个成分具有定向角旋转等价性。从物理含义上考虑可以认为 Pauli 矢量在考虑定向角旋转情况下仅包含两种不同散射机制的成分。

Pauli 矢量后两种成分的定向角旋转等价性会影响到很多实际的极化散射矩阵分析，下面给出一个例子。令 Pauli 矢量的 3 个成分两两组合，又可以得到三类散射矢量，分别为 $[k_1, k_2, 0]^{\mathrm{T}}$、$[k_1, 0, k_3]^{\mathrm{T}}$、$[0, k_2, k_3]^{\mathrm{T}}$，其中上标 T 表示转置。这三类散射矢量的前两类由于 Pauli 矢量后两个成分的定向角旋转等价性实际上也是等价的，下式显示在使用 45° 定向角逆旋转后第 2 类散射矢量的形式会变得与第 1 类散射矢量完全相同。

$$\boldsymbol{R}(45^{\circ})\cdot\begin{bmatrix}k_1\\0\\k_3\end{bmatrix}=\begin{bmatrix}1 & 0 & 0\\0 & 0 & 1\\0 & -1 & 0\end{bmatrix}\begin{bmatrix}k_1\\0\\k_3\end{bmatrix}=\begin{bmatrix}k_1\\k_3\\0\end{bmatrix} \tag{7-4}$$

也就是说，这三类散射矢量实际仅能表示两种不同的散射机制。

$[k_1, k_2, 0]^{\mathrm{T}}$ 和 $[k_1, 0, k_3]^{\mathrm{T}}$ 这两类散射矢量在实际极化散射矩阵分析中经常会遇到，因此科研人员应谨记其在定向角旋转变换下的等价性，从而避免某些不必要的过多分析，且可根据这一特性简化一些可能的后续分析。

7.2.2.2 Pauli 矢量共有的极化对称性

Pauli 矢量极化对称性指其对应的目标在经过某种变换后仍保持 Pauli 矢量形式不变的性质。后文有时会将这种基本含义的极化对称性简称为极化不变性。

1）180° 定向角旋转不变性

对目标围绕雷达视线方向进行 180° 定向角旋转，其 Pauli 矢量保持不变。令 $\boldsymbol{k}$ 表示任一 Pauli 矢量，180° 定向角旋转不变性用公式表示如下：

$$\boldsymbol{R}(\pm 180^{\circ})\cdot\boldsymbol{k}=\boldsymbol{k} \tag{7-5}$$

2）空间移动不变性

目标不进行三维旋转仅在保持与雷达视线相对关系不变的情况下进行空间移动，则 SAR 观测到的目标 Pauli 矢量保持不变（在忽略绝对相位的情况下）。

有关空间移动不变性这里再补充说明一下，当目标进行沿雷达视线前后空间移动时，雷

达接收到的散射信号的绝对强度会有所变化，但其极化散射矩阵是考虑了去除距离加权和地面面积归一化后获得的，在忽略绝对相位后可以认为 Pauli 矢量仍保持不变。

空间移动不变性实际隐含了目标散射特征的空间移动不变性。例如对于一辆从北京行驶到天津的汽车，如果前后两次卫星都是右侧视观测、观测时汽车车头都是朝向正南，那么在北京和在天津观测到的汽车的两次散射应该是相同的。

7.2.2.3　Pauli 矢量特殊的极化对称性

上述是所有 Pauli 矢量都具有的两种对称性，对于某些特殊 Pauli 矢量除上述两种对称性外还可具有其他对称性，这些特殊 Pauli 矢量的一个共同特征就是包含零值元素，下面分别详细介绍。

1）镜像变换对称性

具有 $[k_1, k_2, 0]^{\mathrm{T}}$ 形式 Pauli 矢量的目标，在进行垂直或水平方向镜像变换后仍保持 Pauli 矢量不变。

目标的镜像变换可以理解为 SAR 天线观测坐标系的变化，如水平镜像等价于 $E'_x = -E_x, E'_y = E_y$，垂直镜像等价于 $E'_x = E_x, E'_y = -E_y$，这两种变换对应的数学表示形式均为

$$\boldsymbol{k}' = \begin{bmatrix} 1 & 0 & 0 \\ 0 & 1 & 0 \\ 0 & 0 & -1 \end{bmatrix} \begin{bmatrix} k_1 \\ k_2 \\ k_3 \end{bmatrix} = \begin{bmatrix} k_1 \\ k_2 \\ -k_3 \end{bmatrix} \tag{7-6}$$

由式（7−6）可以发现水平或垂直的镜像变换仅影响 k_3 元素的符号，因此若 k_3 元素为零可以保证镜像变换后 Pauli 矢量形式不变。

2）90° 定向角旋转对称性

具有 $[k_1, 0, 0]^{\mathrm{T}}$ 形式 Pauli 矢量的目标，在进行 90° 或 −90° 定向角旋转变换后仍将保持 Pauli 矢量不变。这是因为 90° 或 −90° 定向角旋转的数学表示形式如下：

$$\boldsymbol{k}' = \begin{bmatrix} 1 & 0 & 0 \\ 0 & -1 & 0 \\ 0 & 0 & -1 \end{bmatrix} \begin{bmatrix} k_1 \\ k_2 \\ k_3 \end{bmatrix} = \begin{bmatrix} k_1 \\ -k_2 \\ -k_3 \end{bmatrix} \tag{7-7}$$

若 k_2 和 k_3 元素为零，则可以保证 Pauli 矢量在旋转后保持形状不变。实际上 k_1 元素对应于球面散射，其在任何定向角旋转下都是保持不变的（详情请参见本章参考文献 [8] 第 3.5.1 节）。

这里再补充说明一点，对于 Pauli 矢量形式为 $[0, k_2, k_3]^{\mathrm{T}}$ 的目标，由下式可以发现 90° 或 −90° 定向角旋转变换仅带来相位的变化，在不考虑绝对相位的情况下（如多视数据）也可认为这

类目标具有 90° 定向角旋转对称性（具体请参看 7.2.3.3 节有关内容）。

$$\boldsymbol{k}'=\begin{bmatrix}1&0&0\\0&-1&0\\0&0&-1\end{bmatrix}\begin{bmatrix}0\\k_2\\k_3\end{bmatrix}=\begin{bmatrix}0\\-k_2\\-k_3\end{bmatrix} \tag{7-8}$$

3）X 轴 Y 轴互换对称性

目标的 X 轴和 Y 轴互换变换等价于 SAR 天线坐标系下 X 轴和 Y 轴的互换，即 $E'_x=E_y, E'_y=E_x$,这一变换可以等价于对目标先进行 90°（或 −90°）定向角旋转然后再进行水平（或垂直）镜像变换，相应的其数学表示形式如下：

$$\boldsymbol{k}'=\begin{bmatrix}1&0&0\\0&-1&0\\0&0&1\end{bmatrix}\begin{bmatrix}k_1\\k_2\\k_3\end{bmatrix}=\begin{bmatrix}k_1\\-k_2\\k_3\end{bmatrix} \tag{7-9}$$

由式（7−9）可知 X 轴和 Y 轴互换变换仅影响 k_2 元素的符号，若这一元素为零值，则可以保证 Pauli 矢量具备 X 轴 Y 轴互换不变性，即具有 $[k_1, 0, k_3]^{\mathrm{T}}$ 形式的 Pauli 矢量具备 X 轴和 Y 轴互换不变性。

7.2.3 多视数据的对称性

极化 SAR 多视数据中的目标散射信息通常以极化相干矩阵 $\boldsymbol{T}$ 的形式表示，极化相干矩阵的对称性也包含等价性和不变性两类，下面分别介绍。

7.2.3.1 极化相干矩阵的定向角旋转等价性

极化相干矩阵是由 Pauli 矢量得来的，上文介绍了 Pauli 矢量后两种成分具有 45° 定向角旋转等价性，这一等价性扩展到极化相干矩阵后可以理解为如下两类极化相干矩阵也具有 45° 定向角旋转等价性：

$$\begin{bmatrix}T_{11}&T_{12}&0\\T_{12}^*&T_{22}&0\\0&0&0\end{bmatrix},\qquad\begin{bmatrix}T_{11}&0&T_{13}\\0&0&0\\T_{13}^*&0&T_{33}\end{bmatrix} \tag{7-10}$$

这一性质很容易验证，如对第一类目标进行45°定向角旋转，其形式会变为

$$\boldsymbol{R}(-45°)\begin{bmatrix}T_{11}&T_{12}&0\\T_{12}^*&T_{22}&0\\0&0&0\end{bmatrix}\boldsymbol{R}^{\mathrm{H}}(-45°)=\begin{bmatrix}T_{11}&0&T_{12}\\0&0&0\\T_{12}^*&0&T_{22}\end{bmatrix} \tag{7-11}$$

即在形式上会变得与第二类目标完全一致。

对上述等价性做进一步扩展可得到如下概念：若一个极化相干矩阵经过定向角旋转后在形式上可变得与另一个极化相干矩阵完全相同，则认为这两个极化相干矩阵具有定向角旋转下的等价性。为了描述便利，后文将该概念简称为“旋转等价性”。

7.2.3.2　极化相干矩阵共有的极化对称性

1）180° 定向角旋转不变性

极化相干矩阵具有 180° 定向角旋转不变性。令 $\boldsymbol{T}$ 表示任一极化相干矩阵，180° 定向角旋转不变性用公式表示如下

$$\boldsymbol{R}(\pm 180°)\cdot\boldsymbol{T}\cdot\boldsymbol{R}^{\mathrm{H}}(\pm 180°)=\boldsymbol{T} \tag{7-12}$$

2）空间移动不变性

目标不进行三维旋转仅在保持与雷达视线相对关系不变的情况下进行空间移动，则 SAR 观测到的目标极化相干矩阵将保持不变。这是因为极化相干矩阵是 Pauli 矢量多视平均后获得的，绝对相位对极化相干矩阵已无影响，在第 7.2.2.2 节介绍了 Pauli 矢量的空间移动不变性，因此相应地可认为极化相干矩阵也具有空间移动不变性。空间移动不变性实际隐含了目标散射特征的空间移动不变性。

7.2.3.3　极化相干矩阵特殊的对称性

上述所有极化相干矩阵都具有的两种对称性，对于某些极化相干矩阵除上述两种对称性外还可具有其他对称性，这些极化相干矩阵一个共同特征就是包含零值元素，下面分别详细介绍。

1）镜像变换对称性

具有如下形式极化相干矩阵的目标，在进行垂直或水平方向镜像变换后仍保持极化相干矩阵形式不变：

$$\boldsymbol{T}'=\begin{bmatrix} T_{11} & T_{12} & 0 \\ T_{12}^{*} & T_{22} & 0 \\ 0 & 0 & T_{33} \end{bmatrix} \tag{7-13}$$

目标的镜像变换可以理解为SAR天线坐标基的变化，如水平镜像等价于$E'_x=-E_x, E'_y=E_y$，垂直镜像等价于$E'_x=E_x, E'_y=-E_y$，这两种变换对应的数学表示形式均为

$$
\boldsymbol{T}' = \begin{bmatrix} 1 & 0 & 0 \\ 0 & 1 & 0 \\ 0 & 0 & -1 \end{bmatrix} \begin{bmatrix} T_{11} & T_{12} & T_{13} \\ T_{12}^* & T_{22} & T_{23} \\ T_{13}^* & T_{23}^* & T_{33} \end{bmatrix} \begin{bmatrix} 1 & 0 & 0 \\ 0 & 1 & 0 \\ 0 & 0 & -1 \end{bmatrix} = \begin{bmatrix} T_{11} & T_{12} & -T_{13} \\ T_{12}^* & T_{22} & -T_{23} \\ -T_{13}^* & -T_{23}^* & T_{33} \end{bmatrix} \tag{7-14}
$$

由上式可知水平和垂直镜像变换仅影响 T_{13} 和 T_{23} 元素的符号，因此若某个目标的极化相干矩阵中这两个元素为零值，则可以保证水平或垂直镜像后目标的极化相干矩阵形式不变。

2）90° 定向角旋转变换对称性

具有如下形式极化相干矩阵的目标，在进行 90° 或 −90° 定向角旋转变换后仍保持极化相干矩阵形式不变。

$$
\boldsymbol{T}' = \begin{bmatrix} T_{11} & 0 & 0 \\ 0 & T_{22} & T_{23} \\ 0 & T_{23}^* & T_{33} \end{bmatrix} \tag{7-15}
$$

目标 90° 或 −90° 定向角旋转变换的数学表示形式如下：

$$
\boldsymbol{T}' = \begin{bmatrix} 1 & 0 & 0 \\ 0 & -1 & 0 \\ 0 & 0 & -1 \end{bmatrix} \begin{bmatrix} T_{11} & T_{12} & T_{13} \\ T_{12}^* & T_{22} & T_{23} \\ T_{13}^* & T_{23}^* & T_{33} \end{bmatrix} \begin{bmatrix} 1 & 0 & 0 \\ 0 & -1 & 0 \\ 0 & 0 & -1 \end{bmatrix} = \begin{bmatrix} T_{11} & -T_{12} & -T_{13} \\ -T_{12}^* & T_{22} & T_{23} \\ -T_{13}^* & T_{23}^* & T_{33} \end{bmatrix} \tag{7-16}
$$

由上面的公式可知，90° 或 −90° 定向角旋转仅影响 T_{12} 和 T_{13} 元素的符号，若这两个元素为零值，则可以保证极化相干矩阵具备 90° 旋转不变性。

3）坐标系 X 轴 Y 轴互换变换不变性

具有如下形式极化相干矩阵的目标，在将目标进行 X 轴 Y 轴互换变换后仍能保持极化相干矩阵形式不变。

$$
\boldsymbol{T}' = \begin{bmatrix} T_{11} & 0 & T_{13} \\ 0 & T_{22} & 0 \\ T_{13}^* & 0 & T_{33} \end{bmatrix} \tag{7-17}
$$

目标的 X 轴和 Y 轴互换变换等价于 SAR 天线坐标系下的 X 轴和 Y 轴互换变换，即 $E'_x = E_y, E'_y = E_x$，这一变换等价于对目标先进行 90°（或 −90°）定向角旋转然后再进行水平（或垂直）镜像变换，因此其数学表示形式如下：

$$
\boldsymbol{T}' = \begin{bmatrix} 1 & 0 & 0 \\ 0 & -1 & 0 \\ 0 & 0 & 1 \end{bmatrix} \begin{bmatrix} T_{11} & T_{12} & T_{13} \\ T_{12}^* & T_{22} & T_{23} \\ T_{13}^* & T_{23}^* & T_{33} \end{bmatrix} \begin{bmatrix} 1 & 0 & 0 \\ 0 & -1 & 0 \\ 0 & 0 & 1 \end{bmatrix} = \begin{bmatrix} T_{11} & -T_{12} & T_{13} \\ -T_{12}^* & T_{22} & -T_{23} \\ T_{13}^* & -T_{23}^* & T_{33} \end{bmatrix} \tag{7-18}
$$

由上面的公式可知 X 轴和 Y 轴的互换变换仅影响 T_{12} 和 T_{23} 元素的符号，若这两个元素为零值，

则可以保证互换变换后极化相干矩阵形式仍保持不变。

4）定向角旋转不变性

具有如下形式相干矩阵的目标具有定向角旋转不变性：

$$\boldsymbol{T}=\begin{bmatrix}2A_0 & 0 & 0\\ 0 & B_0 & iF\\ 0 & -iF & B_0\end{bmatrix} \tag{7-19}$$

其中，A_0、B_0 为非负实数；F 为实数。有关定向角旋转不变目标在本章参考文献 [8] 第 3.5.2 节有详细叙述，读者可自行参阅。

7.2.4　有关对称性的补充说明

1）更多的对称性对应更多的零值元素

上述介绍的镜像变换对称性、90° 定向角旋转对称性、X 轴 Y 轴互换对称性在与任意的定向角旋转变换组合后可以得到更广泛的对称性组合，其对应的极化相干矩阵或 Pauli 矢量将包含更多的零值元素。典型的如具有单位矩阵形式的极化相干矩阵几乎具有所有的对称性。有关对称性组合的具体内容这里不再赘述，读者可以自行推演。

2）同一目标的不同极化散射矩阵形式

由极化对称性的介绍中可以发现，对目标的变换可以等价为 SAR 观测时坐标系的变换。实际上对于地面固定的目标，其形态和位置基本是固定的，反而是 SAR 在观测时存在升降轨、左右视、不同观测方位角、不同入射角的几何关系变化。

举一个简单的例子，如图 7-1 所示，同一个机载 SAR 系统按相同高度，但完全相反的飞行方向对地面上的同一栋房子进行两次观测，第一次观测飞机从右向左飞、右侧视观测，第二次飞机从左向右飞、左侧视观测。两次观测时的水平极化坐标轴都定义为飞机的飞行方向，垂直极化坐标轴定义为飞机和目标的连线垂直指向天空的方向。通过几何关系可以发现，这两次观测的垂直极化坐标轴是相同的，即 $V_1=V_2$；但这两次观测的水平极化坐标轴方向正好是相反的，即 $H_1=-H_2$。这一观测极化坐标系的变化正对应了目标的水平镜像变换，即 $E'_x=-E_x, E'_y=E_y$。

在分析极化数据时要始终考虑，极化散射矩阵和极化相干矩阵中的哪些数值和符号是由于 SAR 不同的观测几何关系造成的。两个在形式上不同的极化相干矩阵可能对应的是同一个目标在 SAR 不同观测几何关系下得到的不同表现形式。这一点研究人员在进行极化数据分析时要时刻注意，以避免重复和多余分析。

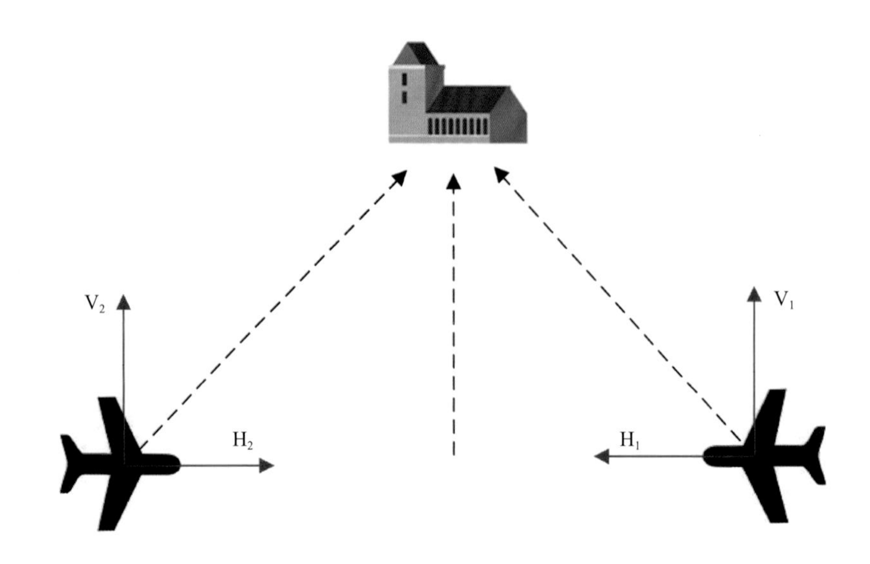

图7-1　同一SAR系统前后两次观测同一目标几何关系示意图

3）极化对称性的简单应用

第 6.4.1 节介绍了对于一个秩为 1 的极化相干矩阵，去定向变换和螺旋角补偿的组合等价于一种极化散射矩阵对角化方法。在极化相干矩阵秩不为 1 的情况下，去定向变换和螺旋角补偿的组合可以使得 T_{23} 元素置零，即任意一个极化相干矩阵经过去定向和螺旋角补偿后将具有如下形式：

$$\begin{bmatrix} T_{11} & T_{12} & T_{13} \\ T_{12}^* & T_{22} & 0 \\ T_{13}^* & 0 & T_{33} \end{bmatrix} \tag{7-20}$$

第 6.4.5 节还介绍了 Kennaugh 给出的极化散射矩阵对角化方法，该方法拓展到秩不为 1 的极化相干矩阵后，可以令极化相干矩阵具有如下形式：

$$\begin{bmatrix} T_{11} & T_{12} & 0 \\ T_{12}^* & T_{22} & T_{23} \\ 0 & T_{23}^* & T_{33} \end{bmatrix} \tag{7-21}$$

即 Kennaugh 对角化方法可以令 T_{13} 元素置零。

基于第 7.2.3.1 节介绍的极化相干矩阵的 T_{12} 和 T_{13} 元素具有 45° 定向角旋转等价性，那么必然存在一种与 Kennaugh 对角化方法等价的方法，该方法仅需在 Kennaugh 对角化方法上再附加一个 45° 定向角旋转，就可令极化相干矩阵的 T_{12} 元素置零，即其形式变为

$$\begin{bmatrix} T_{11} & 0 & T_{13} \\ 0 & T_{22} & T_{23} \\ T_{13}^* & T_{23}^* & T_{33} \end{bmatrix} \tag{7-22}$$

上述新的对角化方法，在考虑定向角旋转情况下与 Kennaugh 对角化方法是完全等价的。上述这两种等价的对角化方法，在第 6.4.5 节曾经进行过分析，因为两个方法的等价性，因此选用哪种方法都可以，也就存在多选问题，正是因为存在多选问题，反射对称分解才选择了去定向加螺旋角补偿这种不存在类似等价变换的、相对唯一的对角化方法。

7.3 极化对称性和基于模型的非相干极化分解

基于极化对称性的定义，通过对已有基于模型的极化分解算法进行分析可以发现，其中使用的散射模型通常与极化对称性具有很强的联系。极化对称性的基本含义［即目标的极化散射（相干）矩阵在经过某种变换后仍保持不变的性质］并不是一个新概念，本章参考文献 [9] 中就介绍了 3 种极化对称性：反射对称性（reflection symmetry，亦称为镜像对称性）、旋转对称性（rotation symmetry）、方位对称性（azimuthal symmetry）。

一个具有反射对称性的极化相干矩阵，在镜像变换下会保持不变，其形式为（其中上标 * 表示共轭）

$$\boldsymbol{T} = \begin{bmatrix} T_{11} & T_{12} & 0 \\ T_{12}^* & T_{22} & 0 \\ 0 & 0 & T_{33} \end{bmatrix} \tag{7-23}$$

即其 T_{13} 和 T_{23} 元素会为零值。一个具有旋转对称性的极化相干矩阵，在定向角旋转下会保持不变，其形式为

$$\boldsymbol{T} = \begin{bmatrix} 2A_0 & 0 & 0 \\ 0 & B_0 & iF \\ 0 & -iF & B_0 \end{bmatrix} \tag{7-24}$$

即其 T_{12}、T_{13} 和 $\mathrm{Re}(T_{23})$ 元素为零值，其中 F 表示一个实数，A_0 和 B_0 是非负实数 (A_0、B_0 和 F 为本章参考文献 [10] 和参考文献 [11] 中介绍的 Huynen 参数）。如果一个极化相干矩阵不仅具有反射对称性也同时具有旋转对称性，则称其具有方位对称性，其形式为

$$\boldsymbol{T} = \begin{bmatrix} 2A_0 & 0 & 0 \\ 0 & B_0 & 0 \\ 0 & 0 & B_0 \end{bmatrix} \tag{7-25}$$

即其 T_{12}、T_{13} 和 T_{23} 元素全部为零值，且 $T_{22}=T_{33}$。

笔者在研究过程中发现，基于模型的非相干极化分解中使用的散射模型大部分都具有极化对称性，下面就给出一些具体实例。Freeman 分解使用的面散射模型和二次散射模型如下：

$$\boldsymbol{T}_{\mathrm{S}}=\frac{1}{1+|\beta|^2}\begin{bmatrix}1 & \beta & 0\\ \beta^* & |\beta|^2 & 0\\ 0 & 0 & 0\end{bmatrix},\quad |\beta|\leqslant 1 \tag{7-26}$$

$$\boldsymbol{T}_{\mathrm{D}}=\frac{1}{1+|\alpha|^2}\begin{bmatrix}|\alpha|^2 & \alpha & 0\\ \alpha^* & 1 & 0\\ 0 & 0 & 0\end{bmatrix},\quad |\alpha|<1 \tag{7-27}$$

容易发现上述面散射模型和二次散射模型都具有反射对称性，且都是秩为 1 的极化相干矩阵。经典体散射模型如下：

$$\boldsymbol{T}_{\mathrm{V}}=\frac{1}{4}\begin{bmatrix}2 & 0 & 0\\ 0 & 1 & 0\\ 0 & 0 & 1\end{bmatrix} \tag{7-28}$$

可以验证 $\boldsymbol{T}_{\mathrm{V}}$ 具有方位对称性是一个秩为 3 的矩阵。Yamaguchi 分解使用的螺旋散射模型为

右螺旋散射：
$$\boldsymbol{T}_{\mathrm{H}}=\frac{1}{2}\begin{bmatrix}0 & 0 & 0\\ 0 & 1 & i\\ 0 & -i & 1\end{bmatrix} \tag{7-29}$$

左螺旋散射：
$$\boldsymbol{T}_{\mathrm{H}}=\frac{1}{2}\begin{bmatrix}0 & 0 & 0\\ 0 & 1 & -i\\ 0 & i & 1\end{bmatrix} \tag{7-30}$$

可以验证 $\boldsymbol{T}_{\mathrm{H}}$ 具有旋转对称性，且均是秩为 1 的矩阵。Yamaguchi 分解使用的扩展体散射模型如下：

$$\boldsymbol{T}_{\mathrm{vol}}=\frac{1}{30}\begin{bmatrix}15 & \pm 5 & 0\\ \pm 5 & 7 & 0\\ 0 & 0 & 8\end{bmatrix} \tag{7-31}$$

可以验证 $\boldsymbol{T}_{\mathrm{vol}}$ 具有反射对称性，是一个秩为 3 的矩阵。

基于上述分析，一个新的想法出现在了笔者脑海中。对于具有某种极化对称性的极化相干矩阵，可以较容易根据其极化对称性分析出其对应的实际物理散射机制。也就说，对于具有极化对称性的极化相干矩阵，容易建立与之相符的极化散射模型。因此，如果能找到一种

非相干极化分解方法可以将一个极化相干矩阵完全分解为多个具有极化对称性的成分的和，也就基本等价于找到了一个新的基于模型的非相干极化分解算法。请注意，这里所述的完全分解指的是分解过程中无极化信息丢失，即可由分解结果完整重建原极化相干矩阵。

为了寻找可以将任意一个极化相干矩阵非相干完全分解为几个具有极化对称性成分的分解方法，笔者首先基于极化对称性给出了 3 个新的散射模型，随后以其为基础研究发现了极化对称分解 [12]。接下来首先介绍这 3 个新的散射模型，随后分两个版本介绍极化对称分解。

7.4　使用的散射模型

为了寻找基于极化对称性成分的非相干极化分解算法，需要先确定各成分的散射模型，且这些模型都要具有极化对称性。笔者通过如下分析过程确定了要使用的散射模型。

通过观察已有散射模型可以发现，除了体散射模型以外，其他散射模型基本都具有如下两个属性：（1）散射模型需要是一个秩为 1 的极化相干矩阵；（2）散射模型通常只具有两个通道的散射功率。例如，二次散射模型式 (7−27) 是一个秩为 1 的极化相干矩阵，仅包括 T_{11} 和 T_{22} 两个通道的功率；式 (7−29) 所示的右螺旋散射模型同样秩为 1 且仅具有 T_{22} 和 T_{33} 两个通道的功率。如果强制一个极化相干矩阵必须满足上述两个属性，那么可以推导出其只具有如下 3 种形式：

$$\boldsymbol{T}_{\mathrm{M1}}=\begin{bmatrix} T_{11} & T_{12} & 0 \\ T_{12}^{*} & T_{22} & 0 \\ 0 & 0 & 0 \end{bmatrix} \tag{7-32}$$

$$\boldsymbol{T}_{\mathrm{M2}}=\begin{bmatrix} T_{11} & 0 & T_{13} \\ 0 & 0 & 0 \\ T_{13}^{*} & 0 & T_{33} \end{bmatrix} \tag{7-33}$$

$$\boldsymbol{T}_{\mathrm{M3}}=\begin{bmatrix} 0 & 0 & 0 \\ 0 & T_{22} & T_{23} \\ 0 & T_{23}^{*} & T_{33} \end{bmatrix} \tag{7-34}$$

式 (7−32)、式 (7−33)、式 (7−34) 所示的 3 个秩为 1 的极化相干矩阵，正对应了笔者寻找到的 3 个具有极化对称性的散射模型。下面分别分析每个模型所具有的极化对称性以及其对应的物理散射机制。

7.4.1 模型一

对于式 (7−32) 所示的模型一，容易验证其具有反射对称性。至于其对应的散射机制，因为 $\boldsymbol{T}_{\mathrm{M1}}$ 是一个秩为 1 的极化相干矩阵，当 $T_{11} \geqslant T_{22}$ 时其在形式上与式 (7−26) 面散射模型相符，即对应面散射；当 $T_{11} < T_{22}$ 时其在形式上与式 (7−27) 二次散射模型相符，即对应二次散射。

7.4.2 模型二

模型二的分析要涉及第 7.2 节介绍的极化对称性中的等价性。对于一个定义在 Pauli 基上的极化相干矩阵，其 T_{22} 通道对应 0° 定向角的二面角散射，T_{33} 通道对应 45° 定向角的二面角散射。如果忽略它们之间的定向角差别，这两个通道对应的都是二面角散射，即它们的散射机制是相同的。笔者建议将这一现象称为旋转等价性（rotation equivalence，即一种特定的极化等价性，详见第 7.2.3.1 节）。

因为 T_{22} 和 T_{33} 具有旋转等价性，因此 T_{12} 和 T_{13} 也具有旋转等价性，相应的模型二与模型一也具有旋转等价性。如果对模型二进行去定向变换，得到的定向角为 45°，去定向的结果如下：

$$\boldsymbol{R}(45°)\begin{bmatrix} T_{11} & 0 & T_{13} \\ 0 & 0 & 0 \\ T_{13}^{*} & 0 & T_{33} \end{bmatrix}\boldsymbol{R}^{\mathrm{H}}(45°)=\begin{bmatrix} T_{11} & T_{13} & 0 \\ T_{13}^{*} & T_{33} & 0 \\ 0 & 0 & 0 \end{bmatrix} \tag{7-35}$$

上式等号右面的形式与模型一完全相同。综上所述，可以认为模型二是模型一经过 45° 定向角旋转后的结果。

可以验证模型二经过 45° 定向角逆旋转后如式 (7−35) 等号右侧所示的形式具有反射对称性。如果一个极化相干矩阵在经过某一角度的定向角旋转后会具有反射对称性，笔者建议称这一极化相干矩阵具有旋转反射对称性（rotation reflection symmetry）。旋转反射对称性可以看作是对反射对称性在考虑定向角情况下的一种扩展，它与旋转对称性和方位对称性均不相同。旋转对称性和方位对称性都意味着极化相干矩阵不随定向角旋转而变化，而具有旋转反射对称性的极化相干矩阵，其形式会随着定向角旋转而变化。总之，模型二具有旋转反射对称性。

至于模型二对应的散射机制，根据式 (7−35) 等号右侧的形式可知：如果 $T_{11} \geqslant T_{33}$，模型二对应面散射；如果 $T_{11} < T_{33}$，模型二对应二次散射。

7.4.3　模型三

为了分析模型三的散射机制，首先对其使用去定向变换，其形式变为

$$\boldsymbol{T}'_{\mathrm{M3}}=\frac{T_{22}+T_{33}}{1+f^2}\begin{bmatrix}0 & 0 & 0\\ 0 & 1 & \pm\mathrm{i}f\\ 0 & \mp\mathrm{i}f & f^2\end{bmatrix} \tag{7-36}$$

其中，$1\geqslant f\geqslant 0$。式(7−36)等号右侧的第一部分为一个正数，其分子是总功率，分母是与后面矩阵相对应的一个归一化系数。式(7−36)等号右侧的第二部分是一个秩为1的极化相干矩阵，仅包括参数f一个变量。为了分析模型三的散射机制，将式(7−36)等号右侧的第二部分转换为其对应的Pauli矢量，然后对其进行如下相干分解

$$\boldsymbol{k}_{\mathrm{M3}}=\begin{bmatrix}0\\ 1\\ \mp\mathrm{i}f\end{bmatrix}=\begin{bmatrix}0\\ 1-f\\ 0\end{bmatrix}+\begin{bmatrix}0\\ f\\ \mp\mathrm{i}f\end{bmatrix} \tag{7-37}$$

式(7−37)最右侧的第一个矢量对应于0°定向角的二面角散射，第二个矢量对应于螺旋散射。因此，可以认为模型三是二次散射（即二面角散射的扩展）和螺旋散射的组合。若f=0，其仅对应于二次散射；若f=1，其仅对应于螺旋散射。为了叙述方便，笔者后文将模型三所示的散射称为“类螺旋散射”（另见第6.4.3节）。

至于极化对称性，可以验证模型三具有90°定向角旋转不变性。如果限制模型三中参数f的值为1，则模型三退化为螺旋散射模型，这种情况下它具有旋转对称性。

因为旋转对称性要比90°定向角旋转对称性更加严格，且螺旋散射不包括未知参数f，因此在寻找基于极化对称性的非相干极化分解算法时，将首先考虑使用螺旋散射，在螺旋散射不能获得理想的分解结果时，才考虑将其扩展为类螺旋散射（即模型三）。

7.4.4　其他散射模型

通过观察发现，所有基于模型的非相干极化分解算法中都包括体散射成分，用于表示其他多种散射成分充分非相干叠加后对应的散射成分。因此在寻找基于极化对称性的非相干极化分解算法过程中，也考虑使用式(7−28)所示的经典体散射模型，用于表示模型一、模型二、模型三充分非相干叠加形成的复杂散射成分。

同时，从本节前面的叙述中可以发现，在模型二和模型三的分析过程中都使用了去定向变换，因此在寻找基于极化对称性的非相干极化分解算法过程中也将考虑使用去定向变换。

基于上面叙述的 4 种散射模型，研究获得了一种新的非相干极化分解算法。为了叙述方便，后文将该方法简称为极化对称分解（polarimetric symmetry decomposition，PSD）。极化对称分解包括两个版本。版本一非常简洁，但对于小部分极化相干矩阵，其结果中最后一种成分不具有极化对称性。版本二相对比较复杂，但从极化对称性角度来说具有更好的分解结果。笔者认为，这两种分解算法均具有实际应用价值，因此在下面两节将对其分别详细介绍。

7.5 分解算法（版本一）

极化对称分解版本一（PSDv1）的整个计算流程如图 7-2 所示，下面详细介绍其 4 个成分的提取方法。

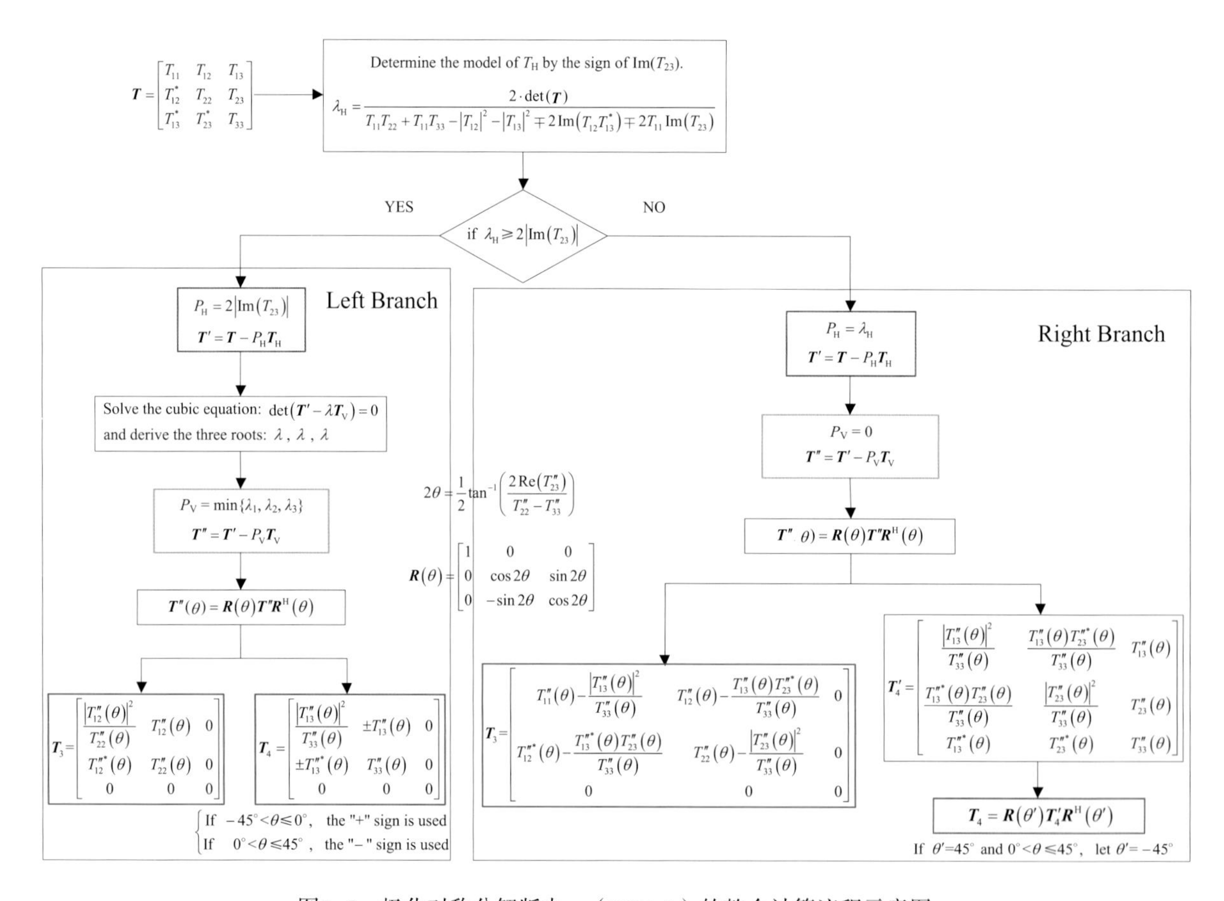

图7-2　极化对称分解版本一（PSDv1）的整个计算流程示意图

7.5.1 螺旋散射成分提取

螺旋散射成分的确定主要涉及待分解极化相干矩阵 $\boldsymbol{T}$ 的 $\mathrm{Im}(T_{23})$ 元素。首先，基于

$\mathrm{Im}(T_{23})$ 元素的符号，确定使用哪一种螺旋散射模型 $\boldsymbol{T}_{\mathrm{H}}$。若 $\mathrm{Im}(T_{23}) \geqslant 0$，则选用式 (7−29) 所示的右螺旋散射模型；若 $\mathrm{Im}(T_{23}) < 0$，则使用式 (7−30) 所示的左螺旋散射模型。

一个最直接也是最简单确定螺旋散射成分功率的方法是令 $P_{\mathrm{H}} = 2|\mathrm{Im}(T_{23})|$，这是 Yamaguchi 类四成分分解方法通常使用的方法。但是这种确定方法有一个缺点，那就是提取出螺旋散射成分后剩余矩阵 $\boldsymbol{T}-P_{\mathrm{H}}\boldsymbol{T}_{\mathrm{H}}$ 可能包含负特征值，即 $\boldsymbol{T}-P_{\mathrm{H}}\boldsymbol{T}_{\mathrm{H}}$ 已不再是一个具有实际物理意义的极化相干矩阵了。为了克服这一问题，极化对称分解使用如下过程确定 P_{H}。

首先，计算出由待分解极化相干矩阵中可提取出的最大可能螺旋散射成分功率值。也就是说，在提取出螺旋散射成分后，如式 (7−38) 所示的剩余矩阵 $\boldsymbol{T}'$ 仍需要是一个具有实际物理意义的极化相干矩阵，即无负特征值：

$$\boldsymbol{T}' = \boldsymbol{T} - P_{\mathrm{H}}\boldsymbol{T}_{\mathrm{H}} \tag{7-38}$$

根据式 (7−38) 可以发现，若 $P_{\mathrm{H}} = 0$ 则矩阵 $\boldsymbol{T}'$ 的 3 个特征值将与待分解极化相干矩阵 $\boldsymbol{T}$ 的特征值完全相同，对于实际全极化 SAR 数据来说通常都为正实数。随着 P_{H} 的值从零开始增大，矩阵 $\boldsymbol{T}'$ 的特征值将变得越来越小。当 P_{H} 的值增大到某一个特定值时，矩阵 $\boldsymbol{T}'$ 的一个特征值将变为零（另 2 个特征值仍大于零），如果再继续增加 P_{H} 的值，矩阵 $\boldsymbol{T}'$ 一定会出现负特征值。因此，当矩阵 $\boldsymbol{T}'$ 仅有一个特征值为零时的特定 P_{H} 值就是最大可能螺旋散射功率值。该特定值可以通过求解如下方程获得：

$$\det(\boldsymbol{T} - \lambda_{\mathrm{H}}\boldsymbol{T}_{\mathrm{H}}) = 0 \tag{7-39}$$

其中，$\det(\cdot)$ 表示矩阵的行列式。将依据 $\mathrm{Im}(T_{23})$ 元素符号选定的螺旋散射模型 $\boldsymbol{T}_{\mathrm{H}}$ 代入式 (7−39)，可以验证该方程仅是一个一阶实数方程，其解为

$$\lambda_{\mathrm{H}} = \frac{2\cdot\det(\boldsymbol{T})}{T_{11}T_{22} + T_{11}T_{33} - |T_{12}|^2 - |T_{13}|^2 \mp 2\,\mathrm{Im}\left(T_{12}T_{13}^*\right) \mp 2T_{11}\,\mathrm{Im}\left(T_{23}\right)} \tag{7-40}$$

其中，“−”号对应右螺旋散射模型；“+”号对应左螺旋散射模型。

在获得了最大可能螺旋散射功率值 λ_{H} 后，通过下式最终确定螺旋散射成分的功率值

$$P_{\mathrm{H}} = \begin{cases} 2\left|\mathrm{Im}\left(T_{23}\right)\right|, & \text{若 } \lambda_{\mathrm{H}} \geqslant 2\left|\mathrm{Im}\left(T_{23}\right)\right| \\ \lambda_{\mathrm{H}}, & \text{其他} \end{cases} \tag{7-41}$$

即仅当最大可能螺旋散射功率值 $\lambda_{\mathrm{H}} \geqslant 2|\mathrm{Im}(T_{23})|$ 时，才令 P_{H} 的值为 $2|\mathrm{Im}(T_{23})|$；其他情况下，仅令 P_{H} 的值为 λ_{H} 以保证剩余矩阵 $\boldsymbol{T}'$ 中不会出现负特征值。

在通过式 (7−41) 确定了 P_{H} 值后，基于式 (7−38) 将螺旋散射成分由待分解极化相干矩阵

中提取出，剩余矩阵 $\boldsymbol{T}'$ 将用来提取后续三个成分。

基于式 (7-41) 所示的两种 P_{H} 值确定方法，PSDv1 算法如图 7-2 所示形成了两个分支，接下来首先介绍其中的左分支，因为对于一景实际极化 SAR 数据其中的大部分极化相干矩阵都是通过左分支进行处理的（第 7.7.1 节实验内容将验证这一点）。右分支将在第 7.5.4 节进行介绍。

7.5.2 体散射成分提取

体散射模型选用的是式 (7-28) 所示的经典体散射模型。体散射成分提取时将计算出由剩余矩阵中可提取出的最大可能体散射成分功率值。在本章参考文献 [13] 中，van Zyl 等指出，为了保证分解结果中不出现负功率成分需要采用非负特征值限制，也就是说，如式 (7-42) 所示，在提取出体散射成分功率后，剩余矩阵 $\boldsymbol{T}''$ 仍需要是一个具有实际物理意义的极化相干矩阵，即无负特征值：

$$\boldsymbol{T}'' = \boldsymbol{T}' - P_{\mathrm{V}}\boldsymbol{T}_{\mathrm{V}} \tag{7-42}$$

本章参考文献 [13] 中，针对任意极化相干矩阵寻找最大可能的 P_{V} 值使用了一种迭代寻优的方法，计算比较繁琐。参考文献 [14] 中 Cui 等学者证明了 P_{V} 的最大可能值正是如下广义特征值问题的最小特征值：

$$\boldsymbol{T}'x = \lambda\boldsymbol{T}_{\mathrm{V}}x \tag{7-43}$$

因此，仅需要求解如下三阶实数方程

$$\det(\boldsymbol{T}' - \lambda\boldsymbol{T}_{\mathrm{V}}) = 0 \tag{7-44}$$

获得其 3 个解也就是 3 个特征值 $\lambda_1, \lambda_2, \lambda_3$ 后，令 $P_{\mathrm{V}} = \min(\lambda_1, \lambda_2, \lambda_3)$，其中 $\min(\cdot)$ 表示取最小值。第 5.4.1 节给出了式 (7-44) 所示的三阶实数方程的一种解析快速求解方法。

上述基于最小广义特征值的散射成分提取方法，实际在极化对称分解的螺旋散射成分提取（第 7.5.1 节）和类螺旋散射成分提取（第 7.6.1 节）过程中都进行了使用。本章参考文献 [13] 和参考文献 [14] 中给出的两个分解算法最大的问题在于其分解结果中最后一种成分不能与已知物理散射模型相符，而 PSD 分解的最后一种成分对于绝大多数实际极化相干矩阵来说，在形式上都能与面散射模型或二次散射模型相符，这一点在第 7.7.1 节实验部分将给出验证。

在确定了 P_{V} 的值后，基于式 (7-42) 由矩阵 $\boldsymbol{T}'$ 中提取出体散射成分。因为 $\det(\boldsymbol{T}'') = \det(\boldsymbol{T}' - P_{\mathrm{V}}\boldsymbol{T}_{\mathrm{V}}) = 0$，因此体散射成分提取后剩余矩阵 $\boldsymbol{T}''$ 的秩最大为 2。

7.5.3 另两个散射成分的提取

首先对剩余矩阵 $\boldsymbol{T}''$ 进行去定向变换如下：

$$\boldsymbol{T}''(\theta)=\boldsymbol{R}(\theta)\,\boldsymbol{T}''\boldsymbol{R}^{\mathrm{H}}(\theta) \tag{7-45}$$

其中，上标 H 表示共轭转置

$$\boldsymbol{R}(\theta)=\begin{bmatrix}1 & 0 & 0\\ 0 & \cos 2\theta & \sin 2\theta\\ 0 & -\sin 2\theta & \cos 2\theta\end{bmatrix}$$

$$2\theta=\frac{1}{2}\tan^{-1}\left[\frac{2\operatorname{Re}\left(T''_{23}\right)}{T''_{22}-T''_{33}}\right] \tag{7-46}$$

定向角 θ 的取值范围限定为 $(-45°, 45°]$。在去定向变换之后，$\operatorname{Re}\left(T''_{23}(\theta)\right)$ 元素变为零，且 $T''_{22}(\theta)\geqslant T''_{33}(\theta)$，其中 $\operatorname{Re}(\cdot)$ 表示取复数的实部。值得指出的一点是，去定向变换也可以应用于螺旋散射成分提取之前，即直接应用于原待分解极化相干矩阵。式 (7−46) 计算出的定向角度值 θ，与直接基于原待分解极化相干矩阵计算出的定向角度值是相同的。且可以验证去定向变换应用的先后顺序不会影响极化对称分解的结果。也就是说，去定向变换在螺旋散射提取和体散射提取过程中的位置是可变的，PSDv1 的结果将保持不变，这点读者可自行验证。

对于 PSDv1 的左分支，$P_{\mathrm{H}}=2|\operatorname{Im}(T_{23})|$。在提取了螺旋散射成分后，矩阵 $\boldsymbol{T}'$ 的 $\operatorname{Im}\left(T''_{23}\right)$ 元素变为零。相应地，在提取出体散射成分后，矩阵 $\boldsymbol{T}''$ 的 $\operatorname{Im}\left(T''_{23}\right)$ 元素也为零。再经过去定向变换令 $\operatorname{Re}\left(T''_{23}(\theta)\right)$ 元素也变为零后，矩阵 $\boldsymbol{T}''(\theta)$ 的形式如下：

$$\boldsymbol{T}''(\theta)=\begin{bmatrix}T''_{11}(\theta) & T''_{12}(\theta) & T''_{13}(\theta)\\ T''^{*}_{12}(\theta) & T''_{22}(\theta) & 0\\ T''^{*}_{13}(\theta) & 0 & T''_{33}(\theta)\end{bmatrix} \tag{7-47}$$

如式 (7−47) 所示，$T''_{23}(\theta)$ 元素为零，这意味着 $T''_{22}(\theta)$ 和 $T''_{33}(\theta)$ 通道是不相关的。因此基于 $T''_{22}(\theta)$ 和 $T''_{33}(\theta)$ 这两个不相关的通道将矩阵 $\boldsymbol{T}''(\theta)$ 分解为两部分，具体如下：

$$\boldsymbol{T}''(\theta)=\boldsymbol{T}_3+\boldsymbol{T}'_4 \tag{7-48}$$

其中 $\boldsymbol{T}_3$ 和 $\boldsymbol{T}'_4$ 正对应了左分支的第三成分和第四成分，其具体形式如下：

$$\boldsymbol{T}'_4=\begin{bmatrix}\dfrac{\left|T''_{13}(\theta)\right|^2}{T''_{33}(\theta)} & 0 & T''_{13}(\theta)\\ 0 & 0 & 0\\ T''^{*}_{13}(\theta) & 0 & T''_{33}(\theta)\end{bmatrix} \tag{7-49}$$

$$\boldsymbol{T}_3=\begin{bmatrix} T''_{11}(\theta)-\dfrac{\left|T''_{13}(\theta)\right|^2}{T''_{33}(\theta)} & T''_{12}(\theta) & 0 \\ T''^{*}_{12}(\theta) & T''_{22}(\theta) & 0 \\ 0 & 0 & 0 \end{bmatrix} \tag{7-50}$$

容易发现，$\boldsymbol{T}'_4$ 是一个秩为 1 的极化相干矩阵，它仅由矩阵 $\boldsymbol{T}''(\theta)$ 的最后一列数据所决定。对于实际极化 SAR 数据来说，矩阵 $\boldsymbol{T}''(\theta)$ 的秩通常都是 2，因此可以推导出矩阵 $\boldsymbol{T}_3$ 的秩也为 1，进而可以推导出

$$T''_{11}(\theta)-\frac{\left|T''_{13}(\theta)\right|^2}{T''_{33}(\theta)}=\frac{\left|T''_{12}(\theta)\right|^2}{T''_{22}(\theta)} \tag{7-51}$$

也就是说，$\boldsymbol{T}_3$ 的最终形式可以表示为

$$\boldsymbol{T}_3=\begin{bmatrix} \dfrac{\left|T''_{12}(\theta)\right|^2}{T''_{22}(\theta)} & T''_{12}(\theta) & 0 \\ T''^{*}_{12}(\theta) & T''_{22}(\theta) & 0 \\ 0 & 0 & 0 \end{bmatrix} \tag{7-52}$$

将式 (7−52) 与式 (7−32) 比较可以发现，$\boldsymbol{T}_3$ 成分在形式上与模型一严格相符。因此可使用如下准则判定其散射机制：

若 $\dfrac{\left|T''_{12}(\theta)\right|^2}{T''_{22}(\theta)}\geqslant T''_{22}(\theta)$，$\boldsymbol{T}_3$ 对应面散射；

若 $\dfrac{\left|T''_{12}(\theta)\right|^2}{T''_{22}(\theta)}< T''_{22}(\theta)$，$\boldsymbol{T}_3$ 对应二次散射。

至于第四成分 $\boldsymbol{T}'_4$ 在形式上与模型二相符。为了明确其散射机制，可对其进行去定向变换，计算获得定向角结果为 45°。不过，为了保证所有分解成分与原极化相干矩阵在定向角上的差别不会超过 45°，在有些情况下将使用 −45° 替代 45° 进行定向角逆旋转。即第四成分的最终形式如下：

$$\boldsymbol{T}_4=\boldsymbol{R}(\pm 45^\circ)\boldsymbol{T}'_4\boldsymbol{R}^{\mathrm{H}}(\pm 45^\circ)=\begin{bmatrix} \dfrac{\left|T'_{13}(\theta)\right|^2}{T'_{33}(\theta)} & \pm T'_{13}(\theta) & 0 \\ \pm T'^{*}_{13}(\theta) & T'_{33}(\theta) & 0 \\ 0 & 0 & 0 \end{bmatrix} \tag{7-53}$$

其中，“±”号的选择要保证 $\theta\pm 45^\circ$ 的值域范围仍然是 $(-45^\circ, 45^\circ]$，即若 $-45^\circ<\theta\leqslant 0^\circ$，使用“+”号；若 $0^\circ<\theta\leqslant 45^\circ$，使用“−”号。

值得指出的是，式 (7−53) 中“±”号的选取在物理上还是很重要的。举例来说，如果仅使用“+”号，那么第四成分 $\boldsymbol{T}_4$ 与原观测获得的极化相干矩阵 $\boldsymbol{T}$ 之间相差的定向角将始终为 θ+45°。这种情况下若 θ=45°，那么 $\boldsymbol{T}_4$ 与 $\boldsymbol{T}$ 之间的定向角差别就是 90°，这会使得 $\boldsymbol{T}$ 矩阵对应的 HH 极化通道在 $\boldsymbol{T}_4$ 中对应的是 VV 极化通道，而 $\boldsymbol{T}$ 矩阵对应的 VV 极化通道在 $\boldsymbol{T}_4$ 中对应的是 HH 极化通道。也就是说，如果 $0° < \theta \leqslant 45°$ 且仅使用“+”号，$\boldsymbol{T}_4$ 与 $\boldsymbol{T}$ 矩阵之间的 HH 极化通道和 VV 极化通道将互相交换。对于基于模型的非相干极化分解，这种会导致分解结果中某一成分和原极化相干矩阵的 HH 极化通道和 VV 极化通道互相交换的大角度定向角旋转应该是需要尽量避免的。因此，在式 (7−53) 中需要通过选择“±”号，以使得 θ 和 $\theta \pm 45°$ 的值域范围都为 $(-45°, 45°]$。

第四成分 $\boldsymbol{T}_4$ 的形式与模型一相符，因此可以基于如下准则确定其散射机制：

若 $\dfrac{\left|T''_{13}(\theta)\right|^2}{T''_{33}(\theta)} \geqslant T''_{33}(\theta)$，$\boldsymbol{T}_4$ 对应面散射；

若 $\dfrac{\left|T''_{13}(\theta)\right|^2}{T''_{33}(\theta)} < T''_{33}(\theta)$，$\boldsymbol{T}_4$ 对应二次散射。

在确定了 $\boldsymbol{T}_3$ 和 $\boldsymbol{T}_4$ 对应的散射机制后，计算面散射功率 P_{S} 和二次散射功率 P_{D} 的过程具体如下。令 tr(·) 表示矩阵的迹，即矩阵对角线元素的和；若 $\boldsymbol{T}_3$ 对应面散射，$\boldsymbol{T}_4$ 对应二次散射，则 $P_{\mathrm{S}}=\mathrm{tr}(\boldsymbol{T}_3)$，$P_{\mathrm{D}}=\mathrm{tr}(\boldsymbol{T}_4)$；若 $\boldsymbol{T}_3$ 对应二次散射，$\boldsymbol{T}_4$ 对应面散射，则 $P_{\mathrm{S}}=\mathrm{tr}(\boldsymbol{T}_4)$，$P_{\mathrm{D}}=\mathrm{tr}(\boldsymbol{T}_3)$；若 $\boldsymbol{T}_3$ 和 $\boldsymbol{T}_4$ 都对应面散射，则 $P_{\mathrm{S}}=\mathrm{tr}(\boldsymbol{T}_3)+\mathrm{tr}(\boldsymbol{T}_4)$，$P_{\mathrm{D}}=0$；若 $\boldsymbol{T}_3$ 和 $\boldsymbol{T}_4$ 都对应二次散射，则 $P_{\mathrm{S}}=0$，$P_{\mathrm{D}}=\mathrm{tr}(\boldsymbol{T}_3)+\mathrm{tr}(\boldsymbol{T}_4)$。

7.5.4　PSDv1 的右分支

PSDv1 右分支的处理过程实际与其左分支完全一样，它与左分支的不同完全是由于输入的不同造成的。在提取完螺旋散射成分后，右分支输入矩阵中 $\mathrm{Im}\left(T''_{23}\right)$ 元素值不为零，而左分支输入矩阵中 $\mathrm{Im}\left(T''_{23}\right)$ 元素值为零。右分支和左分支的不同完全是由于这一输入的不同造成的，具体如下。

对于 PSDv1 的右分支，在由剩余矩阵 $\boldsymbol{T}'$ 提取体散射成分时，仍使用第 7.5.2 节介绍的基于最小广义特征值提取最大可能功率体散射成分的方法。因为对于右分支来说之前螺旋散射成分提取的结果为 $P_{\mathrm{H}}=\lambda_{\mathrm{H}}$，因此提取完螺旋散射成分后剩余的矩阵 $\boldsymbol{T}'$ 的秩为 2。容易验证，基于式 (7−44) 计算出的最小广义特征值为零。也就是说，对于右分支 $P_{\mathrm{V}}=0$，即对于右分支

的输入剩余矩阵 $\boldsymbol{T}'$，其中已不能再提取出任何体散射成分了。不过为了保持与左分支在表述上的一致性，仍在右分支中使用 $\boldsymbol{T}''=\boldsymbol{T}'-P_{\mathrm{V}}\boldsymbol{T}_{\mathrm{V}}$ 表示体散射成分提取过后的剩余矩阵。

为了提取另两个成分，仍首先对矩阵 $\boldsymbol{T}''$ 进行去定向变换，结果如下：

$$\boldsymbol{T}''(\theta)=\boldsymbol{R}(\theta)\boldsymbol{T}''\boldsymbol{R}^{\mathrm{H}}(\theta)=\begin{bmatrix} T''_{11}(\theta) & T''_{12}(\theta) & T''_{13}(\theta) \\ T''^{*}_{12}(\theta) & T''_{22}(\theta) & T''_{23}(\theta) \\ T''^{*}_{13}(\theta) & T''^{*}_{23}(\theta) & T''_{33}(\theta) \end{bmatrix} \tag{7-54}$$

其中，$T''_{23}(\theta)$ 元素仅包括虚部。随后，仍将矩阵 $\boldsymbol{T}''(\theta)$ 依据其 $T''_{22}(\theta)$ 和 $T''_{33}(\theta)$ 通道数据分解为两个部分如下：

$$\boldsymbol{T}''(\theta)=\boldsymbol{T}_3+\boldsymbol{T}'_4 \tag{7-55}$$

其中，$\boldsymbol{T}_3$ 和 $\boldsymbol{T}'_4$ 正对应了右分支的第三成分和第四成分，其具体形式如下：

$$\boldsymbol{T}'_4=\begin{bmatrix} \dfrac{\left|T''_{13}(\theta)\right|^2}{T''_{33}(\theta)} & \dfrac{T''_{13}(\theta)T''^{*}_{23}(\theta)}{T''_{33}(\theta)} & T''_{13}(\theta) \\ \dfrac{T''^{*}_{13}(\theta)T''_{23}(\theta)}{T''_{33}(\theta)} & \dfrac{\left|T''_{23}(\theta)\right|^2}{T''_{33}(\theta)} & T''_{23}(\theta) \\ T''^{*}_{13}(\theta) & T''^{*}_{23}(\theta) & T''_{33}(\theta) \end{bmatrix} \tag{7-56}$$

$$\boldsymbol{T}_3=\begin{bmatrix} T''_{11}(\theta)-\dfrac{\left|T''_{13}(\theta)\right|^2}{T''_{33}(\theta)} & T''_{12}(\theta)-\dfrac{T''_{13}(\theta)T''^{*}_{23}(\theta)}{T''_{33}(\theta)} & 0 \\ T''^{*}_{12}(\theta)-\dfrac{T''^{*}_{13}(\theta)T''_{23}(\theta)}{T''_{33}(\theta)} & T''_{22}(\theta)-\dfrac{\left|T''_{23}(\theta)\right|^2}{T''_{33}(\theta)} & 0 \\ 0 & 0 & 0 \end{bmatrix} \tag{7-57}$$

容易发现，$\boldsymbol{T}'_4$ 是一个秩为 1 的极化相干矩阵，它仍仅由矩阵 $\boldsymbol{T}''(\theta)$ 的最后一列数据决定。对于实际极化 SAR 数据来说，矩阵 $\boldsymbol{T}''(\theta)$ 的秩通常都是 2，因此可以推导出矩阵 $\boldsymbol{T}_3$ 的秩也为 1，继而可以发现矩阵 $\boldsymbol{T}_3$ 与模型一相符。相应的第三成分 $\boldsymbol{T}_3$ 的散射机制可以使用如下准则进行判定：

若 $\left[T''_{11}(\theta)-\dfrac{\left|T''_{13}(\theta)\right|^2}{T''_{33}(\theta)}\right]\geqslant\left[T''_{22}(\theta)-\dfrac{\left|T''_{23}(\theta)\right|^2}{T''_{33}(\theta)}\right]$，$\boldsymbol{T}_3$ 对应面散射；

若 $\left[T''_{11}(\theta)-\dfrac{\left|T''_{13}(\theta)\right|^2}{T''_{33}(\theta)}\right]<\left[T''_{22}(\theta)-\dfrac{\left|T''_{23}(\theta)\right|^2}{T''_{33}(\theta)}\right]$，$\boldsymbol{T}_3$ 对应二次散射。

为了分析第四个成分 $\boldsymbol{T}'_4$ 的散射机制，仍首先对其进行去定向变换，结果如下：

$$\boldsymbol{T}_4 = \boldsymbol{R}(\theta')\boldsymbol{T}'_4\boldsymbol{R}^{\mathrm{H}}(\theta') \tag{7-58}$$

由于之前式 (7−54) 已进行过一次去定向，且结果中 $T''_{23}(\theta)$ 元素仅包括虚部，因此上式去定向变换结果中的定向角 θ' 只有 0° 和 45° 两个结果值。对于 0° 的结果也就是不再需要定向角逆旋转了。对于 45° 的结果，仍再附加要求 $\theta+\theta'$ 的值域范围必须是 (−45°, 45°]，即若 $-45° < \theta \leqslant 0°$，则令 $\theta'=45°$；若 $0° < \theta \leqslant 45°$，则令 $\theta'=-45°$。值得指出的一点是，$\theta'=45°$ 和 $\theta'=-45°$ 对于矩阵 $\boldsymbol{T}_4$ 的影响根据式 (7−16) 的 90° 定向角旋转变换可知，各自式 (7−58) 结果中 $\boldsymbol{T}_4$ 矩阵的 T_{12} 和 T_{13} 元素将相差一个负号。

由第 7.7.2 节实验结果知，对于 PSDv1 右分支的 $\boldsymbol{T}_4$ 矩阵，其 T_{33} 元素仅占全部极化总功率的很小一部分。因此，与左分支相同，仍使用如下准则判定矩阵 $\boldsymbol{T}_4$ 所对应的散射机制：若其 $T_{11} \geqslant T_{22}$，则 $\boldsymbol{T}_4$ 对应面散射；若其 $T_{11}<T_{22}$，则 $\boldsymbol{T}_4$ 对应二次散射。

在确定了 $\boldsymbol{T}_3$ 和 $\boldsymbol{T}_4$ 对应的散射机制后，计算面散射功率 P_{S} 和二次散射功率 P_{D} 的过程与左分支完全相同。令 tr(·) 表示矩阵的迹；若 $\boldsymbol{T}_3$ 对应面散射，$\boldsymbol{T}_4$ 对应二次散射，则 $P_{\mathrm{S}}=\mathrm{tr}(\boldsymbol{T}_3)$，$P_{\mathrm{D}}=\mathrm{tr}(\boldsymbol{T}_4)$；若 T_3 对应二次散射，$\boldsymbol{T}_4$ 对应面散射，则 $P_{\mathrm{S}}=\mathrm{tr}(\boldsymbol{T}_4)$，$P_{\mathrm{D}}=\mathrm{tr}(\boldsymbol{T}_3)$；若 $\boldsymbol{T}_3$ 和 $\boldsymbol{T}_4$ 都对应面散射，则 $P_{\mathrm{S}}= \mathrm{tr}(\boldsymbol{T}_3)+\mathrm{tr}(\boldsymbol{T}_4)$，$P_{\mathrm{D}}=0$；若 $\boldsymbol{T}_3$ 和 $\boldsymbol{T}_4$ 都对应二次散射，则 $P_{\mathrm{S}}=0$，$P_{\mathrm{D}}= \mathrm{tr}(\boldsymbol{T}_3)+\mathrm{tr}(\boldsymbol{T}_4)$。

综上所述，可以发现从处理过程角度来说 PSDv1 的右分支与左分支完全相同，因此算法实际编程实现时左、右分支可以基于同一个函数一起实现，这也是笔者认为 PSDv1 分解方法比较简洁的主要原因。但是，对于 $P_{\mathrm{H}}=\lambda_{\mathrm{H}}$（即 $\lambda_{\mathrm{H}}<2|\mathrm{Im}(T_{23})|$）的极化相干矩阵，$T''_{23}(\theta)$ 元素具有虚部。相应地它们的第四成分 $\boldsymbol{T}_4$ 不具有极化对称性，其在形式上也不能与已知物理散射模型相符。即对于 PSDv1 来说，其右分支处理的极化相干矩阵，分解结果中最后一个成分仍然不是“基于模型的”。为了解决这一问题，同时也是为了更深入和彻底地理解具有 $\lambda_{\mathrm{H}}<2|\mathrm{Im}(T_{23})|$ 属性的极化相干矩阵的物理散射机制，笔者对这类极化相干矩阵进行了更加深入的研究，从而发现了极化对称分解的第二个版本（PSDv2）。

7.6　分解算法（版本二）

极化对称分解版本二（PSDv2）的整个计算流程如图 7−3 所示。对于具有 $\lambda_{\mathrm{H}} \geqslant 2|\mathrm{Im}(T_{23})|$ 属性的极化相干矩阵，PSDv2 的处理过程（PSDv2 的第一分支）与 PSDv1 的左分支完全相同，这是因为对于这些极化相干矩阵，PSDv1 左分支分解结果中各成分都具有极化对称性且在形式上均能与经典散射模型相符。PSDv2 的改进点都集中在对具有 $\lambda_{\mathrm{H}}<2|\mathrm{Im}(T_{23})|$ 属性的

极化相干矩阵的处理上，具体如下。

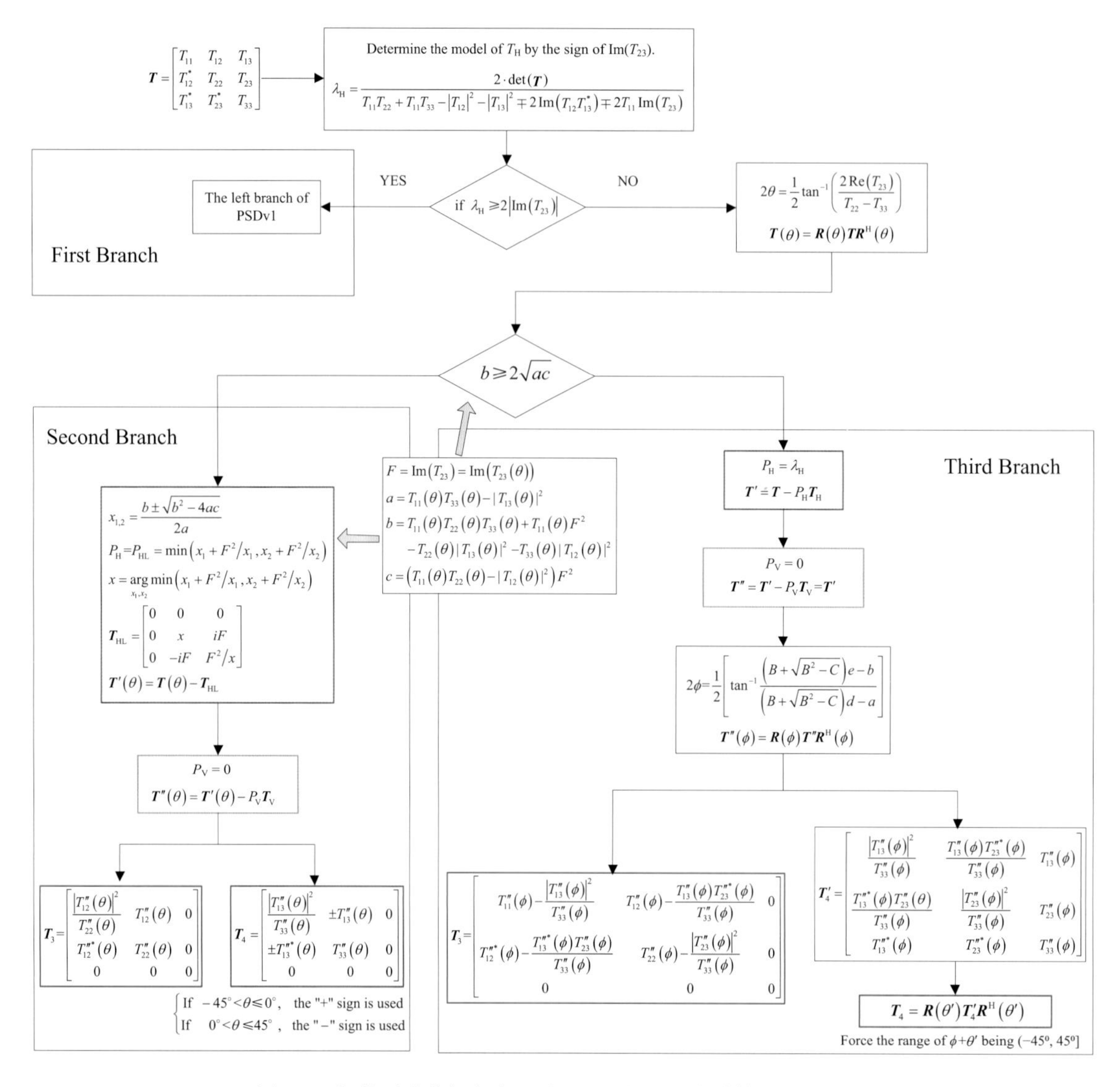

图7-3 极化对称分解版本二（PSDv2）的整个计算流程示意图

7.6.1 类螺旋散射成分提取（PSDv2 的第二分支）

如第 7.4.3 节最后指出的，在螺旋散射不能获得理想的分解结果时，考虑将其扩展为类螺旋散射（即模型三）。类螺旋散射的使用为了使得该成分可以保存 $i\mathrm{Im}(T_{23})$ 元素的全部信息。在本节研究中类螺旋散射成分采用如下表示形式：

$$\boldsymbol{T}_{\mathrm{HL}}=\begin{bmatrix}0 & 0 & 0\\ 0 & x & iF\\ 0 & -iF & F^2/x\end{bmatrix} \tag{7-59}$$

其中，F 表示对应的 $\mathrm{Im}(T_{23})$ 元素；x 是一个正实数。通过分析可以发现，式 (7−59) 所示的类螺旋散射模型 $\boldsymbol{T}_{\mathrm{HL}}$ 可以认为是模型三经过去定向变换后的形式。因此，为了提取 $\boldsymbol{T}_{\mathrm{HL}}$ 成分，首先对待分解极化相干矩阵 $\boldsymbol{T}$ 进行去定向变换，即

$$\boldsymbol{T}(\theta)=\boldsymbol{R}(\theta)\,\boldsymbol{T}\boldsymbol{R}^{\mathrm{H}}(\theta) \tag{7-60}$$

随后，将尝试由矩阵 $\boldsymbol{T}(\theta)$ 中提取出具有最小可能功率的类螺旋散射成分（这是因为对于包含 $i\mathrm{Im}(T_{23})$ 元素的散射成分，通常希望其极化总功率越小越好）。

对于具有 $\lambda_{\mathrm{H}}<2|\mathrm{Im}(T_{23})|$ 属性的极化相干矩阵，如果由矩阵 $\boldsymbol{T}(\theta)$ 中提取出一个包括全部 $i\mathrm{Im}(T_{23})$ 元素的螺旋散射成分，那么剩余矩阵中一定会包含一个负特征值。如果在保持提取出的成分的 $i\mathrm{Im}(T_{23})$ 元素不变的前提下，逐渐增大（也可能是需要逐渐减小）该成分的 T_{22} 元素（T_{33} 元素也进行相应的变化以保证该成分的秩为 1），剩余矩阵中的负特征值将逐渐增大。对于一部分具有 $\lambda_{\mathrm{H}}<2|\mathrm{Im}(T_{23})|$ 属性的极化相干矩阵，当 T_{22} 元素逐渐增大（也可能是需要逐渐减小）到一个合适大小的特定值时，剩余矩阵中的负特征值会增大为零值，这时的 T_{22} 特定值就对应了要寻找的最小可能功率类螺旋散射成分。如果继续变化 T_{22} 元素，该特征值会先变大然后再变小，且会再次变为零值。不过这次零值对应的类螺旋散射成分在极化总功率上要大于第一次零值时的类螺旋散射成分。

为了寻找剩余矩阵负特征值第一次变为零值时的 T_{22} 元素的具体取值，在数学上仅需求解如下实数方程，其中 $\det(\cdot)$ 表示矩阵的行列式：

$$\det\left[\boldsymbol{T}(\theta)-\boldsymbol{T}_{\mathrm{HL}}\right]=0 \tag{7-61}$$

将矩阵 $\boldsymbol{T}(\theta)$ 和 $\boldsymbol{T}_{\mathrm{HL}}$ 的模型代入上式左侧括号中可以得到

$$\boldsymbol{T}(\theta)-\boldsymbol{T}_{\mathrm{HL}}=\begin{bmatrix} T_{11}(\theta) & T_{12}(\theta) & T_{13}(\theta) \\ T_{12}^{*}(\theta) & T_{22}(\theta)-x & 0 \\ T_{13}^{*}(\theta) & 0 & T_{33}(\theta)-F^{2}/x \end{bmatrix} \tag{7-62}$$

基于上式通过推导，可以发现式 (7−61) 仅是一个二阶实数方程，其形式可以写为

$$\begin{aligned} & ax^{2}-bx+c=0 \\ & a=T_{11}(\theta)T_{33}(\theta)-|T_{13}(\theta)|^{2} \\ & b=T_{11}(\theta)T_{22}(\theta)T_{33}(\theta)+T_{11}(\theta)F^{2} \\ & \quad -T_{22}(\theta)|T_{13}(\theta)|^{2}-T_{33}(\theta)|T_{12}(\theta)|^{2} \\ & c=\left[T_{11}(\theta)T_{22}(\theta)-|T_{12}(\theta)|^{2}\right]F^{2} \end{aligned} \tag{7-63}$$

由于矩阵 $\boldsymbol{T}(\theta)$ 是一个半正定厄尔米特矩阵，因此可以推导出 $a \geqslant 0$ 和 $c \geqslant 0$，相应地，式 (7−63) 的两个解可以表示为

$$x_{1,2} = \frac{b \pm \sqrt{b^2 - 4ac}}{2a} \tag{7-64}$$

由于要提取的类螺旋散射成分 $\boldsymbol{T}_{\mathrm{HL}}$ 需要是一个具有实际物理意义的极化相干矩阵，因此其模型中的 x 参数必须为正数。但通过实验发现，式 (7−64) 所示的两个解对于某些极化相干矩阵可能为复数或负值。也就是说，基于上述方法提取出的类螺旋散射成分，并不能适用于所有极化相干矩阵。通过研究发现判别上述方法是否适用的准则如下：

$$b \geqslant 2\sqrt{ac} \tag{7-65}$$

对于不满足上述准则的极化相干矩阵，需要寻找新的分解方法，该部分内容将在第 7.6.2 节介绍。对于满足上述准则的极化相干矩阵，式 (7−64) 对应于两个正数解，其中对应较小极化总功率的解将被选为最终结果。即类螺旋散射成分的功率值按下式确定：

$$P_{\mathrm{HL}} = \min\left(x_1 + F^2/x_1, x_2 + F^2/x_2\right) \tag{7-66}$$

相应地，极化总功率较小解对应的 $\boldsymbol{T}_{\mathrm{HL}}$ 就是提取出的具有最小可能功率的类螺旋散射成分。

类螺旋散射成分确定后，将其由剩余矩阵中去除，具体如下：

$$\boldsymbol{T}'(\theta) = \boldsymbol{T}(\theta) - \boldsymbol{T}_{\mathrm{HL}} \tag{7-67}$$

容易验证矩阵 $\boldsymbol{T}'(\theta)$ 的秩为 2。对于体散射成分的提取，仍使用第 7.5.2 节介绍的基于最小广义特征值的提取方法，可以发现结果为 $P_{\mathrm{V}}=0$，即矩阵 $\boldsymbol{T}'(\theta)$ 中已不包含体散射成分了。不过为了保持算法在表述上的一致性，仍令 $\boldsymbol{T}''(\theta) = \boldsymbol{T}'(\theta) - P_{\mathrm{V}}\boldsymbol{T}_{\mathrm{V}}$。矩阵 $\boldsymbol{T}''(\theta)$ 的秩也为 2 且 $T''_{23}(\theta) = 0$。

矩阵 $\boldsymbol{T}''(\theta)$ 在形式上与 PSDv1 左分支中的式 (7−47) 完全相同，因此可以使用第 7.5.3 节介绍的从式 (7−47) 至式 (7−53) 的处理方法来提取剩余的两个成分和分析它们各自对应的散射机制。第三成分和第四成分既可能对应于面散射，也可能对应于二次散射，在确定完各自的散射机制后，即可根据第 7.5.3 节最后一段介绍的方法，完成面散射功率 P_{S} 和二次散射功率 P_{D} 的计算。

总之，对于具有 $\lambda_{\mathrm{H}}<2|\mathrm{Im}(T_{23})|$ 和 $b \geqslant 2\sqrt{ac}$ 这两个属性的极化相干矩阵来说，在去定向之后，可以将其完全分解为分别对应于模型一、模型二和类螺旋散射的 3 个秩为 1 的散射成分的和。

7.6.2　PSDv2 的第三分支

对于具有 $\lambda_H<2|\mathrm{Im}(T_{23})|$ 和$b\geqslant 2\sqrt{ac}$属性的极化相干矩阵，使用类螺旋散射成分也不能获得理想的分解结果。式 (7−59) 所示的类螺旋散射成分中，其 x 参数的取值范围是 $(0,+\infty)$。也就是说，所有仅靠 T_{22} 和 T_{33} 两个通道来完整保留 $i\mathrm{Im}(T_{23})$ 元素的情况都已经被 T_{HL} 模型所包含了。但结果是类螺旋散射成分的使用对于某些极化相干矩阵仍然不能获得理想的分解结果。那么对这种现象只能有一种解释，那就是这些极化相干矩阵的 $i\mathrm{Im}(T_{23})$ 元素的一部分一定与 T_{11} 通道相关。这一点实际上是极化对称分解研究过程中获得的非常重要的一个发现。

基于这一发现，对于具有 $\lambda_H<2|\mathrm{Im}(T_{23})|$ 和$b\geqslant 2\sqrt{ac}$属性的极化相干矩阵，其 $i\mathrm{Im}(T_{23})$ 元素将被认为由两部分组成。第一部分是仅包括 T_{22} 和 T_{33} 通道的螺旋散射成分，第二部分则与 T_{11} 通道相关。在分解这类极化相干矩阵时，首先由其中提取出最大可能功率的螺旋散射成分，提取方法与第 7.5.1 节介绍的方法完全相同，其结果是

$$
\begin{aligned}
&P_H=\lambda_H\\
&\boldsymbol{T}'=\boldsymbol{T}-P_H\boldsymbol{T}_H
\end{aligned}
\tag{7-68}
$$

值得注意的一点是，在上式中使用的是原待分解极化相干矩阵 $\boldsymbol{T}$，而不是其去定向后的结果矩阵 $\boldsymbol{T}(\theta)$。

剩余矩阵 $\boldsymbol{T}'$ 的秩为 2。对于体散射成分提取，仍使用第 7.5.2 节介绍的基于最小广义特征值的提取方法，结果如下：

$$
\begin{aligned}
&P_V=0\\
&\boldsymbol{T}''=\boldsymbol{T}'-P_V\boldsymbol{T}_V=\boldsymbol{T}'
\end{aligned}
\tag{7-69}
$$

即体散射成分功率值为零。

提取出体散射成分的剩余矩阵 $\boldsymbol{T}''$ 秩仍为 2，其 $\mathrm{Im}(T_{23})$ 元素为非零值并且与 T_{11} 通道相关。这种情况与 PSDv1 右分支的情况非常类似，因此可按照第 7.5.4 节所介绍的方法，仍将 $\boldsymbol{T}''$ 矩阵分解为两个成分的和［类似于式 (7−55)］，其中第二个成分是完全由 $\boldsymbol{T}''$ 矩阵的第三列数据所决定的秩为 1 的矩阵。不过在第 7.5.4 节中，在将剩余矩阵分解为两种成分之前对其进行了去定向变换，在本节中将使用另一种定向角逆旋转替代去定向变换。新的定向角逆旋转要保证从逆旋转后的矩阵中按式 (7−55) 的分解方法提取出的第二个成分具有最小的可能功率值。这是因为对于包括 $i\mathrm{Im}(T_{23})$ 元素的成分，通常希望其具有最小的功率值。这一原则在提取类螺旋散射成分时曾经使用过（详见第 7.6.1 节）。实际上在提取螺旋散射成分时也隐含使用了这一原则，因为螺旋散射成分是在保留相同大小 $i\mathrm{Im}(T_{23})$ 元素条件下具有最小极化总功率的

极化相干矩阵。

上面叙述的过程，在数学上的形式如下。对矩阵 $\boldsymbol{T}''$ 首先进行一个与去定向类似的定向角逆旋转，但旋转的角度与去定向并不相同，这里用 ϕ 来表示，即

$$T''(\phi)=R(\phi)\,T''R^{\mathrm{H}}(\phi) \tag{7-70}$$

随后将矩阵 $\boldsymbol{T}''(\phi)$ 分解为如下两个部分：

$$\boldsymbol{T}''(\phi)=\boldsymbol{T}_3+\boldsymbol{T}_4' \tag{7-71}$$

其中 $\boldsymbol{T}_3$ 和 $\boldsymbol{T}_4'$ 对应了第三分支的第三成分和第四成分，其具体形式如下：

$$\boldsymbol{T}_4'=\begin{bmatrix} \dfrac{\left|T_{13}''(\phi)\right|^2}{T_{33}''(\phi)} & \dfrac{T_{13}''(\phi)T_{23}''^{*}(\phi)}{T_{33}''(\phi)} & T_{13}''(\phi) \\ \dfrac{T_{13}''^{*}(\phi)T_{23}''(\phi)}{T_{33}''(\phi)} & \dfrac{\left|T_{23}''(\phi)\right|^2}{T_{33}''(\phi)} & T_{23}''(\phi) \\ T_{13}''^{*}(\phi) & T_{23}''^{*}(\phi) & T_{33}''(\phi) \end{bmatrix} \tag{7-72}$$

$$\boldsymbol{T}_3=\begin{bmatrix} T_{11}''(\phi)-\dfrac{\left|T_{13}''(\phi)\right|^2}{T_{33}''(\phi)} & T_{12}''(\phi)-\dfrac{T_{13}''(\phi)T_{23}''^{*}(\phi)}{T_{33}''(\phi)} & 0 \\ T_{12}''^{*}(\phi)-\dfrac{T_{13}''^{*}(\phi)T_{23}''(\phi)}{T_{33}''(\phi)} & T_{22}''(\phi)-\dfrac{\left|T_{23}''(\phi)\right|^2}{T_{33}''(\phi)} & 0 \\ 0 & 0 & 0 \end{bmatrix} \tag{7-73}$$

从上式中可以发现，$\boldsymbol{T}_4'$ 是一个完全由矩阵 $\boldsymbol{T}''(\phi)$ 最后一列数据决定的秩为 1 的极化相干矩阵。因为矩阵 $\boldsymbol{T}''(\phi)$ 的秩为 2，因此可以推导出第三成分 $\boldsymbol{T}_3$ 的秩也为 1。

式 (7−70) 中 ϕ 值的选取要求使得 $\boldsymbol{T}_4'$ 矩阵具有最小的极化总功率。根据式 (7−71) 可知，矩阵 $\boldsymbol{T}_4'$ 具有最小极化总功率等价于矩阵 $\boldsymbol{T}_3$ 具有最大的极化总功率，因此求取 ϕ 值的最优化问题可以表述为如下形式：

$$\max_{\phi}\left\{T_{11}''(\phi)+T_{22}''(\phi)-\frac{\left|T_{13}''(\phi)\right|^2+\left|T_{23}''(\phi)\right|^2}{T_{33}''(\phi)}\right\} \tag{7-74}$$

式 (7−74) 所示的最优化问题的解已由 Cui 等在本章参考文献 [14] 的附录 F 中给出（其中有两处印刷错误，修订后的正确内容请详见本书第 5.4.2 节）。这里仅给出其最终结果如下：

$$2\phi=\frac{1}{2}\left[\tan^{-1}\frac{\left(B+\sqrt{B^2-C}\right)e-b}{\left(B+\sqrt{B^2-C}\right)d-a}\right] \tag{7-75}$$

其中

$$
\begin{aligned}
B &= \frac{ad + eb - cf}{d^2 + e^2 - f^2} \\
C &= \frac{a^2 + b^2 - c^2}{d^2 + e^2 - f^2} \\
a &= \frac{1}{2}\left(T'_{11}T'_{33} - \left|T'_{13}\right|^2 - T'_{11}T'_{12} + \left|T'_{12}\right|^2\right) \\
b &= \mathrm{Re}\left[T'_{12}\left(T'_{13}\right)^*\right] - T'_{11}\mathrm{Re}\left(T'_{23}\right) \\
c &= T'_{22}T'_{33} - \left|T'_{23}\right|^2 + \frac{1}{2}\left(T'_{11}T'_{33} - \left|T'_{13}\right|^2 + T'_{11}T'_{12} - \left|T'_{12}\right|^2\right) \\
d &= \frac{1}{2}\left(T'_{33} - T'_{22}\right) \\
e &= -\mathrm{Re}\left(T'_{23}\right) \\
f &= \frac{1}{2}\left(T'_{22} + T'_{33}\right)
\end{aligned}
\tag{7-76}
$$

请注意上式中为避免复杂公式的重复表述出现疏忽错误，因此保持了与第 5.4.2 节推导结果完全一样的表示形式，即式中使用的是 $\boldsymbol{T}'$ 矩阵元素的形式而不是 $\boldsymbol{T}''$ 矩阵的元素（因为对于 PSDv2 的第三分支 $P_{\mathrm{V}}=0$，因此 $\boldsymbol{T}'$ 矩阵和 $\boldsymbol{T}''$ 矩阵中的元素是完全一样的）。

在散射机制分析上，由于矩阵 $\boldsymbol{T}_3$ 的秩为 1，因此其对应于模型一，相应的 $\boldsymbol{T}_3$ 的散射机制可以通过比较其 T_{11} 和 T_{22} 元素的大小来确定是面散射还是二次散射，即若其 $T_{11} \geqslant T_{22}$ 则 $\boldsymbol{T}_3$ 对应面散射；若其 $T_{11}<T_{22}$，则 $\boldsymbol{T}_3$ 对应二次散射。对于矩阵 $\boldsymbol{T}'_4$，首先对其应用去定向变换：

$$
\boldsymbol{T}_4 = \boldsymbol{R}(\theta')\,\boldsymbol{T}'_4\boldsymbol{R}^{\mathrm{H}}(\theta') \tag{7-77}
$$

然后通过实验发现（详见第 7.7.2 节），其 T_{33} 元素仍仅占全部极化总功率的很小一部分，因此其散射机制也通过比较其 T_{11} 和 T_{22} 元素的大小来确定是面散射还是二次散射，若其 $T_{11} \geqslant T_{22}$，则 $\boldsymbol{T}_4$ 对应面散射；若其 $T_{11}<T_{22}$，则 $\boldsymbol{T}_4$ 对应二次散射。

最后，面散射功率 P_{S} 和二次散射功率 P_{D} 的计算过程如下。令 $\mathrm{tr}(\cdot)$ 表示矩阵的迹；若 $\boldsymbol{T}_3$ 对应面散射 $\boldsymbol{T}_4$ 对应二次散射，则 $P_{\mathrm{S}}=\mathrm{tr}(\boldsymbol{T}_3)$，$P_{\mathrm{D}}=\mathrm{tr}(\boldsymbol{T}_4)$；若 $\boldsymbol{T}_3$ 对应二次散射 $\boldsymbol{T}_4$ 对应面散射，则 $P_{\mathrm{S}}=\mathrm{tr}(\boldsymbol{T}_4)$，$P_{\mathrm{D}}=\mathrm{tr}(\boldsymbol{T}_3)$；若 $\boldsymbol{T}_3$ 和 $\boldsymbol{T}_4$ 都对应面散射，则 $P_{\mathrm{S}}=\mathrm{tr}(\boldsymbol{T}_3)+\mathrm{tr}(\boldsymbol{T}_4)$，$P_{\mathrm{D}}=0$；若 $\boldsymbol{T}_3$ 和 $\boldsymbol{T}_4$ 都对应二次散射，则 $P_{\mathrm{S}}=0$，$P_{\mathrm{D}}=\mathrm{tr}(\boldsymbol{T}_3)+\mathrm{tr}(\boldsymbol{T}_4)$。

综上所述，可以发现 PSDv2 第三分支中的后两个成分散射机制确定过程以及 P_{S} 和 P_{D} 的计算过程与 PSDv1 的右分支基本完全相同，只是定向角逆旋转的角度由 θ 变为了 ϕ。不过值得指出的是，它们之间还是有一点不同的。PSDv1 右分支中的 θ' 只有 0° 和 ±45° 三个取值，但 PSDv2 右分支中的 θ' 的取值在 (−45°, 45°] 范围内是连续的。同样，算法最后仍然要求 $\phi+\theta'$ 的值域范围仍然是 (−45°, 45°] 以保证矩阵 $\boldsymbol{T}_4$ 和原极化相干矩阵 $\boldsymbol{T}$ 之间不会存在过大的定向角差别。即若 $\phi+\theta'>45°$，则令 $\theta'=\theta'-90$；若 $\phi+\theta'\leqslant-45°$，则令 $\theta'=\theta'+90$。值得指出的一点是，上述过程后，θ' 和 $\theta'\pm90°$ 对于矩阵 $\boldsymbol{T}_4$ 的影响根据式 (7−16) 所示的 90° 定向角旋转变换可知，两者各自式 (7−77) 结果中 $\boldsymbol{T}_4$ 矩阵的 T_{12} 和 T_{13} 元素将相差一个负号。

7.6.3 重建原极化相干矩阵

对于具有 $\lambda_{\mathrm{H}}\geqslant 2|\mathrm{Im}(T_{23})|$ 属性的极化相干矩阵，由 PSDv1 和 PSDv2 分解结果重建原极化相干矩阵的方法如下：

$$\begin{aligned}\boldsymbol{T}&=P_{\mathrm{H}}\boldsymbol{T}_{\mathrm{H}}+P_{\mathrm{V}}\boldsymbol{T}_{\mathrm{V}}+\boldsymbol{R}(-\theta)\left[\boldsymbol{T}_3+\boldsymbol{R}(\mp45°)\boldsymbol{T}_4\boldsymbol{R}^{\mathrm{H}}(\mp45°)\right]\boldsymbol{R}^{\mathrm{H}}(-\theta)\\&=P_{\mathrm{H}}\boldsymbol{T}_{\mathrm{H}}+P_{\mathrm{V}}\boldsymbol{T}_{\mathrm{V}}+\boldsymbol{T}_3(-\theta)+\boldsymbol{T}_4(-\theta\mp45°)\end{aligned}\tag{7-78}$$

其中，对于任意一个极化相干矩阵 $\boldsymbol{T}$，其 $\boldsymbol{T}(\theta)$ 形式表示 θ 角度的定向角逆旋转结果，即 $\boldsymbol{T}(\theta)=\boldsymbol{R}(\theta)\boldsymbol{T}\boldsymbol{R}^{\mathrm{H}}(\theta)$，$\boldsymbol{R}(\theta)$ 为定向角逆旋转矩阵。

对于具有 $\lambda_{\mathrm{H}}<2|\mathrm{Im}(T_{23})|$ 属性的极化相干矩阵，由 PSDv1 右分支分解结果重建原极化相干矩阵的方法如下：

$$\begin{aligned}\boldsymbol{T}&=P_{\mathrm{H}}\boldsymbol{T}_{\mathrm{H}}+\boldsymbol{R}(-\theta)\left[\boldsymbol{T}_3+\boldsymbol{R}(-\theta')\boldsymbol{T}_4\boldsymbol{R}^{\mathrm{H}}(-\theta')\right]\boldsymbol{R}^{\mathrm{H}}(-\theta)\\&=P_{\mathrm{H}}\boldsymbol{T}_{\mathrm{H}}+\boldsymbol{T}_3(-\theta)+\boldsymbol{T}_4(-\theta-\theta')\end{aligned}\tag{7-79}$$

对于具有 $\lambda_{\mathrm{H}}<2|\mathrm{Im}(T_{23})|$ 和 $b\geqslant2\sqrt{ac}$ 属性的极化相干矩阵，由 PSDv2 第二分支分解结果重建原极化相干矩阵的方法如下：

$$\begin{aligned}\boldsymbol{T}&=P_{\mathrm{HL}}\boldsymbol{T}_{\mathrm{HL}}+\boldsymbol{R}(-\theta)\left[\boldsymbol{T}_3+\boldsymbol{R}(\mp45°)\boldsymbol{T}_4\boldsymbol{R}^{\mathrm{H}}(\mp45°)\right]\boldsymbol{R}^{\mathrm{H}}(-\theta)\\&=P_{\mathrm{HL}}\boldsymbol{T}_{\mathrm{HL}}+\boldsymbol{T}_3(-\theta)+\boldsymbol{T}_4(-\theta\mp45°)\end{aligned}\tag{7-80}$$

对于具有 $\lambda_{\mathrm{H}}<2|\mathrm{Im}(T_{23})|$ 和 $b\geqslant2\sqrt{ac}$ 属性的极化相干矩阵，由 PSDv2 第三分支分解结果重建原极化相干矩阵的方法如下：

$$\begin{aligned}\boldsymbol{T}&=P_{\mathrm{H}}\boldsymbol{T}_{\mathrm{H}}+\boldsymbol{R}(-\phi)\left[\boldsymbol{T}_3+\boldsymbol{R}(-\theta')\boldsymbol{T}_4\boldsymbol{R}^{\mathrm{H}}(-\theta')\right]\boldsymbol{R}^{\mathrm{H}}(-\phi)\\&=P_{\mathrm{H}}\boldsymbol{T}_{\mathrm{H}}+\boldsymbol{T}_3(-\phi)+\boldsymbol{T}_4(-\phi-\theta')\end{aligned}\tag{7-81}$$

通过观察式 (7−78) 至式 (7−81) 可以发现，由极化对称分解的结果可以完整重建原极化相干矩阵。

为了表示简洁，使用如下统一的公式表示极化对称分解的重建过程：

$$\begin{aligned}\boldsymbol{T} &= P_{\mathrm{H}}\boldsymbol{T}_{\mathrm{H}} + P_{\mathrm{V}}\boldsymbol{T}_{\mathrm{V}} + \boldsymbol{R}(-\theta)\left[\boldsymbol{T}_3 + \boldsymbol{R}(-\theta')\boldsymbol{T}_4\boldsymbol{R}^{\mathrm{H}}(-\theta')\right]\boldsymbol{R}^{\mathrm{H}}(-\theta) \\ &= P_{\mathrm{H}}\boldsymbol{T}_{\mathrm{H}} + P_{\mathrm{V}}\boldsymbol{T}_{\mathrm{V}} + \boldsymbol{T}_3(-\theta) + \boldsymbol{T}_4(-\theta-\theta')\end{aligned} \tag{7-82}$$

对于具有 $\lambda_{\mathrm{H}} \geqslant 2|\mathrm{Im}(T_{23})|$ 属性的极化相干矩阵，$\theta'=\pm 45°$；对于 PSDv1 具有 $\lambda_{\mathrm{H}}<2|\mathrm{Im}(T_{23})|$ 属性的极化相干矩阵，$P_{\mathrm{V}}=0$；对于 PSDv2 具有 $\lambda_{\mathrm{H}}<2|\mathrm{Im}(T_{23})|$ 和$b \geqslant 2\sqrt{ac}$属性的极化相干矩阵，$P_{\mathrm{H}}=P_{\mathrm{HL}}$，$T_{\mathrm{H}}=T_{\mathrm{HL}}$ 和 $P_{\mathrm{V}}=0$；对于 PSDv2 具有 $\lambda_{\mathrm{H}}<2|\mathrm{Im}(T_{23})|$ 和$b \geqslant 2\sqrt{ac}$属性的极化相干矩阵，$\theta=\phi$ 和 $P_{\mathrm{V}}=0$。

由式 (7−82) 可以发现，第三重建成分和第四重建成分的定向角分别为 θ 和 $\theta+\theta'$。对于一幅实际多视全极化 SAR 数据来说，通过第 7.7.1 节实验可以发现，极化对称分解结果中全部的第三成分和绝大部分第四成分都与面散射模型和二次散射模型严格相符。

7.6.4　分解结果独立实数变量分析

一个极化相干矩阵包含 9 个独立实数变量，极化对称分解结果中包含的实数变量个数分析结果如下。

对于具有 $\lambda_{\mathrm{H}} \geqslant 2|\mathrm{Im}(T_{23})|$ 属性的极化相干矩阵：$\boldsymbol{T}_{\mathrm{V}}$ 和 $\boldsymbol{T}_{\mathrm{H}}$ 是确定的矩阵，P_{S} 和 P_{D} 完全由 $\boldsymbol{T}_3$ 和 $\boldsymbol{T}_4$ 确定，即它们不是独立实数变量；定向角 θ 是一个独立实数变量，其附加的 $\pm 45°$ 变换完全由其自身取值决定；P_{H} 和 P_{V} 是两个独立实数变量；矩阵 $\boldsymbol{T}_3$ 包括 3 个独立实数变量，分别为 $T''_{22}(\theta)$、$\mathrm{Re}\left(T''_{12}(\theta)\right)$ 和 $\mathrm{Im}\left(T''_{12}(\theta)\right)$；矩阵 $\boldsymbol{T}_4$ 也包括 3 个独立实数变量，分别为 $T''_{33}(\theta)$、$\mathrm{Re}\left(T''_{13}(\theta)\right)$ 和 $\mathrm{Im}\left(T''_{13}(\theta)\right)$；总之，对于具有 $\lambda_{\mathrm{H}} \geqslant 2|\mathrm{Im}(T_{23})|$ 属性的极化相干矩阵，极化对称分解的结果中共有 9 个独立实数变量，分别为 P_{H}、P_{V}、θ、$T''_{22}(\theta)$、$\mathrm{Re}\left(T''_{12}(\theta)\right)$、$\mathrm{Im}\left(T''_{12}(\theta)\right)$、$T''_{33}(\theta)$、$\mathrm{Re}\left(T''_{13}(\theta)\right)$ 和 $\mathrm{Im}\left(T''_{13}(\theta)\right)$。

对于具有 $\lambda_{\mathrm{H}}<2|\mathrm{Im}(T_{23})|$ 属性极化相干矩阵的 PSDv1 分解结果：$P_{\mathrm{V}}=0$；P_{H} 和 θ 是两个独立实数变量；矩阵 $\boldsymbol{T}_3$ 包括 3 个独立实数变量；矩阵 $\boldsymbol{T}'_4$ 包括 4 个独立实数变量，分别为 $T''_{33}(\theta)$、$\mathrm{Re}\left(T''_{13}(\theta)\right)$、$\mathrm{Im}\left(T''_{13}(\theta)\right)$ 和 $\mathrm{Im}\left(T''_{23}(\theta)\right)$，相应的矩阵 $\boldsymbol{T}_4$ 也具有 4 个独立实数变量；总之，共有 9 个独立实数变量。

对于具有 $\lambda_{\mathrm{H}}<2|\mathrm{Im}(T_{23})|$ 和$b \geqslant 2\sqrt{ac}$属性极化相干矩阵的 PSDv2 分解结果：$P_{\mathrm{V}}=0$；$\boldsymbol{T}_{\mathrm{HL}}$ 有两个独立实数变量，P_{HL} 完全由 $\boldsymbol{T}_{\mathrm{HL}}$ 确定；矩阵 $\boldsymbol{T}_3$ 和矩阵 $\boldsymbol{T}_4$ 各自分别有 3 个独立实数变量；定向角 θ 是一个独立实数变量，其后续 $\pm 45°$ 的选择完全由其自身取值确定；总之，一共有 9

个独立实数变量。

对于具有 $\lambda_H<2|\mathrm{Im}(T_{23})|$ 和$b\geqslant2\sqrt{ac}$属性极化相干矩阵的 PSDv2 分解结果：$P_V=0$；$\boldsymbol{T}_H$ 是确定的矩阵，P_H 是 1 个独立实数变量；矩阵 $\boldsymbol{T}_3$ 有 3 个独立实数变量；矩阵 $\boldsymbol{T}_4$ 有 4 个独立实数变量；定向角 ϕ 和 θ' 是 2 个独立实数变量；总之，共有 10 个独立实数变量。请注意，实际上 PSDv2 第三分支输出端的 10 个实数变量不是完全独立的，而是基于式 (7−71) 要保证第三个成分的功率值为最大，因此存在一个实数等式方程，所以可以减少一个独立实数变量个数，也就是仍是 9 个独立实数变量。但 PSDv2 第三分支的分解结果在存储和表示时必须要用到 10 个独立实变量，因此才有了上面的分析。

综上所述，对于 PSDv1 其分解结果中只有 9 个独立实数变量，这与原极化相干矩阵的自由度相同。对于 PSDv2，其第一分支和第二分支的分解结果也只包含 9 个独立实数变量，但第三分支的分解结果包括 10 个独立实数变量。

7.7 实验分析

上两节介绍极化对称分解算法的过程中，一些具体步骤的处理方法是基于实验结果。本节将逐一给出这些步骤对应的验证实验。同时，还将给出极化对称分解与典型四成分分解算法的性能比较实验结果，以验证极化对称分解在分析地物散射机制上的有效性。

7.7.1 能被完全分解的像素比例

在第 7.5.1 节的最后部分曾指出，对于一景实际全极化 SAR 数据，其大部分像素点对应的极化相干矩阵将被 PSDv1 的左分支处理。本小节给出的实验就是为了验证这一点。具体实验过程是统计一景实际极化 SAR 数据被 PSDv2 的 3 个分支分别处理的像素点个数（PSDv2 的第一分支与 PSDv1 的左分支相同）。

对于一景实际多视极化 SAR 数据，首先对其应用 PSDv2 算法，随后统计被 3 个分支分别处理的像素点个数，最后将结果用全图总像素数进行归一化。基于三景实际 SAR 数据的实验结果见表 7−1。

第一景数据为 E-SAR 奥芬数据。该数据是由德国宇航中心（DLR）的 L 波段机载 E-SAR 系统对德国奥博珀法芬霍芬（Oberpfaffenhofen）机场附近区域进行观测获得的。E-SAR 奥芬数据包含 1 300 × 1 200 个像素点，对应的观测区域包含城镇、裸地、森林和机场等多种地物类型。有关 E-SAR 奥芬数据的详细介绍请见第 4.6 节。

第二景数据为 RS2 苏州数据，该数据是由加拿大 RADARSAT-2 卫星对中国苏州市区在 2010 年 3 月 3 日观测获得的，多视数据共具有 777 × 728 个像素点，该数据具体介绍详见第 4.6.2 节。

第三景数据为 GF-3 巴尔瑙尔数据，该数据来源于我国高分三号（GF-3）卫星搭载的 C 波段全极化 SAR 系统，观测区域是俄罗斯的巴尔瑙尔（Barnaul）市区及其周边区域，观测时间是 2018 年 5 月 5 日，多视数据具有 1 474 × 1 310（方位向 × 距离向，即行数 × 列数）个像素点。有关 GF-3 巴尔瑙尔数据的具体参数信息参见第 2.4 节。

表7-1　PSDv2三个分支各自处理的像素点占比

极化数据	具有 $\lambda_H \geqslant 2\|\mathrm{Im}(T_{23})\|$ 属性的像素点占比	具有 $\lambda_H<2\|\mathrm{Im}(T_{23})\|$ 和 $b\geqslant 2\sqrt{ac}$ 属性的像素点占比	具有 $\lambda_H<2\|\mathrm{Im}(T_{23})\|$ 和 $b\geqslant 2\sqrt{ac}$ 属性的像素点占比
E-SAR 奥芬数据 1 300 × 1 200 像素	97.51%	1.63%	0.86%
RS2 苏州数据 777 × 728 像素	92.06%	7.16%	0.79%
GF-3 巴尔瑙尔数据 1 474 × 1 310 像素	96.95%	2.11%	0.94%

由表 7-1 可知，对于这三景实际多视极化 SAR 数据，超过 90% 的像素点的极化相干矩阵具有 $\lambda_H \geqslant 2|\mathrm{Im}(T_{23})|$ 的属性，它们会被 PSDv1 的左分支和 PSDv2 的第一分支处理，从而被完整分解为 4 个与面散射模型、二次散射模型、体散射模型和螺旋散射模型严格相符的成分。如果在使用类螺旋散射的 PSDv2 第二分支也被考虑的情况下，即具有 $\lambda_H<2|\mathrm{Im}(T_{23})|$ 和 $b\geqslant 2\sqrt{ac}$属性的极化相干矩阵也被统计的情况下，超过 99% 的像素点会被完全分解为 4 个与使用的散射模型严格相符的成分。

基于上述实验结果可以得到结论，对于一景实际多视全极化 SAR 数据，大部分像素点会被完全分解为 4 个与使用的散射模型严格相符的成分，且这些被完全分解的成分都具有极化对称性。

7.7.2　$\boldsymbol{T}_4$ 成分的散射机制

由 PSDv1 右分支和 PSDv2 第三分支获得的第四成分（即 $\boldsymbol{T}_4$ 矩阵）在散射机制分析时被

认为对应面散射或二次散射。上述分析只有在矩阵 $\boldsymbol{T}_4$ 的 T_{33} 元素远小于 $T_{11}+T_{22}$ 时才是成立的。本小节的实验就是为了验证这一点是否正确。

实验数据仍使用第 7.7.1 节的 E-SAR 奥芬数据、RS2 苏州数据和 GF-3 巴尔瑙尔数据。对于 PSDv1 右分支和 PSDv2 第三分支处理结果中的 $\boldsymbol{T}_4$ 成分，计算每个像素点的 $T_{33}/(T_{11}+T_{22}+T_{33})$ 值并进行全图平均，结果见表 7-2。

表 7-2 所示的结果中最大值为 3.77%。也就是说，对于 PSDv1 右分支和 PSDv2 第三分支来说，T_{33} 元素仅占 $\boldsymbol{T}_4$ 成分极化总功率很小的一部分。因此，将 $\boldsymbol{T}_4$ 成分的散射机制对应于面散射或二次散射是合理的。

表7-2　PSDv1右分支和PSDv2第三分支T_4成分$T_{33}/(T_{11}+T_{22}+T_{33})$值的平均结果

数据	PSDv1 右分支结果	PSDv2 第三分支结果
E-SAR 奥芬数据	1.36%	1.87%
RS2 苏州数据	1.87%	3.77%
GF-3 巴尔瑙尔数据	1.81%	2.62%

7.7.3　PSDv2 相对于 PSDv1 的改进之处

PSDv2 相对于 PSDv1 的改进全部集中于具有 $\lambda_H<2|\text{Im}(T_{23})|$ 属性的极化相干矩阵上。其中，对于具有 $\lambda_H<2|\text{Im}(T_{23})|$ 和$b\geqslant2\sqrt{ac}$属性的极化相干矩阵，其改进是理论上的。对于 PSDv2，具有 $\lambda_H<2|\text{Im}(T_{23})|$ 和$b\geqslant2\sqrt{ac}$属性的极化相干矩阵会被完全分解为 3 个与面散射模型、二次散射模型和类螺旋散射模型严格相符的成分。而对于 PSDv1，这类极化相干矩阵的 $\boldsymbol{T}_4$ 成分在形式上与面散射模型和二次散射模型都不相符，因为其 T_{33} 元素不为零。

对于具有 $\lambda_H<2|\text{Im}(T_{23})|$ 和$b<2\sqrt{ac}$属性的极化相干矩阵，PSDv2 相对于 PSDv1 的改进之处在于会获得一个具有更小极化总功率的 $\boldsymbol{T}_4$ 成分。为了验证这一点，对于每景实验数据具有 $\lambda_H<2|\text{Im}(T_{23})|$ 和$b<2\sqrt{ac}$属性的极化相干矩阵，将 PSDv2 的 $\text{tr}(\boldsymbol{T}_4)$ 值除以 PSDv1 的 $\text{tr}(\boldsymbol{T}_4)$ 值。通过统计发现针对所有像素点，$\text{tr}(\boldsymbol{T}_4)_{\text{PSDv2}}/\text{tr}(\boldsymbol{T}_4)_{\text{PSDv1}}$ 的值都小于 1。随后对该值进行全图像平均，三景实际数据的实验结果见表 7-3。

表 7-3 中，$\text{tr}(\boldsymbol{T}_4)_{\text{PSDv2}}/\text{tr}(\boldsymbol{T}_4)_{\text{PSDv1}}$ 的均值基本在 90% 左右。也就是说对于具有 $\lambda_H<2|\text{Im}(T_{23})|$ 和$b\geqslant2\sqrt{ac}$属性的极化相干矩阵，PSDv2 的 $\boldsymbol{T}_4$ 成分极化总功率要始终小于 PSDv1 的 $\boldsymbol{T}_4$ 成分极化总功率。对于具有 $\lambda_H<2|\text{Im}(T_{23})|$ 和$b\geqslant2\sqrt{ac}$属性的极化相干矩阵，它们的 $\boldsymbol{T}_4$ 成分在形式

上与面散射模型和二次散射模型均不相符。更小的 $\boldsymbol{T}_4$ 成分极化总功率意味着更多的功率被集中到与使用的散射模型相符的成分上了，从这一角度来说 PSDv2 对于具有 $\lambda_{\mathrm{H}}<2|\mathrm{Im}(T_{23})|$ 和 $b\geqslant 2\sqrt{ac}$ 属性极化相干矩阵的处理结果要优于 PSDv1。

表7-3 具有$\lambda_{\mathrm{H}}<2|\mathrm{Im}(T_{23})|$和$b<2\sqrt{ac}$属性极化相干矩阵的$\mathrm{tr}(T_4)_{\mathrm{PSDv2}}/\mathrm{tr}(T_4)_{\mathrm{PSDv1}}$均值

实验数据	$\mathrm{Mean}[\mathrm{tr}(\boldsymbol{T}_4)_{\mathrm{PSDv2}}/\mathrm{tr}(\boldsymbol{T}_4)_{\mathrm{PSDv1}}]$
E-SAR 奥芬数据	88.91%
RS2 苏州数据	91.94%
GF-3 巴尔瑙尔数据	90.42%

实际上，在使用式 (7−71) 分解获得 $\boldsymbol{T}_3$ 和 $\boldsymbol{T}_4'$ 成分时，如果限制 $\boldsymbol{T}_3$ 只能包含 T_{11} 和 T_{22} 通道功率（即其 T_{33} 通道必须为零），可以验证 PSDv2 第三分支给出的分解结果，是在无极化信息丢失且考虑所有定向角旋转情况下，能获得的具有最小极化总功率的 $\boldsymbol{T}_4'$ 成分。具体证明过程这里不再给出，读者可自行证明。

7.7.4 典型地物分解结果定量分析

极化对称分解是一种基于模型的四成分非相干极化分解算法，因此在本小节将会把极化对称分解的结果与两个经典的基于模型的四成分非相干极化分解算法进行比较，从而验证其对地物散射机制的分析能力。两个经典的四成分分解算法分别为本章参考文献 [4] 的 Y4R 分解（即去定向 Yamaguchi 分解）和参考文献 [7] 的 G4U 分解。实验数据仍选用 E-SAR 奥芬数据、RS2 苏州数据和 GF-3 巴尔瑙尔数据，Y4R、G4U、PSDv1 和 PSDv2 四种方法的分解结果如图 7−4 所示。

图 7-4 的伪彩色上色方案为红色对应 P_{D}、绿色对应 P_{V}、蓝色对应 P_{S}，具体取值为 $\mathrm{Red}=P_{\mathrm{D}}/x$、$\mathrm{Green}=P_{\mathrm{V}}/x$、$\mathrm{Blue}=P_{\mathrm{S}}/x$，其中参数 x 通过全图 $Span$ 的均值获得，具体如下：

$$x=\frac{\mathrm{mean}(Span)}{3}\times n=\frac{\mathrm{mean}(T_{11}+T_{22}+T_{33})}{3}\times n \tag{7-83}$$

上式中 $\mathrm{mean}(\cdot)$ 表示对全图对应值求平均，因此 $\mathrm{mean}(Span)/3$ 表示全图 3 个通道的平均极化总功率值。对于一景实验数据，x 的取值对于每个像素点都是一样的。参数 n 主要是为了调整图像的显示效果（主要是调整亮度），对于所有图像 $n=2$（上述伪彩色合成方案与第 3.4.1 节的介绍完全相同）。

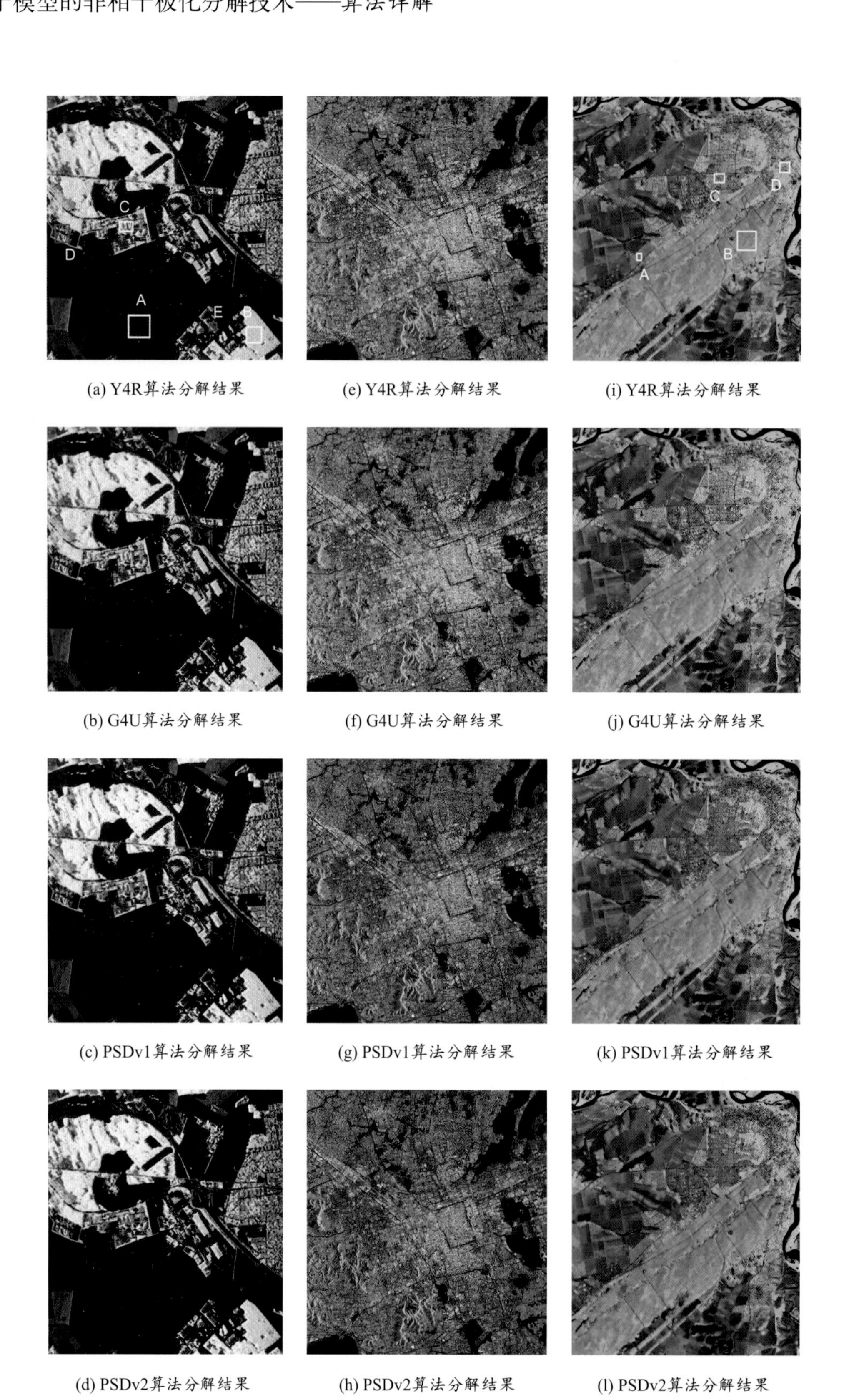

(a) Y4R算法分解结果　(e) Y4R算法分解结果　(i) Y4R算法分解结果

(b) G4U算法分解结果　(f) G4U算法分解结果　(j) G4U算法分解结果

(c) PSDv1算法分解结果　(g) PSDv1算法分解结果　(k) PSDv1算法分解结果

(d) PSDv2算法分解结果　(h) PSDv2算法分解结果　(l) PSDv2算法分解结果

图7-4　E-SAR奥芬数据、RS2苏州数据、GF-3巴尔瑙尔数据四种分解方法的功率伪彩色合成图像。E-SAR奥芬数据包含1 300 × 1 200（方位向 × 距离向，行数 × 列数）像素、RS2苏州数据包含777 × 728像素、GF-3巴尔瑙尔数据包含1 474 × 1 310像素

如图 7-4 所示，可以发现各算法的分解结果看起来非常相似。对于 RS2 苏州数据，极化对称分解的两个结果看起来要比 Y4R 和 G4U 算法的结果更红一些。RS2 苏州数据观测范围主要是苏州城区，城区中通常会存在较多的二次散射，更红的图像意味着更多的功率被集中到了二次散射成分，从这一角度来说极化对称分解的结果要更好一些。GF-3 巴尔瑙尔图像结果中也可观测到类似更红的城镇区域现象。

为了更清楚地显示分解结果，从每个实验数据中均选取出一个典型的 200 × 200 像素小块区域，放大显示后如图 7-5 所示。通过观察可以发现，图 7-5 的第二行和第三行所示的城镇区域，其极化对称分解的结果都要比 Y4R 和 G4U 的结果更红一些，这些实验结果与图 7-4 显示的结果是一致的。

为了更加定量化地比较各算法的分解结果，由 E-SAR 奥芬数据和 GF-3 巴尔瑙尔数据分别选取 5 个和 4 个典型地物矩形区域。针对每个像素点，使用 *Span* 对各散射成分功率进行归一化，然后对归一化的散射功率占比在矩形区域内求均值，结果见表 7-4。

从表 7-4 中可以发现各方法的结果非常接近。对于两个区域 A 对应的裸地区域，面散射功率占比最大；对于两个区域 B 对应的森林区域，体散射功率占比最大；对于两个区域 C 对应的与 SAR 观测方向近似垂直的建筑区域，二次散射功率占比最大。通过算法间的比较可以发现，极化对称分解的体散射成分功率占比都要小于 Y4R 和 G4U 算法的结果，PSDv1 和 PSDv2 的体散射功率占比大小一样（因为它们体散射成分提取的过程是一样的）。

对于两个区域 D，极化对称分解的二次散射功率占比都要比 Y4R 和 G4U 算法的结果要高，这对于城镇区域来说是较好的结果。GF-3 巴尔瑙尔数据区域 D 的极化对称分解结果中体散射功率占比要明显小于 Y4R 和 G4U 算法的结果。E-SAR 奥芬数据的区域 E 对应用于一个建筑物的屋顶，极化对称分解中的体散射功率占比要明显小于 Y4R 和 G4U 算法，相应的二次散射占比增大；面散射功率占比仍占主导地位，且要比 Y4R 和 G4U 算法的结果稍大。

PSDv2 和 PSDv1 的实验结果非常接近。PSDv2 算法的 P_{H} 功率占比总是要稍高于 PSDv1，这是因为 PSDv2 的第二分支将类螺旋散射成分的功率记为了 P_{H}。各区域不同算法间面散射功率占比结果还是比较接近的，除了 E-SAR 奥芬数据的区域 A 和 GF-3 巴尔瑙尔数据的区域 D。E-SAR 奥芬数据的区域 A 对应裸地区域因此极化对称分解具有较大的面散射功率占比，其结果是比较理想的。

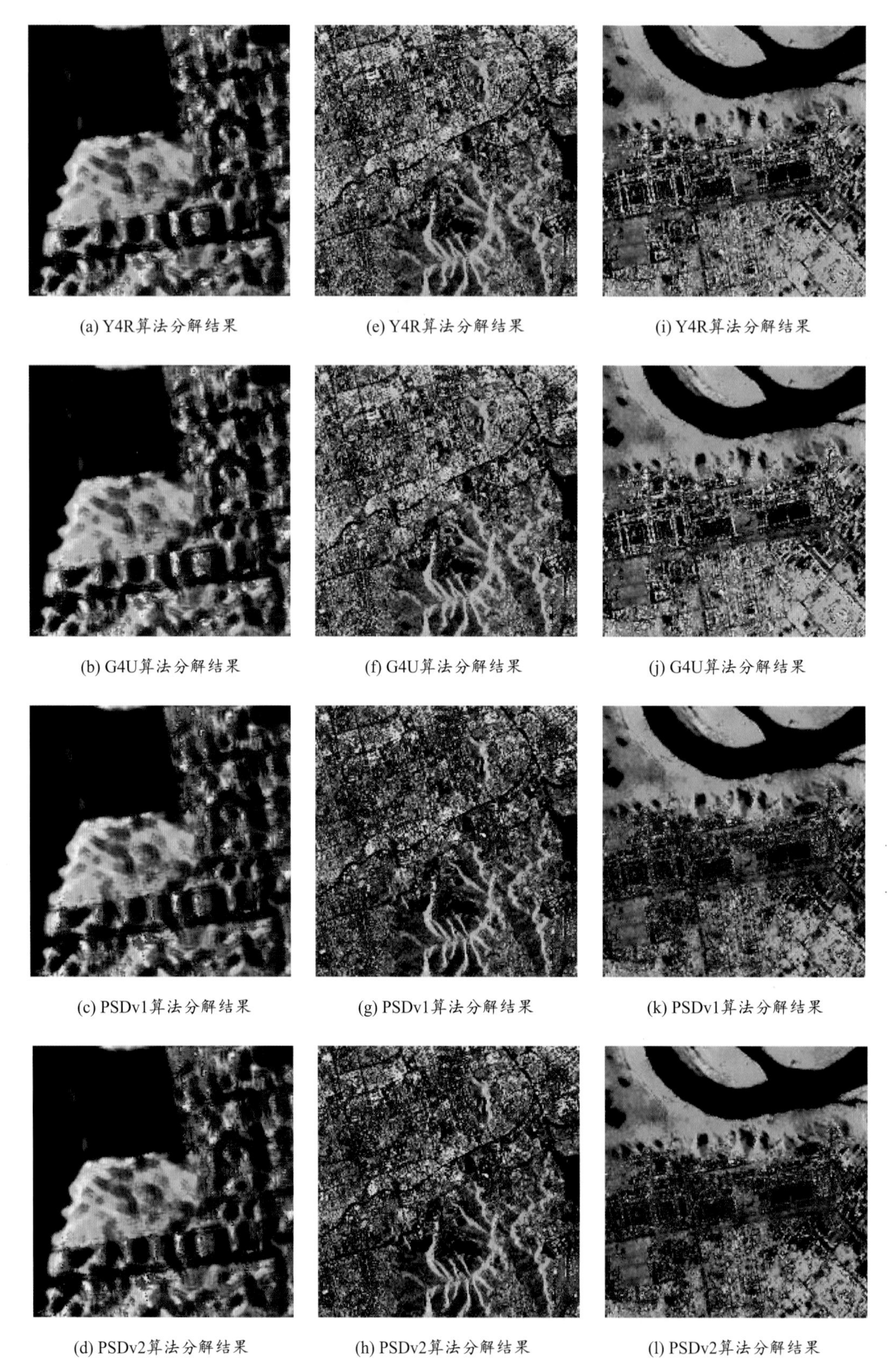

(a) Y4R算法分解结果　(e) Y4R算法分解结果　(i) Y4R算法分解结果

(b) G4U算法分解结果　(f) G4U算法分解结果　(j) G4U算法分解结果

(c) PSDv1算法分解结果　(g) PSDv1算法分解结果　(k) PSDv1算法分解结果

(d) PSDv2算法分解结果　(h) PSDv2算法分解结果　(l) PSDv2算法分解结果

图7-5　由E-SAR奥芬数据、RS2苏州数据、GF-3巴尔瑙尔数据分别选取一个小区域的四种分解方法的功率伪彩色合成图像。每个小区域均包含200×200像素点

表7-4　不同分解算法的不同散射成分功率占比均值实验结果［其中各区域的选取如图7-4（a）和图7-4（i）中的各矩形区域所示，*Span*表示一个极化相干矩阵的极化总功率］

数据	区域	算法	Mean(P_S/*Span*)	Mean(P_D/*Span*)	Mean(P_V/*Span*)	Mean(P_H/*Span*)
E-SAR 奥芬数据	A: 土地 像素个数：100 × 100	Y4R	81.150 7%	10.774 0%	7.058 0%	1.017 4%
		G4U	81.476 5%	10.448 2%	7.058 0%	1.017 4%
		PSDv1	89.097 1%	3.055 3%	6.829 1%	1.018 5%
		PSDv2	89.095 0%	3.057 1%	6.829 1%	1.018 8%
	B: 森林 像素个数：70 × 70	Y4R	24.078 5%	17.376 1%	55.042 4%	3.502 9%
		G4U	24.292 0%	17.162 6%	55.042 4%	3.502 9%
		PSDv1	22.202 6%	21.842 7%	52.451 7%	3.502 9%
		PSDv2	22.202 6%	21.842 7%	52.451 7%	3.502 9%
	C: 建筑 像素个数：40 × 60	Y4R	19.776 7%	67.099 8%	11.318 1%	1.805 4%
		G4U	19.713 2%	67.163 3%	11.318 1%	1.805 4%
		PSDv1	20.475 5%	67.563 1%	9.839 4%	2.122 0%
		PSDv2	20.175 4%	67.467 6%	9.839 4%	2.517 5%
	D: 建筑 像素个数：80 × 60	Y4R	35.951 3%	34.758 7%	25.481 4%	3.808 6%
		G4U	35.894 8%	34.815 2%	25.481 4%	3.808 6%
		PSDv1	30.630 5%	43.531 0%	21.864 9%	3.973 6%
		PSDv2	30.552 3%	43.476 7%	21.864 9%	4.106 1%
	E: 建筑 像素个数：30 × 30	Y4R	64.402 2%	9.179 6%	19.557 4%	6.860 7%
		G4U	66.446 3%	7.135 6%	19.557 4%	6.860 7%
		PSDv1	66.609 3%	18.808 8%	8.372 8%	6.209 1%
		PSDv2	68.125 4%	17.234 2%	8.372 8%	6.267 6%
GF-3 巴尔瑙尔数据	A: 土地 像素个数：30 × 20	Y4R	64.913 6%	9.193 7%	24.935 8%	0.9569 3%
		G4U	64.952 6%	9.154 8%	24.935 8%	0.9569 3%
		PSDv1	64.261 5%	10.026 7%	24.754 8%	0.9569 3%
		PSDv2	64.261 5%	10.026 7%	24.754 8%	0.9569 3%
	B: 森林 像素个数：100 × 100	Y4R	12.545 9%	6.341 8%	79.048 8%	2.063 5%
		G4U	12.865 4%	6.022 4%	79.048 8%	2.063 5%
		PSDv1	12.266 2%	9.044 6%	76.625 7%	2.063 5%
		PSDv2	12.266 2%	9.044 6%	76.625 7%	2.063 5%
	C: 建筑 像素个数：40 × 50	Y4R	22.940 3%	68.837 2%	6.791 1%	1.431 4%
		G4U	22.798 0%	68.979 5%	6.791 1%	1.431 4%
		PSDv1	23.778 5%	70.351 7%	3.430 8%	2.439 0%
		PSDv2	23.083 8%	68.612 8%	3.430 8%	4.872 5%
	D: 建筑 像素个数：40 × 50	Y4R	22.147 3%	22.312 9%	47.219 0%	8.320 8%
		G4U	22.394 9%	22.065 3%	47.219 0%	8.320 8%
		PSDv1	28.023 1%	33.061 7%	30.106 1%	8.809 1%
		PSDv2	27.986 3%	32.754 5%	30.106 1%	9.153 0%

综上所述，4 种算法的分解结果非常类似，仅在个别区域存在较明显差别。上述实验结果验证了 PSDv1 和 PSDv2 都是对地物散射机制进行分析的有效方法，且相比 Y4R 和 G4U 算法在实验结果上稍有优势。

实际上，PSDv1 和 PSDv2 相对于 Y4R 和 G4U 算法最大的优势在于不存在极化信息丢失。也就是说，从极化对称分解的结果可以完整重建原极化相干矩阵。而对于 Y4R 和 G4U 算法，分解过程中会丢失部分极化信息，从而重建的极化相干矩阵与原极化相干矩阵将并不相等。极化对称分解是完全的非相干极化分解算法，而 Y4R 和 G4U 算法不是，笔者推测这也是 Y4R 和 G4U 类算法通常称自身为散射功率分解（scattering power decomposition）方法的原因之一。

7.7.5 $\boldsymbol{T}_3$ 和 $\boldsymbol{T}_4$ 成分散射机制分析

对于极化对称分解，第三个成分 $\boldsymbol{T}_3$ 和第四个成分 $\boldsymbol{T}_4$ 被认为对应于面散射或二次散射。对于三景实验数据分别统计 $\boldsymbol{T}_3$（或 $\boldsymbol{T}_4$）对应于面散射（或二次散射）的像素所占比例，结果分别见表 7-5 至表 7-7。

从表 7-5 至表 7-7 的实验结果可以发现，第三个成分 $\boldsymbol{T}_3$ 主要对应于二次散射，而第四个成分 $\boldsymbol{T}_4$ 主要对应于面散射。造成这一现象的主要原因是分解中使用的去定向操作使得 T_{33} 元素变到最小，且使得 T_{22} 元素大于 T_{33} 元素。

表7-5　E-SAR奥芬数据PSDv1结果中$\boldsymbol{T}_3$（或$\boldsymbol{T}_4$）对应于面散射（或二次散射）像素比例

像素比例	$\boldsymbol{T}_4$ 对应于面散射	$\boldsymbol{T}_4$ 对应于二次散射	每行的和
$\boldsymbol{T}_3$ 对应于面散射	9.921 8%	0.251 5%	10.173 3%
$\boldsymbol{T}_3$ 对应于二次散射	89.263 5 %	0.563 2%	89.826 7%
每列的和	99.185 3%	0.814 7%	100%

表7-6　RS2苏州数据PSDv2结果中$\boldsymbol{T}_3$（或$\boldsymbol{T}_4$）对应于面散射（或二次散射）像素比例

像素比例	$\boldsymbol{T}_4$ 对应于面散射	$\boldsymbol{T}_4$ 对应于二次散射	每行的和
$\boldsymbol{T}_3$ 对应于面散射	13.352 8%	0.585 2%	13.938 0%
$\boldsymbol{T}_3$ 对应于二次散射	83.845 1%	2.216 9%	86.062 0%
每列的和	97.197 9%	2.802 1%	100%

表7-7　GF-3巴尔瑙尔PSDv2结果中$\boldsymbol{T}_3$（或$\boldsymbol{T}_4$）对应于面散射（或二次散射）像素比例

像素比例	$\boldsymbol{T}_4$ 对应于面散射	$\boldsymbol{T}_4$ 对应于二次散射	每行的和
$\boldsymbol{T}_3$ 对应于面散射	11.055 6%	0.579 4%	11.635 0%
$\boldsymbol{T}_3$ 对应于二次散射	87.130 1%	1.234 9%	88.365 0%
每列的和	98.185 7%	1.814 3%	100%

有关表 7-5 至表 7-7 的实验数据所显示的结果，这里再补充说明一点，那就是第三个成分和第四个成分可以同时对应于面散射或二次散射。实际上 Cui 分解、改进 Cui 分解、反射对称分解也都具有这一特性，即分解的最后两种成分也可以同时对应于面散射或二次散射。这一特性乍一看起来，似乎与基于模型的非相干极化分解在思路上并不相符，因为基于模型的非相干极化分解要将目标分解为体散射、面散射和二次散射的组合。但实际上这一特性确实是基于模型的非相干极化分解应该具备的特性。下面给出两点理由。第一，Freeman 最初给出的三成分非相干极化分解算法（即 Freeman 分解），其结果中就可能存在面散射成分为零或二次散射成分为零的结果（这一点在非负功率限制引入后变得更加明显），即基于模型的非相干极化分解从最初开始就不要求分解结果中必须包含所有散射成分。第二，对于真实的物理世界，除了面散射成分和二次散射成分组合的这一种情况外，必然还包括两个不同面散射成分组合和两个不同二次散射成分组合的实际情况。

7.7.6　基于模型的非相干极化分解技术理论极限分析

基于 PSDv2 算法处理过程的不同，可以将极化相干矩阵分为三类。类型一对应于具有 $\lambda_{\mathrm{H}} \geqslant 2|\mathrm{Im}(T_{23})|$ 属性的极化相干矩阵；类型二对应于具有 $\lambda_{\mathrm{H}}<2|\mathrm{Im}(T_{23})|$ 和$b\geqslant 2\sqrt{ac}$属性的极化相干矩阵；类型三对应于具有 $\lambda_{\mathrm{H}}<2|\mathrm{Im}(T_{23})|$ 和 $b\geqslant 2\sqrt{ac}$ 属性的极化相干矩阵。类型一极化相干矩阵的分解结果中 4 个成分都具有极化对称性，且体散射成分甚至具有方位对称性（这是一种非常严格的对称性要求）；类型二极化相干矩阵分解结果中的类螺旋散射成分仅具有 90° 定向角旋转对称性；类型三极化相干矩阵分解结果中的 $\boldsymbol{T}_4$ 成分不具备极化对称性。也就是说，分解结果的极化对称性等级从类型一到类型三在不断降低，其原因为何呢？为了回答这一问题，本小节通过特征值分解对上述三类极化相干矩阵进行了分析，具体如下。

仍使用 E-SAR 奥芬、RS2 苏州和 GF-3 巴尔瑙尔三景实验数据，对每景数据首先计算每个像素对应极化相干矩阵的最大特征值 λ_1，随后计算最大特征值在极化总功率中的占比，即

$\lambda_1/\mathrm{tr}(\boldsymbol{T})$。对于三类极化相干矩阵，绘制 $\lambda_1/\mathrm{tr}(\boldsymbol{T})$ 值的归一化直方图。通过观察发现三景实验数据的结果图非常相似，因此这里仅给出 GF-3 巴尔瑙尔数据的结果如图 7-6 所示。

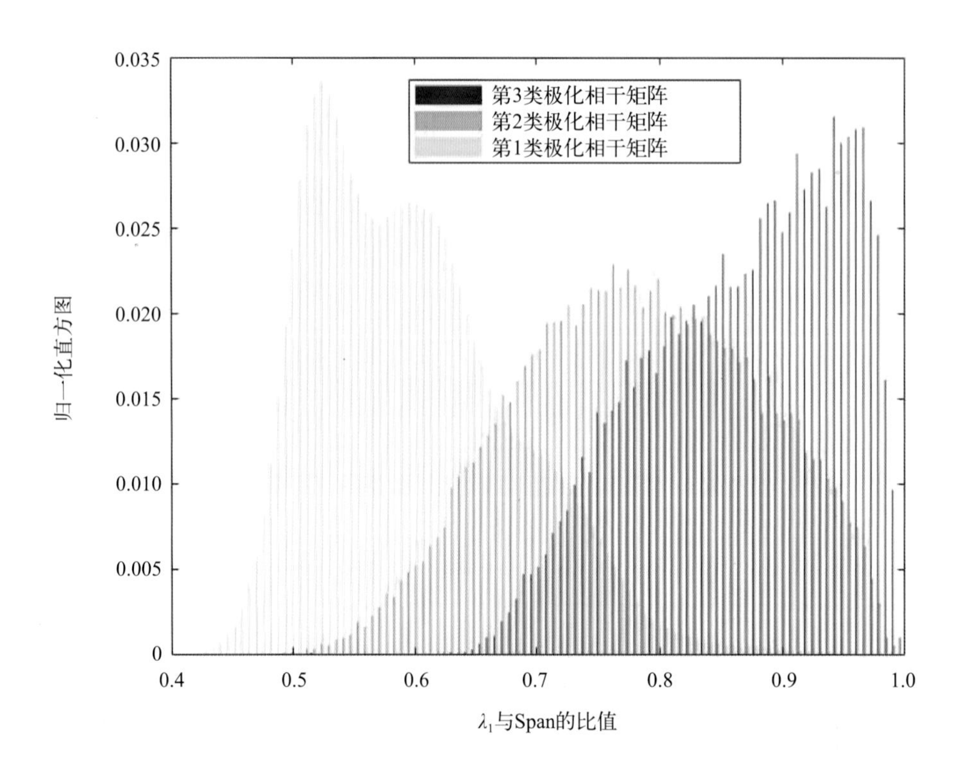

图7-6　GF-3巴尔瑙尔数据三类极化相干矩阵$\lambda_1/\mathrm{tr}(\boldsymbol{T})$值的归一化直方图

如图 7-6 所示，类型一极化相干矩阵的 $\lambda_1/\mathrm{tr}(\boldsymbol{T})$ 值相比类型二极化相干矩阵来说要分布得更低，类型三极化相干矩阵的 $\lambda_1/\mathrm{tr}(\boldsymbol{T})$ 值相比类型二极化相干矩阵来说要分布得更高。也就是说，一个类型三的极化相干矩阵通常具有一个占绝对统治地位的大特征值。一个具有占绝对地位大特征值的极化相干矩阵将非常接近于一个秩为 1 的极化相干矩阵。极化对称分解不能很好地处理类型三的极化相干矩阵。那么若极化对称分解的输入仅是一个秩为 1 的极化相干矩阵，那其输出中将仅包含一个 $\boldsymbol{T}_4$ 成分，这个 $\boldsymbol{T}_4$ 成分正对应了这个秩为 1 的极化相干矩阵。基于上述研究结果，笔者获得了对基于模型的非相干极化分解技术理论极限的一个新的认知，具体如下。

是否能找到一个非相干极化分解方法，该方法可以将任意一个极化相干矩阵完全分解为几个具有极化对称性的成分的和呢？答案是否定的。因为可以找到一个简单的反例。对于秩为 1 的极化相干矩阵，显然非相干极化分解方法将无法获得理想的分解结果，因为绝大部分秩为 1 的极化相干矩阵是不具有极化对称性的。同样的，对于秩为 1 的极化相干矩阵，基于

模型的非相干极化分解技术也无法获得理想的分解结果，除非能找到一种可以覆盖全部秩为 1 极化相干矩阵的新的物理散射模型。

相应地，上述理论极限的一个推论就是，如果一个极化相干矩阵非常接近于秩为 1 的极化相干矩阵，那么它的 $|\mathrm{Im}(T_{23})|$ 元素中会有一部分一定与 T_{11} 元素相关。在无极化信息丢失和分解结果中无负功率成分这两个限制条件下，基于模型的非相干极化分解技术将无法很好地处理这类极化相干矩阵，这类极化相干矩阵正好对应了基于 PSDv2 算法确定的类型三极化相关矩阵。类型三极化相干矩阵的最后一个成分会无法与使用的散射模型在形式上严格相符。

7.8　本章小结

本章基于极化对称性给出的极化对称分解是一种新的基于模型的四成分非相干极化分解算法，该方法的分解过程与 Yamaguchi 类四成分非相干分解算法完全不同。本章一共介绍了两个版本的极化对称分解算法，版本一简洁，版本二复杂，但版本二结果具有更好的极化对称性。实验结果表明极化对称分解是一种有效的由实际多视全极化数据分析地物散射机制的方法。极化对称分解具有以下几个优点。

（1）极化对称分解是一种完全的非相干极化分解方法，分解过程中无极化信息丢失。

（2）极化对称分解结果中无负功率成分。

（3）极化对称分解可以将一景实际极化 SAR 数据中 90% 以上的极化相干矩阵完全分解为 4 个与面散射模型、二次散射模型、体散射模型和螺旋散射模型严格相符的成分的和。

（4）极化对称分解所有步骤都能与实际物理过程相对应，也就是说分解过程全部是“基于模型的”。

（5）极化对称分解的每一步都有解析计算方法，因此整个算法的计算过程非常高效，处理一整景多视全极化 SAR 数据即使仅使用一个普通个人计算机也仅需几秒钟。

基于极化对称分解的研究获得了对基于模型的非相干极化分解技术理论极限上的一个新认知——非相干极化分解算法无法很好地处理秩为 1 的极化相干矩阵。

上述理论极限的一个推论如下。如果一个极化相干矩阵接近于秩为 1 的极化相干矩阵，它的 $|\mathrm{Im}(T_{23})|$ 元素会与 T_{11} 元素相关。在无极化信息丢失和无负功率成分两个限制条件下，基于模型的非相干极化分解技术无法很好地处理这类极化相干矩阵，除非能寻找到一种覆盖所有秩为 1 的极化相干矩阵的新的物理散射模型。

本章介绍的极化对称分解将螺旋散射扩展为类螺旋散射以使得算法可以有效处理更多的极化相干矩阵。实际上如果能引入新的散射模型和新的极化对称性，还可以获得更好版本的极化对称分解算法以保证能有效地处理更多比例的极化相干矩阵。

参考文献

[1] YAMAGUCHI Y, MORIYAMA T, ISHIDO M, et al. Four-component scattering model for polarimetric SAR image decomposition. IEEE Trans. Geosci. Remote Sens., 2005, 43(8):1699−1706.

[2] YAMAGUCHI Y, YAJIMA Y, YAMADA H. A four-component decomposition of POLSAR images based on the coherency matrix. IEEE Geosci. Remote Sens. Lett., 2006, 3(3):292−296.

[3] YAJIMA Y, YAMAGUCHI Y, SATO R, et al. POLSAR Image Analysis of Wetlands Using a Modified Four-Component Scattering Power Decomposition. IEEE Trans. Geosci. Remote Sens., 2008, 46(6):1667−1673.

[4] YAMAGUCHI Y, SATO A, BOERNER W M, et al. Four-component scattering power decomposition with rotation of coherency matrix. IEEE Trans. Geosci. Remote Sens., 2011, 49(6):2251−2258.

[5] AN W, XIE C, YUAN X, et al. Four-Component Decomposition of Polarimetric SAR Images With Deorientation. IEEE Geosci. Remote Sens. Lett., 2011, 8(6):1090−1094.

[6] SATO A, YAMAGUCHI Y, SINGH G, et al. Four-component scattering power decomposition with extended volume scattering model. IEEE Geosci. Remote Sens. Lett., 2012, 9(2):166−170.

[7] SINGH G, YAMAGUCHI Y, PARK S -E. General Four-Component Scattering Power Decomposition With Unitary Transformation of Coherency Matrix. IEEE Trans. Geosci. Remote Sens., 2013, 51(5):3014−3022.

[8] 安文韬 . 基于极化 SAR 的目标极化分解与散射特征提取研究 . 北京：清华大学 , 2010。

[9] CLOUDE S R, POTTIER E. A review of target decomposition theorems in radar polarimetry. IEEE Trans. Geosci. Remote Sens., 1996, 34(2):498−518.

[10] CLOUDE S R, POTTIER E. A review of target decomposition theorems in radar polarimetry. IEEE Trans. Geosci. Remote Sens., 1996, 34(2):498−518.

[11] YANG J. On Theoretical Problems in Radar Polarimetry. Ph. D. Dissertation, Niigata University, Japan, 1999.

[12] AN W T, LIN M. An incoherent decomposition algorithm based on polarimetric symmetry for Multi-look polarimetric SAR data. IEEE Transactions on Geoscience and Remote Sensing, 2020, 58(4):2383−2397.

[13] VAN ZYL J J, ARII M, KIM Y. Model-based decomposition of polarimetric SAR covariance matrices constrained for nonnegative eigenvalues. IEEE Trans. Geosci. Remote Sens., 2011, 49(9):1104−1113.

[14] CUI Y, YAMAGUCHI Y, YANG J, et al. On Complete Model-Based Decomposition of Polarimetric SAR Coherency Matrix Data. IEEE Trans. Geosci. Remote Sens., 2014, 52(4):1991−2001.

第 8 章　非相干极化分解的熵分析

8.1　要解决的问题和创新点

通过本书之前各章的叙述可以发现，基于模型的非相干极化分解哪怕仅使用相同的模型，都可以有很多不同的分解实现方法。对于一个非极化分解研究领域的科研人员来说，面对如此多的分解方法，如何评价这些分解方法孰优孰劣以及在针对某一项具体应用到底该选择哪一种分解方法，已经成为困扰很多研究人员的一个问题。很多情况下非极化分解领域的研究人员没有过多精力了解和比较多种分解方法，其结果就是选择比较经典的分解方法来使用，这就是为什么最初的 Freeman 分解和 Yamaguchi 分解存在如此多的问题，但还被广泛使用的原因之一。

本章研究的最初目的就是为了能够找到一种方法或途径可以比较不同非相干极化分解算法的优劣，从而为算法的选用提供依据。笔者研究时想到的一个思路就是从极化信息丢失和增加角度来对不同算法进行比较。为了定量地衡量极化信息的丢失和增加，自然而然地想到了香农在信息论里提出的信息熵。实际上早在 1996 年，Cloude 和 Pottier 就已将信息熵的概念引入极化数据分解研究领域，提出了极化熵的概念[1]，具体如下。对于一个极化相干矩阵 $\boldsymbol{T}$，由于其为三阶半正定厄尔米特矩阵，因此其三个特征值均为非负实数，用 λ_1、λ_2、λ_3 表示这三个特征值，极化熵定义如下：

$$
\begin{gathered}
p_1=\frac{\lambda_1}{\lambda_1+\lambda_2+\lambda_3}, \quad p_2=\frac{\lambda_2}{\lambda_1+\lambda_2+\lambda_3}, \quad p_3=\frac{\lambda_3}{\lambda_1+\lambda_2+\lambda_3} \\
H=-p_1\log_3(p_1)-p_2\log_3(p_2)-p_3\log_3(p_3)
\end{gathered} \tag{8-1}
$$

通过上式可以发现，极化熵在公式上与信息熵完全相同，信息熵涉及的概率由 3 个特征值的功率占比确定。

极化熵已经是在极化数据分析中取得了非常广泛的应用。熵在传统物理学中的含义是对系统混乱程度的描述，因此极化熵通常认为是对极化相干矩阵混乱程度或者说是随机程度的描述。对不同非相干极化分解算法进行分析后发现，它们分解结果中大部分散射成分对应的是确定的极化矢量，这些成分已不存在随机性，但分解结果中仍有小部分成分存在随机性，其中最典型的就是体散射成分。通过上述分析可以发现，一个具有一定随机程度的极化相干矩阵经过非相干极化分解后，分解结果中大部分随机性会消失，这部分消失的随机性可以认为是由于非相干极化分解算法使用的散射模型和分解方法带来的极化信息附加造成的。那么该如何定量化表示这部分消失的随机性呢（问题一）？

非相干极化分解算法可以使人们更好地认识地物散射的极化特性，那么非相干极化分解算法是否在分解结果中人为地添加了极化信息（问题二）？若添加了信息，那么这部分添加的极化信息量该如何衡量（问题三）？添加的极化信息与上面提到的消失的随机性又有什么关系（问题四）？

在明确了上面几个需要研究的问题后，笔者首先对非相干极化分解进行了一个简化建模，具体如下：

$$\boldsymbol{T}=\sum_{i=1}^{n}P_i\boldsymbol{T}_i \tag{8-2}$$

其中，$\boldsymbol{T}$ 表示原极化相干矩阵；$\boldsymbol{T}_i$ 表示功率归一化后的散射成分（即其极化总功率为1）；P_i 对应面散射功率 P_S、二次散射功率 P_D、体散射功率 P_V、螺旋散射功率 P_H 等，对于三成分分解方法 n=3、对于四成分分解方法 n=4。上述简化模型涉及每个分解算法时的具体形式将在第8.6.1节实验部分给出。

若把式(8-2)中的 $P_i\boldsymbol{T}_i$ 看作是一个整体并将分解过程逆向来看，则该模型可进一步简化为：几个极化相干矩阵非相干求和生成一个极化相干矩阵。从信息角度来讲，几个极化相干矩阵求和成为一个极化相干矩阵的过程应该对应信息丢失过程，因为若只知道最后求和后的极化相干矩阵是难以重建原来的几个极化相干矩阵的。那么相对的，将一个极化相干矩阵分解为几个极化相干矩阵之和的过程应该对应了信息的增加。该如何定量化地分析上述求和与分解两个过程中信息量的变化呢（问题五）？

笔者最初直接使用极化熵的概念对问题五进行了研究，结果发现存在问题。例如：以单位矩阵的特征值分解为例，其三个成分各自的极化熵均为零［即 $H(\boldsymbol{T}_i)$ 均为零］，而它们求和后矩阵的极化熵却为1［即 $H(\boldsymbol{T})$=1］。也就是说，若仅使用极化熵来描述这个求和过程，好像应该是信息增加了，这与上一段说到的“极化相干矩阵求和应该对应的是信息丢失”相矛盾。

综上所述，笔者通过初步研究将问题一到问题四归纳简化为了问题五，而为了解答问题五，若仅使用极化熵来描述显然是不够的（上面已经介绍了单位矩阵分解、求和的问题）。

通过对问题五的深入研究，笔者最终采用了扩展极化熵概念的方法，首先提出了极化剩余熵的概念用以描述极化分解结果中多成分剩余的随机性；随后通过研究发现仅使用极化剩余熵的概念并不能完整描述非相干极化分解算法输出端的全部信息量，因此考虑对非相干极化分解输出的几种成分首先直接套用极化熵概念，然后将其结果与剩余熵求和后认为是对非相干极化分解输出端的完整信息量描述。经过进一步研究后发现，上述思路与信息论中信息熵的可加性原理具有一致性，进而提出了极化功率熵和广义极化熵的概念。

基于极化剩余熵、极化功率熵和广义极化熵这三个概念，基本可以完整描述非相干极化分解过程输入端和输出端信息量的变化，基于这三个概念本章还对不同非相干极化分解算法进行了实验研究以比较各算法的优劣，获得了有一定指示性的实验结果，且利用这三个概念还可以对非相干极化分解中一些步骤的理论基础进行一定解释。基于广义极化熵的研究从信息丢失和增加角度为非相干极化分解技术的发展做出了有益的理论探索。下面具体介绍主要的研究成果。

8.2　广义极化熵（generolized polarimetic entropy）

8.2.1　定义

对于一个极化相干矩阵 $\boldsymbol{T}$，其包含的极化信息可以用极化熵 H 来表示。那么多个极化相干矩阵所包含的极化信息该如何表示呢？一个最直接的想法就是将多个极化相干矩阵的极化熵直接求和来表示全部的极化信息，但通过研究发现这种方法存在问题。一个简单的例子如下，一个极化相干矩阵特征值分解的结果包括 3 个秩为 1 的极化相干矩阵，这三个成分各自极化熵均为 0 其总和也为 0，但这三个成分求和后的极化相干矩阵的极化熵通常大于零。多个极化相干矩阵非相干求和的过程对应的应该是信息丢失的过程，因为通常由求和后的极化相干矩阵若不附加其他信息是难以重建求和前的几个极化相干矩阵的。上面特征值分解结果中的 3 个矩阵，各自极化熵的总和为 0，求和后极化相干矩阵的极化熵大于 0，极化熵总和随着求和过程反而增加了，这与极化相干矩阵求和对应信息丢失的认知相违背。

在对多个极化相干矩阵所包含的极化信息该如何表示这一问题进行深入研究后，笔者提出使用如下参数进行描述。对于 n 个极化相干矩阵 $\boldsymbol{T}_1$，$\boldsymbol{T}_2$，…，$\boldsymbol{T}_n$ 定义如下参数

$$H_{\mathrm{G}} = \sum_{i=1}^{n} p_i \left[H\left(\boldsymbol{T}_i\right) - \log_3\left(p_i\right) \right] = -\sum_{i=1}^{n} p_i \log_3\left(p_i\right) + \sum_{i=1}^{n} p_i H\left(\boldsymbol{T}_i\right) \tag{8-3}$$

其中，

$$p_i=\frac{\mathrm{tr}\left(\boldsymbol{T}_i\right)}{\sum_{i=1}^{n}\mathrm{tr}\left(\boldsymbol{T}_i\right)} \tag{8-4}$$

式中，$H(\cdot)$ 表示一个极化相干矩阵的极化熵；$\mathrm{tr}(\cdot)$ 表示矩阵的迹即矩阵对角线元素的和；下标 G 是为了表示与极化熵不同。基于式 (8-4) 的定义，容易验证所有 p_i 的和为 1，即$\sum_{i=1}^{n}p_i=1$。对于广义极化熵 H_G 容易验证当 $n=1$ 时即只有一个极化相干矩阵时，其对应的就是该极化相干矩阵的极化熵。因为参数 H_G 还包含多个极化相干矩阵的情况，因此笔者建议称其为广义极化熵（generolized polarimetic entropy，GPE）[2]。

为了更加清晰地显示广义极化熵与非相干极化分解之间的关系，不妨假设广义极化熵 n 个极化相干矩阵的和为 $\boldsymbol{T}$，即令 $\boldsymbol{T}=\sum_{i=1}^{n}\boldsymbol{T}_i$。相应地在广义极化熵的定义式 (8-3) 中的 $\sum_{i=1}^{n}\mathrm{tr}\left(\boldsymbol{T}_i\right)=\mathrm{tr}\left(\boldsymbol{T}\right)$，参数 p_i 可以表示为

$$p_i=\frac{\mathrm{tr}\left(\boldsymbol{T}_i\right)}{\mathrm{tr}\left(\boldsymbol{T}\right)} \tag{8-5}$$

也就是说 n 个极化相干矩阵可以看作是对极化相干矩阵 $\boldsymbol{T}$ 的一种非相干极化分解，广义极化熵是对其输出端信息的一种度量。因为本章主要研究的是不同非相干极化分解算法的比较分析，因此上述基于求和矩阵 $\boldsymbol{T}$ 的广义极化熵定义形式将被多次用到。

通过观察式 (8-3) 可以发现广义极化熵包含两个部分，分别如下：

$$H_{\mathrm{G}}=H_{\mathrm{P}}+H_{\mathrm{R}} \tag{8-6}$$

其中，

$$H_{\mathrm{P}}=-\sum_{i=1}^{n}p_i\log_3\left(p_i\right)$$

$$H_{\mathrm{R}}=\sum_{i=1}^{n}p_iH\left(\boldsymbol{T}_i\right) \tag{8-7}$$

通过研究后笔者建议将参数 H_{P} 称为极化功率熵、将参数 H_{R} 称为极化剩余熵（有关这两个参数在第 8.3 节和第 8.4 节还会进一步进行详细介绍）。通过观察可以发现，H_{R} 是多个极化相干矩阵各自极化熵的加权平均，可理解为表示的是各极化相干矩阵各自极化特性包含信息的加权平均；H_{P} 只与各极化相干矩阵的极化总功率相关，因此可以认为其包含的是极化总功率表示的信息。

上述对广义极化熵物理含义的理解并不精确。实际上，广义极化熵在定义形式上与随机信源的信息熵可加性完全相符，第 8.2.2 节将结合非相干极化分解算法，并参照对极化熵物理含义的理解方法，来介绍基于信息熵可加性的广义极化熵的物理含义。

8.2.2　物理含义

极化熵常认为是对极化相干矩阵随机程度的描述。但通过初步分析发现，上述对熵这一概念的传统理解对于分析极化信息量并不十分适用。本节将采用另一种思路来解释极化熵。香农提出的信息论可以说是对熵的概念进行了提升，信息论指出熵不仅是随机程度的度量，更是对一个随机信源平均信息量大小的度量。基于信息论中对熵概念的理解，可以把一个极化相干矩阵看作一个随机信源，其每次发射的信号是其 3 个特征向量中的 1 个，而每种特征向量发射的概率由其特征值与总功率的比值确定，那么这个信源每发射一次信号的平均信息量就正好是极化熵。而从非相干极化分解算法角度来说，特征值分解本身就是一种非相干极化分解算法，极化熵可以说是对其分解结果信息量的描述。

将上述对极化熵的理解，扩展用以分析其他非相干极化分解算法，将每个算法都认为是一个信源，其发射信号就是分解结果中极化总功率归一化后的各个成分，而各个成分信号发射的概率由其功率与原极化相干矩阵的极化总功率的比值确定，这种信源的平均信息量正好就是极化功率熵 H_{P}。但特征值分解发射的每个信号均对应 1 个特征向量，即是一种全极化信号，而非相干极化分解的某种成分（如体散射成分）还是一个非一阶极化相干矩阵，也就是说该种信号本身还存在一定随机性，对于此类信号，有必要采用特征值分解进一步确定其表示的平均信息量，即信源在发射此类信号时发射的还是其 3 个特征向量中的 1 个，3 个特征向量发射的概率由其特征值占比确定且其总和是该成分功率与总功率的比值。上述整个理解过程从信源角度可以理解为二阶段信源，第一阶段对应的是各种分解成分，第二阶段是各种成分中还有随机性的成分再进一步分解为各自的特征向量对应成分。

对于上述两阶段信源的信息熵，在信息论中已经有明确结论，可利用信息熵的可加性属性进行分析。信息熵的可加性（也称递增性）原理如下：

$$H\left(p_1,p_2,\cdots,p_{n-1},q_1,q_2,\cdots,q_m\right)=H\left(p_1,p_2,\cdots,p_{n-1},p_n\right)+p_nH\left(\frac{q_1}{p_n},\frac{q_1}{p_n},\cdots,\frac{q_m}{p_n}\right) \tag{8-8}$$

更一般的可加性公式如下：

$$H\left(p_{11},\cdots,p_{1r_1},p_{21},\cdots,p_{2r_2},\cdots,p_{n1},\cdots,p_{nr_n}\right)=H\left(p_1,p_2,\cdots,p_n\right)+\sum_{i=1}^{n}p_iH\left(\frac{p_{i1}}{p_i},\frac{p_{i2}}{p_i},\cdots,\frac{p_{ir_i}}{p_i}\right) \quad (8-9)$$

其中，$H(\cdot)$ 表示的是信息熵，其计算方式在数学上与极化熵相同，其括号中为不同信号出现的离散概率分布；p 和 q 表示的就是不同信号出现的概率，不同信号用不同的下标加以区分。

将式 (8−9) 与广义极化熵的定义式 (8−3) 进行比较可以发现，无论是极化功率熵还是极化熵其在数学形式上采用的都是信息熵的定义形式，因此式 (8−9) 与式 (8−3) 在数学形式上是完全等价的。

综上所述，基于信息熵的可加性原理，可以将非相干极化分解结果的信息量表示为一个两阶段信源的信息熵，这个信源其发射的信号是各成分的特征向量，其概率由各成分的功率占比和各成分各自特征值的占比共同确定。在计算信源信息熵时，先计算各成分功率占比确定的信息熵，再结合信息熵可加性原理附加入由各成分各自特征值占比确定的信息熵。

上述基于信息熵可加性原理对广义极化熵物理含义的理解与极化熵基本相同，这证明广义极化熵与极化熵一样均具有较扎实的理论基础。不过值得指出的是，广义极化熵与极化熵和信息熵还是有所不同的，相关内容将在第 8.2.3 节详细介绍。

8.2.3 补充说明

从离散信源角度的物理含义来说，广义极化熵和极化熵还是有区别的。极化熵表示的信源发射的特征向量最多有 3 个，这三个特征向量均不相同且是相互正交的；广义极化熵发射的各成分的特征向量可以多于 3 个，特征向量之间并不都是正交的，且有可能相同。

对于非正交性，实际上只要特征向量多于 3 个，理论上就是不能保证特征向量间均是相互正交的。实际上只要特征向量是不同的就可以表示不同的信号，而信源只要发射的是不同的信号就能表示不同的信息，而信号之间是否相互正交对于信息熵的计算来说并无本质影响。综上所述，如果广义极化熵对应的特征向量能均不相同，是否正交对其计算过程和物理含义并无影响。

对于可能存在相同的特征向量这一点来说，对广义极化熵物理含义的影响还是较大的。本节将从考虑相同特征向量合并与不合并两个方面对该问题进行阐述，具体如下。

1）考虑相同特征向量合并的情况

信息论中信息熵的计算是有一个隐含条件的，那就是其计算时用到的每个概率必须对应不同的信号，一旦出现两个概率对应的信号变为相同的了，那么这两个概率要相加为一个概

率，相应的信源的随机性变小，信息熵也变小。

若为了保证广义极化熵与信息熵的概念完全相符，则需要为广义极化熵的定义添加一个附加条件，那就是 n 个极化相干矩阵的特征向量如果出现相同的情况，则将这两个向量对应的概率合并，从而降低信源随机性，进而减小广义极化熵。

采用这一附加条件，毫无疑问会增加广义极化熵计算实现的复杂性。实际上通过进一步深入研究，笔者目前倾向于不考虑相同特征向量合并，其理由将在下面进行介绍。

2）不考虑相同特征向量合并的情况

对于非相干极化分解算法，理论上确实存在结果中不同成分具有相同特征向量的可能。但通过大量实验发现，完全非相干极化分解算法对实际全极化 SAR 数据的分解结果中几乎根本不会出现特征向量相同的情况。以本书前面各章实验部分涉及的算法为例进行分析后发现，特征向量相同的情况主要为体散射成分的第一个特征向量和面散射中的纯球面散射向量，这两个向量对应的极化相干矩阵均具有如下形式：

$$\begin{bmatrix} 1 & 0 & 0 \\ 0 & 0 & 0 \\ 0 & 0 & 0 \end{bmatrix} \tag{8-10}$$

这一情况在 Freeman 分解、Yamaguchi 分解、去定向 Freeman 分解和去定向 Yamaguchi 分解的结果中都会出现。但对于改进 Cui 分解、RSD 分解和 PSD 分解等完全非相干极化分解算法，大量实验结果中均没有纯球面散射成分出现。也就是说，对于完全非相干极化分解算法，理论上不同成分可能具有相同的特征向量，但对于实际全极化 SAR 数据的结果由于噪声和计算误差等因素影响，几乎根本不会出现特征向量相同的情况。

基于上述实验情况以及为了降低广义极化熵计算实现的复杂度，笔者倾向于计算广义极化熵时不进行相同特征向量的合并。在此种情况下，若分解结果各成分的特征向量均不同，则其仍严格具有信息熵的属性，这也是实际全极化 SAR 数据分解结果对应的情况。但若不同成分存在相同特征向量的情况出现，那么此时广义极化熵可以理解为对这些相同的特征向量又附加了其他条件来加以区分，如具有不同的绝对相位。因为非相干叠加为极化相干矩阵时，绝对相位是无影响的。这种通过不同绝对相位加以区分的方法，相当于为信源添加了新的可区分的信号，增加了其平均信息量。值得指出的是，这种人为的区分方法实际上也是符合我们知道这两个相同的特征向量是来源于两个不同成分的现实情况的。综上所述，在存在相同特征向量情况下，目前定义的广义极化熵，相当于附加了新的区分信息，因此其在形式上仍然符合信息熵的概念，只是值变得更大了。

经过研究发现，在可能有相同特征向量的情况下，还可以把广义极化熵的物理含义理解为 2 个参数的和，即式 (8-6) 中极化功率熵和极化剩余熵的和。有关这两个参数的详细介绍以及在可能存在相同特征向量情况下各自的扩展物理含义将在下两节分别进行详细介绍。

本节最后，对纯 0° 二面角散射情况进行一点补充说明。去定向 Freeman 分解和去定向 Yamaguchi 分解结果中的纯 0° 二面角散射成分因为还受到定向角的影响，因此在特征向量上可以并不是纯 0° 二面角散射，从而与体散射成分的纯 0° 二面角散射相区别。实际上，还有一种从理论上避免体散射成分的特征向量与纯 0° 二面角散射相同的方法，具体如下。经典体散射成分较小的两个特征值相等，意味着这两个特征值对应的特征向量可以有无限种可能的组合，它们只要相互正交就好。因此对于非相干极化分解算法，一旦二次散射成分确定，只需要让体散射成分较小的两个特征值对应的特征向量，在选取时选取与二次散射在形式上不同的一种正交组合就可以了。这种处理方法可以从理论上避免体散射成分和二次散射成分出现特征向量相同的情况。类似的更极端的一个例子是，如果把体散射成分模型选取为单位矩阵，由于 3 个特征值均相等，因此其 3 个特征向量可以任意选取，只要保证正交就好，因而可以从理论上保证体散射成分的特征向量与其他成分的特征向量均不相同，因为如果相同可以换一组其他的正交基。

8.3 极化剩余熵（polarimetric residual entropy）

8.3.1 定义与物理含义

式 (8-7) 中已经给出了极化剩余熵的定义，不过为了更好地研究极化剩余熵的物理含义，本节先从非相干极化分解角度重新给出极化剩余熵的定义。若某一个极化相干矩阵 $\boldsymbol{T}$ 可以非相干分解为 n 个极化相干矩阵求和的形式，即

$$\boldsymbol{T}=\sum_{i=1}^{n}\boldsymbol{T}_i \tag{8-11}$$

则定义分解后 n 个极化相干矩阵的极化剩余熵如下：

$$H_{\mathrm{R}}=\sum_{i=1}^{n}\frac{\operatorname{tr}\left(\boldsymbol{T}_i\right)}{\operatorname{tr}\left(\boldsymbol{T}\right)}H\left(\boldsymbol{T}_i\right) \tag{8-12}$$

其中，tr(·) 表示矩阵的迹（即矩阵对角线元素的和）；$H(\cdot)$ 表示一个极化相干矩阵的极化熵，

下标 R 是为了标识其与极化熵的不同。

通过极化剩余熵的定义可以发现，它是非相干极化分解结果中各成分极化熵的加权平均，而加权系数由各成分功率与原极化相干矩阵极化总功率的比值确定。容易验证对于非相干极化分解算法加权系数的和为 1，因为非相干极化分解通常要求各成分功率的和与极化总功率相等。同时，还容易验证极化剩余熵 H_{R} 的取值范围是 [0,1]，这是因为分解后各成分极化熵的取值范围均为 [0,1]。

因为极化熵可以认为是对极化相干矩阵随机性的度量，因此基于上述定义方法可以发现极化剩余熵的物理含义可以理解为在矩阵 $\boldsymbol{T}$ 被分解为 n 个极化相干矩阵后，对这 n 个极化相干矩阵所剩余的随机程度的一个度量。上述这种对极化剩余熵物理含义的理解，与各成分是否存在相同特征向量毫无关系。举个极端一点的例子，假设非相干极化分解为等分分解，即 $\boldsymbol{T}=\sum_{i=1}^{n}\frac{1}{n}\boldsymbol{T}$，容易验证此时极化剩余熵与原极化熵相等，即 $H_{\mathrm{R}}=H(\boldsymbol{T})$。这种情况下可以理解为分解结果完整保留了原极化相干矩阵的随机性。

最后值得指出的一点是，极化剩余熵的定义实际上完全可以脱离广义极化熵的概念单独使用，这对其本身并无影响。实际上笔者在研究的过程中就是先单独发现了极化剩余熵，随后发现了极化功率熵，最后发现广义极化熵。

8.3.2　极化剩余熵分析实例

极化剩余熵可以用来分析非相干极化分解，下面给出 3 个实例。

1）特征值分解

一个极化相干矩阵的特征值分解表示如下：

$$\boldsymbol{T}=\boldsymbol{U}\begin{bmatrix}\lambda_1 & & \\ & \lambda_2 & \\ & & \lambda_3\end{bmatrix}\boldsymbol{U}^{\mathrm{H}}=\lambda_1\boldsymbol{U}_1\boldsymbol{U}_1^{\mathrm{H}}+\lambda_2\boldsymbol{U}_2\boldsymbol{U}_2^{\mathrm{H}}+\lambda_3\boldsymbol{U}_3\boldsymbol{U}_3^{\mathrm{H}} \tag{8-13}$$

其极化剩余熵为

$$\sum_{i=1}^{3}\frac{\mathrm{tr}\left(\lambda_i\right)}{\mathrm{tr}\left(\boldsymbol{T}\right)}H\left(\lambda_i\boldsymbol{U}_i\boldsymbol{U}_i^{\mathrm{H}}\right)=\sum_{i=1}^{3}\frac{\mathrm{tr}\left(\lambda_i\right)}{\mathrm{tr}\left(\boldsymbol{T}\right)}\cdot 0=0 \tag{8-14}$$

即特征值分解的极化剩余熵为 0，其值显然小于等于原极化熵 $H(\boldsymbol{T})$。

2）Holm 分解

一个极化相干矩阵的 Holm 分解如下：

$$\boldsymbol{T}=(\lambda_1-\lambda_2)\boldsymbol{U}_1\boldsymbol{U}_1^{\mathrm{H}}+2(\lambda_2-\lambda_3)\left(\boldsymbol{U}_2\boldsymbol{U}_2^{\mathrm{H}}+\boldsymbol{U}_3\boldsymbol{U}_3^{\mathrm{H}}\right)+3\lambda_3\boldsymbol{I} \tag{8-15}$$

其对应的极化剩余熵为

$$\frac{(\lambda_1-\lambda_2)}{\mathrm{tr}(\boldsymbol{T})}\log_3(1)+\frac{2(\lambda_2-\lambda_3)}{\mathrm{tr}(\boldsymbol{T})}\log_3(2)+\frac{3\lambda_3}{\mathrm{tr}(\boldsymbol{T})}\log_3(3) \tag{8-16}$$

可验证该极化剩余熵仍小于等于 $H(\boldsymbol{T})$。

3）等分分解

将一个极化相干矩阵分解为完全相等的 3 份，即

$$\boldsymbol{T}=\frac{1}{3}\boldsymbol{T}+\frac{1}{3}\boldsymbol{T}+\frac{1}{3}\boldsymbol{T} \tag{8-17}$$

则这一分解的极化剩余熵为

$$\sum_{i=1}^{3}\frac{1}{3}H(\boldsymbol{T})=H(\boldsymbol{T}) \tag{8-18}$$

即等分分解的极化剩余熵与原极化熵 $H(\boldsymbol{T})$ 相同。

8.4 极化功率熵（polarimetric power entropy）

极化功率熵是在研究极化剩余熵过程中发现的。第 8.1 节曾经指出，多个极化相干矩阵非相干求和生成一个极化相干矩阵的过程从信息变化角度来讲应该对应的是信息丢失的过程，因为若只知道最后求和后的极化相干矩阵是难以重建原来的几个极化相干矩阵的。信息丢失则对应的熵应该减小，但根据极化剩余熵的属性（详见第 8.5 节）求和后的极化熵却大于等于求和前的极化剩余熵，这与上面的叙述矛盾。

通过深入研究后发现，仅使用极化剩余熵的概念并不能完整描述非相干极化分解算法输出端的全部信息量。在发现这点后，笔者尝试寻找除极化剩余熵外其他能描述分解结果的类似熵的参数。当时观察到极化熵是基于特征值分解结果中各成分功率占比按信息熵的公式进行计算的，因此考虑对其他非相干极化分解输出的几种成分的功率占比也直接套用信息熵的计算公式，从而提出了极化功率熵的概念，具体如下。

若某一个极化相干矩阵 $\boldsymbol{T}$ 可以非相干分解为 n 个极化相干矩阵求和的形式，即

$$\boldsymbol{T}=\sum_{i=1}^{n}\boldsymbol{T}_i \tag{8-19}$$

则定义分解结果的极化功率熵为

$$H_{\mathrm{P}}=-\sum_{i=1}^{n}p_i\log_3\left(p_i\right) \tag{8-20}$$

其中，

$$p_i=\frac{\mathrm{tr}\left(\boldsymbol{T}_i\right)}{\mathrm{tr}\left(\boldsymbol{T}\right)} \tag{8-21}$$

对于非相干极化分解算法来说，p_i 对应于 $P_{\mathrm{S}}/Span$、$P_{\mathrm{D}}/Span$、$P_{\mathrm{V}}/Span$、$P_{\mathrm{H}}/Span$。

极化功率熵的值较小，说明非相干极化分解的结果比较集中在某一个成分上，这一成分的散射模型可以良好地表达该处地物的电磁散射特征；极化功率熵较大，说明非相干极化分解的结果在几种散射成分中分布得比较平均，这几种散射成分都不能单独很好地描述该处地物的电磁散射特征。对某一区域地物的非相干极化分解结果，若其所有像素极化功率熵的平均值较小，说明该非相干极化分解方法比较适用于分析该类地物的电磁散射特征，若其所有像素极化功率熵的平均值较大，说明该非相干极化分解各散射成分的模型都与该处地物不十分相符。

值得指出的是，极化功率熵 H_{P} 的值域范围并不是 [0,1]，其最小可能值仍为 0，但最大可能值可以大于 1 且会随着分解成分个数的增多而增大。

通过与极化剩余熵比较可以发现，极化剩余熵主要侧重于每个成分自身的极化信息，而极化功率熵侧重的是各成分功率所代表的信息。再进一步深入研究后发现，极化功率熵与极化剩余熵的和与信息熵的可加性在数学上具有一致性，从而发现了前文介绍的广义极化熵。不过值得指出的是，极化功率熵的定义也可以独立于广义极化熵单独使用。

若分解结果中各成分在形式上均不相同，则极化功率熵与信息熵在概念上严格相符，这也是非相干极化分解算法的实际情况。但若分解结果中存在相同的成分，一个极端的例子就是等分分解，在这种情况下极化功率熵的物理含义可以理解为对各成分功率值分布状态的一个描述参数；若极化功率熵较小，则各成分功率分布差异较大，若极化功率熵较大，则各成分功率分布比较均一；这种理解是完全合理的。对于存在相同成分情况下的极化功率熵，还可以认为是人为给相同的成分添加了区分信息，如让它们的特征向量具有不同绝对相位或采用不同极化基，这种处理方式等于增加了信息量；在这种理解情况下，极化功率熵仍与信息熵概念相符，只是值变大了。

综上所述，通过第 8.3 节和本节的介绍可知，极化功率熵和极化剩余熵无论其对应的分解成分或特征向量是否相同，都具有明确的物理含义，因此笔者建议其求和后形成的广义极化熵也不需要考虑是否存在相同成分或相同特征向量的情况。

8.5 两个不等式属性

本节将介绍两个重要的不等式，这两个不等式分别可以看作是广义极化熵和极化剩余熵各自的一个重要属性，具体内容如下。

1）广义极化熵的一个重要属性

第 8.1 节曾经指出，多个极化相干矩阵非相干求和生成一个极化相干矩阵的过程从信息变化角度来讲应该对应的是信息丢失的过程，因为若只知道最后求和后的极化相干矩阵是难以重建原来的几个极化相干矩阵的。对于 $\boldsymbol{T}=\sum_{i=1}^{n}\boldsymbol{T}_i$，广义极化熵描述的是等号右侧多个极化相干矩阵的信息量，极化熵描述的是等号左侧求和后极化相干矩阵 $\boldsymbol{T}$ 的信息量，因此笔者猜测如下不等式成立：

$$H_{\mathrm{G}} \geqslant H(\boldsymbol{T}) \tag{8-22}$$

即多个极化相干矩阵的广义极化熵应该大于等于这些极化相干矩阵求和之后的极化熵。

从非相干极化分解算法角度来说，式 (8−22) 对应的属性意味着完全非相干极化分解算法输出端的信息量要大于等于输入端的信息量。基于广义极化熵的这一属性可以回答第 8.1 节中的问题二、问题三和问题五。即 $H_{\mathrm{G}}-H$ 可以认为是一个定量化衡量非相干极化分解算法带来的信息量增加的参数。该参数可以用来分析和比较不同非相干极化分解算法各自带来的附加信息的相对大小。

2）极化剩余熵的一个重要属性

为了介绍极化剩余熵的属性，先观察以下最简单的两个非相干极化矩形求和的过程。

$$\boldsymbol{T}_1+\boldsymbol{T}_2=\boldsymbol{T} \tag{8-23}$$

笔者在研究过程中，尝试把式 (8−23) 看作是对一个孤立系统状态变化的描述。也就是说，这个系统最初状态是包括两个部分 $\boldsymbol{T}_1$ 和 $\boldsymbol{T}_2$，随后经过融合后系统状态变得均一，只剩下状态 $\boldsymbol{T}$。在物理上有个著名的熵增定律——孤立系统总是趋向于熵增。熵增定律指出，当孤立系统由有序状态变为无序的均匀混乱状态时，熵会增加。基于熵增定律的思想，笔者认为式 (8−23) 所示的两个极化相干矩阵求和的过程应该也能找到某种类似物理学中熵的参数，该参数描述

随机性且其总和会随着求和过程增加。

基于上述思想进行研究后发现，具有求和增加属性类似物理学中熵的概念的参数正是极化剩余熵。因此基于极化剩余熵是描述分解结果中剩余随机性的物理含义以及非相干极化分解后部分成分是秩为 1 的极化相干矩阵即不存在随机性的事实，笔者猜想极化剩余熵具有如下性质：

$$H_{\mathrm{R}} \leqslant H(\boldsymbol{T}) \tag{8-24}$$

即分解结果的极化剩余熵不大于原极化相干矩阵的极化熵。

基于极化剩余熵的上述属性，就可以回答 8.1 节的问题一了，即非相干极化分解结果中部分成分不具备随机性，该如何衡量这部分消失的随机性？为了定量化衡量极化分解算法消除了原极化相干矩阵多少的随机性，可以计算原极化相干矩阵极化熵与极化剩余熵的差值 $H-H_{\mathrm{R}}$。$H-H_{\mathrm{R}}$ 的结果可以作为非相干极化分解算法对原极化相干矩阵的随机性消除程度的一种度量。

本节最后指出一点，式 (8−22) 和式 (8−24) 这两个不等式，笔者受限于个人数学水平，尚不能从理论上证明这两个不等式成立，因此目前这两个不等式在理论上仍仅是两个猜想。但通过大量实际全极化 SAR 数据实验发现，对于完全非相干极化分解算法（即无极化信息丢失的分解算法，如改进 Cui 分解、RSD 分解、PSD 分解）这两个不等式总是能够成立的，因此它们可以说是广义极化熵和极化剩余熵的重要属性。对于存在极化信息丢失的非相干极化分解算法（如 Freeman 分解、Yamaguchi 分解、去定向 Freeman 分解、去定向 Yamaguci 分解），则会出现这两个不等式不成立的情况，通过分析发现，不等式不成立的情况都对应于分解过程中的极化信息丢失从而产生的不合理的分解结果，因为这些不合理的分解结果之和实际上与原极化相干矩阵已经并不相等了，这才导致了这两个不等式出现了不成立的情况。

8.6　非相干极化分解算法实验分析

本节将利用上面介绍的广义极化熵、极化剩余熵和极化功率熵三个参数进行非相干极化分解算法的实验比较。首先介绍各种分解算法极化剩余熵和极化功率熵的计算方法，而这两个参数的和就是广义极化熵。

8.6.1 极化剩余熵和极化功率熵的计算方法

1）Freeman 分解

Freeman 分解的结果包括 3 种成分，其中面散射模型和二次散射模型均为秩为 1 的极化相干矩阵，它们各自的极化熵为 0，功率值分别为 P_{S}、P_{D}，经典体散射的极化熵为 $\log_3\sqrt{8}\approx 0.9464$、功率值为 P_{V}。令 *Span* 表示被分解极化相干矩阵 $\boldsymbol{T}$ 的极化总功率，极化剩余熵和极化功率熵的计算公式如下：

$$
\begin{aligned}
H_{\text{P}}^{\text{F3D}} &= -\sum_{i=1}^{3} p_i \log_3\left(p_i\right) \\
H_{\text{R}}^{\text{F3D}} &= p_3 \log_3\left(\sqrt{8}\right) \\
H_{\text{G}}^{\text{F3D}} &= H_{\text{P}}^{\text{F3D}} + H_{\text{R}}^{\text{F3D}}
\end{aligned}
\tag{8-25}
$$

其中，

$$
p_1=\frac{P_{\text{S}}}{Span}\,,\quad p_2=\frac{P_{\text{D}}}{Span}\,,\quad p_3=\frac{P_{\text{V}}}{Span}
\tag{8-26}
$$

因为 Freeman 分解存在极化信息丢失，所以第 8.5 节介绍的两个不等式会出现不成立的情况。

2）Yamaguchi 分解

Yamaguchi 分解的结果包括 4 种成分，其中面散射、二次散射和螺旋散射的模型均为秩为 1 的极化相干矩阵，它们各自的极化熵为 0、功率值分别为 P_{S}、P_{D}、P_{H}，经典体散射的极化熵为$\log_3\sqrt{8}\approx 0.9464$、功率值为 P_{V}。令 *Span* 表示被分解极化相干矩阵 $\boldsymbol{T}$ 的极化总功率，极化功率熵和极化剩余熵的计算公式如下：

$$
\begin{aligned}
H_{\text{P}}^{\text{Y4D}} &= -\sum_{i=1}^{4} p_i \log_3\left(p_i\right) \\
H_{\text{R}}^{\text{Y4D}} &= p_3 \log_3\left(\sqrt{8}\right) \\
H_{\text{G}}^{\text{Y4D}} &= H_{\text{P}}^{\text{Y4D}} + H_{\text{R}}^{\text{Y4D}}
\end{aligned}
\tag{8-27}
$$

其中，

$$
p_1=\frac{P_{\text{S}}}{Span}\,,\quad p_2=\frac{P_{\text{D}}}{Span}\,,\quad p_3=\frac{P_{\text{V}}}{Span}\,,\quad p_4=\frac{P_{\text{H}}}{Span}
\tag{8-28}
$$

Yamaguchi 分解计算过程中也存在极化信息的丢失，因此第 8.5 节介绍的两个不等式会出现不成立的情况。

3）去定向 Freeman 分解

去定向 Freeman 分解中使用的去定向变换为酉变换，并不会影响极化熵和广义极化熵的计算结果。其分解结果中包括 3 种成分，其中面散射和二次散射均为秩为 1 的极化相干矩阵，它们各自的极化熵为 0，功率值分别为 P_S、P_D，经典体散射的极化熵为$\log_3\sqrt{8}\approx 0.9464$、功率值为 P_V。令 *Span* 表示被分解极化相干矩阵 $\boldsymbol{T}$ 的极化总功率，即 $Span=\mathrm{tr}(\boldsymbol{T})$，则极化功率熵和极化剩余熵的计算公式如下：

$$
\begin{aligned}
H_{\mathrm{P}}^{\mathrm{F3R}} &= -\sum_{i=1}^{3} p_i \log_3\left(p_i\right) \\
H_{\mathrm{R}}^{\mathrm{F3R}} &= p_3 \log_3\left(\sqrt{8}\right) \\
H_{\mathrm{G}}^{\mathrm{F3R}} &= H_{\mathrm{P}}^{\mathrm{F3R}} + H_{\mathrm{R}}^{\mathrm{F3R}}
\end{aligned} \tag{8-29}
$$

其中，

$$
p_1=\frac{P_{\mathrm{S}}}{Span}, \quad p_2=\frac{P_{\mathrm{D}}}{Span}, \quad p_3=\frac{P_{\mathrm{V}}}{Span} \tag{8-30}
$$

去定向 Freeman 分解的计算过程中也存在极化信息的丢失，因此第 8.5 节介绍的两个不等式会出现不成立的情况。

4）去定向 Yamaguchi 分解

去定向 Yamaguchi 分解中使用的去定向变换为酉变换，并不会影响极化熵和广义极化熵的计算结果。去定向 Yamaguchi 分解的结果包括 4 种成分，其中面散射、二次散射和螺旋散射的模型均为秩为 1 的极化相干矩阵，它们各自的极化熵为 0、功率值分别为 P_S、P_D 和 P_H，经典体散射的极化熵为$\log_3\sqrt{8}\approx 0.9464$、功率值为 P_V。令 *Span* 表示被分解极化相干矩阵 $\boldsymbol{T}$ 的极化总功率，即 $Span=\mathrm{tr}(\boldsymbol{T})$，则极化功率熵和极化剩余熵的计算公式如下：

$$
\begin{aligned}
H_{\mathrm{P}}^{\mathrm{Y4R}} &= -\sum_{i=1}^{4} p_i \log_3\left(p_i\right) \\
H_{\mathrm{R}}^{\mathrm{Y4R}} &= p_3 \log_3\left(\sqrt{8}\right) \\
H_{\mathrm{G}}^{\mathrm{Y4R}} &= H_{\mathrm{P}}^{\mathrm{Y4R}} + H_{\mathrm{R}}^{\mathrm{Y4R}}
\end{aligned} \tag{8-31}
$$

其中，

$$
p_1=\frac{P_{\mathrm{S}}}{Span}, \quad p_2=\frac{P_{\mathrm{D}}}{Span}, \quad p_3=\frac{P_{\mathrm{V}}}{Span}, \quad p_4=\frac{P_{\mathrm{H}}}{Span} \tag{8-32}
$$

去定向 Yamaguchi 分解的计算过程中也存在极化信息的丢失，因此第 8.5 节介绍的两个不等式会出现不成立的情况。

5）改进 Cui 分解

改进 Cui 分解是完全非相干极化分解算法，其分解结果包括 3 种成分，其中经典体散射的极化熵为$\log_3\sqrt{8}\approx 0.9464$、功率值为 $P_{\rm V}$。后两个成分的模型均为秩为 1 的极化相干矩阵，它们各自独立的极化熵为 0。分解结果中面散射功率值和二次散射功率值分别为 $P_{\rm S}$ 和 $P_{\rm D}$。这里特别指出，改进 Cui 分解后两种成分存在同时对应 $P_{\rm S}$ 或同时对应 $P_{\rm D}$ 的情况。由于非相干极化分解使用时主要分析的是 $P_{\rm S}$、$P_{\rm D}$ 和 $P_{\rm V}$，因此在后两种成分都对应于 $P_{\rm S}$ 或 $P_{\rm D}$ 时，可以认为相当于把后两个成分合并为了一个成分，这种情况下会存在极化剩余熵。令 *Span* 表示被分解极化相干矩阵 $\boldsymbol{T}$ 的极化总功率，即 $Span=\mathrm{tr}(\boldsymbol{T})$，则改进 Cui 分解的极化功率熵和极化剩余熵的计算公式如下：

$$
\begin{aligned}
&H_{\rm P}^{\rm C3M}=-\sum_{i=1}^{3}p_i\log_3\left(p_i\right)\\
&H_{\rm R}^{\rm C3M}=p_3\log_3\left(\sqrt{8}\right)+\begin{cases}\left(1-p_3\right)\cdot\left[-p_1'\log_3\left(p_1'\right)-p_2'\log_3\left(p_2'\right)\right], & \text{若 } P_{\rm S}=0 \text{ 或 } P_{\rm D}=0\\ 0, & \text{其他}\end{cases}\\
&H_{\rm G}^{\rm C3M}=H_{\rm P}^{\rm C3M}+H_{\rm R}^{\rm C3M}
\end{aligned}
\tag{8-33}
$$

其中，

$$
p_1=\frac{P_{\rm S}}{Span},\quad p_2=\frac{P_{\rm D}}{Span},\quad p_3=\frac{P_{\rm V}}{Span},\quad p_1'=\frac{\lambda_1}{\lambda_1+\lambda_2},\quad p_2'=\frac{\lambda_2}{\lambda_1+\lambda_2}
\tag{8-34}
$$

λ_1 和 λ_2 为提取出体散射成分后剩余 $\boldsymbol{T}-P_{\rm V}\boldsymbol{T}_{\rm V}$ 矩阵的两个非 0 特征值。改进 Cui 分解为完全非相干极化分解算法，分解过程中无极化信息丢失，因此第 8.5 节介绍的两个不等式均成立。

6）反射对称分解

反射对称分解是完全非相干极化分解算法，其分解结果包括 3 种成分，其中经典体散射的极化熵为$\log_3\sqrt{8}\approx 0.9464$、功率值为 $P_{\rm V}$。后两个成分的模型均为秩为 1 的极化相干矩阵，它们各自独立的极化熵为 0。分解结果中面散射功率值和二次散射功率值分别为 $P_{\rm S}$ 和 $P_{\rm D}$。这里特别指出，反射对称分解后两种成分存在同时对应 $P_{\rm S}$ 或同时对应 $P_{\rm D}$ 的情况。由于非相干极化分解使用时主要分析的是 $P_{\rm S}$、$P_{\rm D}$ 和 $P_{\rm V}$，因此在后两种成分都对应于 $P_{\rm S}$ 或 $P_{\rm D}$ 时，可以认为相当于把后两个成分合并为了一个成分，这种情况下会存在极化剩余熵。令 *Span* 表示被分解极化相干矩阵 $\boldsymbol{T}$ 的极化总功率，即 $Span=\mathrm{tr}(\boldsymbol{T})$，则反射对称分解的极化功率熵和极化剩余熵的计算公式如下：

$$
\begin{aligned}
&H_{\mathrm{P}}^{\mathrm{RSD}}=-\sum_{i=1}^{3} p_i \log_3\left(p_i\right)\\
&H_{\mathrm{R}}^{\mathrm{RSD}}=p_3 \log_3\left(\sqrt{8}\right)+\begin{cases}\left(1-p_3\right)\cdot\left[-p_1' \log_3\left(p_1'\right)-p_2' \log_3\left(p_2'\right)\right], & \text{若 } P_{\mathrm{S}}=0 \text{ 或 } P_{\mathrm{D}}=0\\ 0, & \text{其他}\end{cases}\\
&H_{\mathrm{G}}^{\mathrm{RSD}}=H_{\mathrm{P}}^{\mathrm{RSD}}+H_{\mathrm{R}}^{\mathrm{RSD}}
\end{aligned}
\tag{8-35}
$$

其中，

$$
p_1=\frac{P_{\mathrm{S}}}{Span},\quad p_2=\frac{P_{\mathrm{D}}}{Span},\quad p_3=\frac{P_{\mathrm{V}}}{Span},\quad p_1'=\frac{\lambda_1}{\lambda_1+\lambda_2},\quad p_2'=\frac{\lambda_2}{\lambda_1+\lambda_2}
\tag{8-36}
$$

λ_1 和 λ_2 为提取出体散射成分后剩余 $\boldsymbol{T}-P_{\mathrm{V}}\boldsymbol{T}_{\mathrm{V}}$ 矩阵的两个非 0 特征值。反射对称分解为完全非相干极化分解算法，分解过程中无极化信息丢失，因此第 8.5 节介绍的两个不等式均成立。

7）极化对称分解

极化对称分解是完全非相干极化分解算法，其分解结果包括 4 种成分，其中经典体散射的极化熵为$\log_3\sqrt{8}\approx 0.9464$、功率值为 P_{V}；螺旋散射成分和类螺旋散射成分均为秩为 1 的极化相干矩阵,极化熵为 0,功率值都记为 P_{H}。后两个成分的模型均为秩为 1 的极化相干矩阵，它们各自独立的极化熵为 0。分解结果中面散射功率值和二次散射功率值分别为 P_{S} 和 P_{D}。这里特别指出，极化对称分解后两种成分存在同时对应 P_{S} 或同时对应 P_{D} 的情况。由于非相干极化分解使用时主要分析的是 P_{S}、P_{D}、P_{V} 和 P_{H}，因此在后两种成分都对应于 P_{S} 或 P_{D} 时，可以认为相当于把后两个成分合并为了一个成分，这种情况下会存在极化剩余熵。令 *Span* 表示被分解极化相干矩阵 $\boldsymbol{T}$ 的极化总功率，即 $Span=\mathrm{tr}(\boldsymbol{T})$，则反射对称分解的极化功率熵和极化剩余熵的计算公式如下：

$$
\begin{aligned}
&H_{\mathrm{P}}^{\mathrm{PSD}}=-\sum_{i=1}^{4} p_i \log_3\left(p_i\right)\\
&H_{\mathrm{R}}^{\mathrm{PSD}}=p_3 \log_3\left(\sqrt{8}\right)+\begin{cases}\left(p_1+p_2\right)\cdot\left[-p_1' \log_3\left(p_1'\right)-p_2' \log_3\left(p_2'\right)\right], & \text{若 } P_{\mathrm{S}}=0 \text{ 或 } P_{\mathrm{D}}=0\\ 0, & \text{其他}\end{cases}\\
&H_{\mathrm{G}}^{\mathrm{PSD}}=H_{\mathrm{P}}^{\mathrm{PSD}}+H_{\mathrm{R}}^{\mathrm{PSD}}
\end{aligned}
\tag{8-37}
$$

其中，

$$
p_1=\frac{P_{\mathrm{S}}}{Span},\quad p_2=\frac{P_{\mathrm{D}}}{Span},\quad p_3=\frac{P_{\mathrm{V}}}{Span},\quad p_4=\frac{P_{\mathrm{H}}}{Span},\quad p_1'=\frac{\lambda_1}{\lambda_1+\lambda_2},\quad p_2'=\frac{\lambda_2}{\lambda_1+\lambda_2}
\tag{8-38}
$$

λ_1 和 λ_2 为提取出体散射和螺旋散射（包括类螺旋散射）成分后剩余 $\boldsymbol{T}-P_{\mathrm{V}}\boldsymbol{T}_{\mathrm{V}}-P_{\mathrm{H}}\boldsymbol{T}_{\mathrm{H}}$ 矩阵的两个非 0 特征值。极化对称分解为完全非相干极化分解算法，分解过程中无极化信息丢失，因此第 8.5 节介绍的两个不等式均成立。

本节最后特别指明一点，虽然上面各非相干极化分解算法的极化功率熵和极化剩余熵的计算公式有些看起来是一样的，但由于针对同一个极化相干矩阵各种算法的分解结果不同，因此最后计算出的值也是有差别的。

8.6.2 不同算法实验比较

本节主要给出基于广义极化熵、极化剩余熵和极化功率熵对不同算法进行分析比较的结果。第 8.6.1 节给出了针对 7 种分解方法的广义极化熵计算方法，其中极化对称分解包含 PSDv1 和 PSDv2 两个算法，因此一共 8 个算法。实验数据选用 E-SAR 奥芬数据。该数据是由德国宇航中心（DLR）的 L 波段机载 E-SAR 系统对德国奥博珀法芬霍芬（Oberpfaffenhofen）机场附近区域进行观测获得的。E-SAR 奥芬数据包含 1 300 × 1 200 个像素点，对应的观测区域包含城镇、裸地、森林和机场等多种地物类型。有关 E-SAR 奥芬数据的详细介绍见第 4.6 节。

实验过程中针对每个像素点的极化相干矩阵 $\boldsymbol{T}$，首先计算出各算法的极化剩余熵 H_{R}、极化功率熵 H_{P} 以及特征值分解的极化熵 H。随后，为了能让实验结果显示出是否符合第 8.5 节介绍的两个不等式，即 $H_{\mathrm{R}} \leqslant H$ 和 $H_{\mathrm{G}} \geqslant H$，考虑以 H_{P}/H 为 x 轴、以 H_{R}/H 为 y 轴进行所有像素的散点图绘制，这样每个点的 $x+y$ 值即对应了 $(H_{\mathrm{P}}+H_{\mathrm{R}})/H = H_{\mathrm{G}}/H$。同时，为了使结果显示得更清晰并方便判读 H_{G} 值，图中绘制出了 $x=1$、$y=1$、$x+y=1$、$x+y=1.5$ 四条直线。8 个算法的散点图结果如图 8-1 所示，图中红色星号为所有像素的坐标均值点。

如图 8-1（a）和图 8-1（b）所示，Freeman 分解和 Yamaguchi 分解的点分布得比较分散，其中存在大量 $H_{\mathrm{R}}>H$ 的点，这实际是过高估计体散射的一个直观体现，过高估计体散射使得剩余极化熵甚至超过了原极化相干矩阵的极化熵。Freeman 分解和 Yamaguchi 分解结果中都出现了 H_{P} 为负值的情况，这实际是由于分解结果中存在负功率值造成的，部分成分为负功率值会增大其他成分功率值，从而使其他成分出现概率大于 1，进而使得极化功率熵计算出现负值。Freeman 分解和 Yamaguchi 分解存在的问题在广义极化熵实验结果中有明显体现。

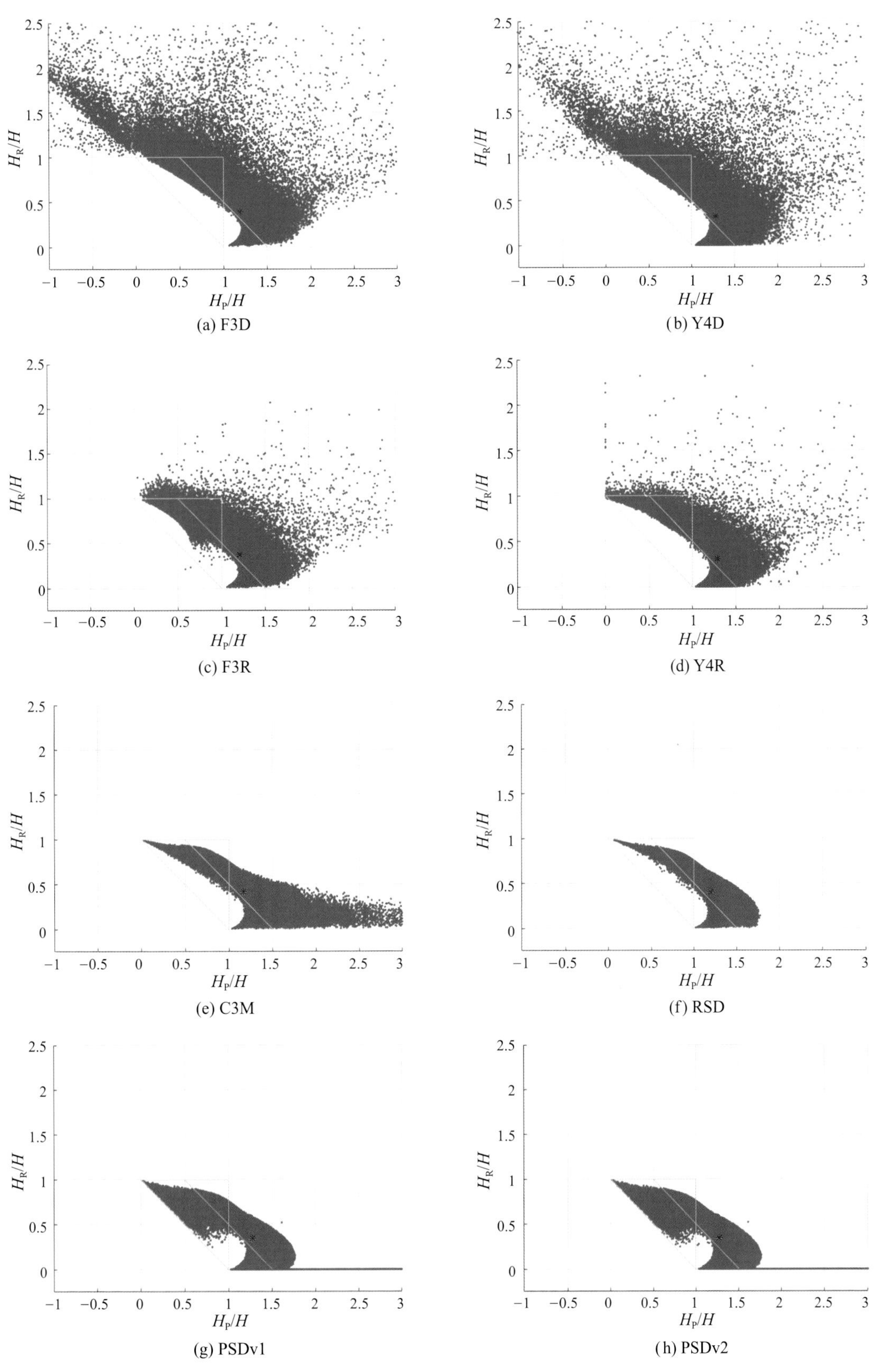

图8-1　各算法广义极化熵实验结果散点图

如图 8-1（c）和图 8-1（d）所示，去定向 Freeman 分解和去定向 Yamaguchi 分解的点分布变得比较集中。不过其中仍存在部分 $H_R>H$ 的点，这部分点可以直接判定为过高估计了体散射，且这些点的存在也证明了去定向 Freeman 分解和去定向 Yamaguchi 分解都不是完全非相干极化分解算法。由于去定向 Freeman 分解和去定向 Yamaguchi 分解两个算法都使用了非负功率限制，因此结果中不存在 H_P 为负值的情况。

值得指出的一点是，图 8-1（c）中有部分点位于 $x+y=1$ 线的左下方，也就是说对于这些点 $H_G<H$，这与广义极化熵的理论相矛盾。通过对这些点进行分析后发现，其主要对应体散射成分由 T_{11} 元素决定的极化相干矩阵。再进一步分析后发现，去定向 Freeman 分解由于使用了非负功率限制，若其结果中出现 P_S 或 P_D 为零的情况，实际上也等价于另一个成分应该对应了一定随机性。因此可以将式 (8-29) 中去定向 Freeman 分解的极化剩余熵计算公式改进为

$$H_R^{F3R}=p_3\log_3\left(\sqrt{8}\right)+\begin{cases}(1-p_3)\cdot\left[-p_1'\log_3\left(p_1'\right)-p_2'\log_3\left(p_2'\right)\right], & 若 P_S=0 或 P_D=0\\ 0, & 其他\end{cases} \tag{8-39}$$

其中，计算参数 p_1' 和 p_2' 的两个特征值 λ_1 和 λ_2 为提取出体散射成分后剩余 $\boldsymbol{T}-P_V\boldsymbol{T}_V$ 矩阵的两个较大的特征值，λ_2 若出现负值要置零。采用上式修正后的去定向 Freeman 分解广义极化熵实验结果如图 8-2 所示。由图 8-2 可以发现，H_G/H 值结果异常的点全部得到了修正。对去定向 Yamaguchi 分解也可以采用类似的极化剩余熵计算进行修正。不过值得指出的是，上述修正实际并不严格，去定向 Freeman 分解和去定向 Yamaguchi 分解最大的问题在于这两个算法都不是完全非相干极化分解算法，因此广义极化熵计算会出现异常，如会存在 $H_R>H$ 的过高估计体散射的点。

如图 8-1（e）和图 8-1（f）所示，改进 Cui 分解和反射对称分解的点分布变得非常集中，不存在 $H_R>H$ 的点，也不存在 $H_G<H$ 的点，这验证了第 8.5 节介绍的两个不等式 $H_R\leqslant H$ 和 $H_G\geqslant H$。同时通过观察可以发现，反射对称分解的 H_P/H 值似乎存在最大极限，而修正 Cui 分解的 H_P/H 值拥有很长的拖尾，也就是说，反射对称分解的极化功率熵不会与原极化熵偏离过远，从这一角度来说反射对称分解要优于修正 Cui 分解。

如图 8-1（g）和图 8-1（h）所示，极化对称分解两个算法的点分布也非常集中，不存在 $H_R>H$ 的点，也不存在 $H_G<H$ 的点，这验证了第 8.5 节介绍的两个不等式 $H_R\leqslant H$ 和

$H_G \geqslant H$。第 7.5 节曾介绍 PSDv1 算法的第四种成分对于大部分像素点会与面散射模型或二次散射模型相符，对于小部分像素点则 $\mathrm{Im}(T_{23})$ 元素不为 0。把这两部分像素点的广义极化熵实验结果分开显示结果如图 8-3（a）和图 8-3（b）所示。PSDv2 算法基于体散射成分是否为 0 也能将像素点分为两类：第一类具有 $\lambda_H \geqslant 2|\mathrm{Im}(T_{23})|$ 的属性；第二类具有 $\lambda_H<2|\mathrm{Im}(T_{23})|$ 的属性，这两类像素点的广义极化熵实验结果如图 8-3（c）和图 8-3（d）所示。通过观察可以发现，图 8-3（a）与图 8-3（c）完全相同，因为这些像素点可以被完全分解为与面散射、二次散射、体散射和螺旋散射模型严格相符的四种成分，PSDv1 和 PSDv2 对这些像素点的处理方法和结果均相同，这些像素点的 H_P/H 值似乎也是有最大极限的。图 8-3（b）与图 8-3（d）也非常类似，均可以分为两部分，其中 $H_R/H=0$ 的一部分像素点对应于后两种成分分别对应面散射和二次散射的情况，而 $H_R/H\neq0$ 的一部分像素点都对应于后两种成分同时对应于面散射或同时对应于二次散射的情况。

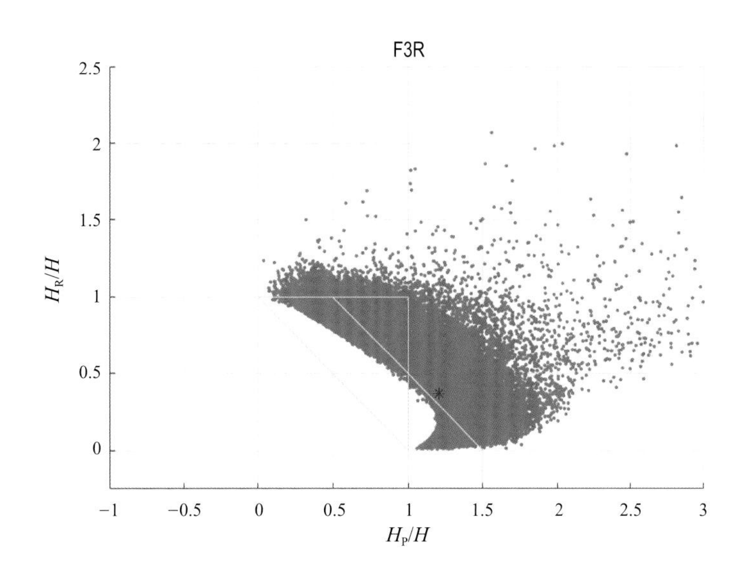

图8-2　修正后去定向Freeman分解广义极化熵实验结果散点图

综上所述，基于上述实验结果可以得到如下结论。对于完全非相干极化分解算法两个不等式 $H_R \leqslant H$ 和 $H_G \geqslant H$ 成立。从分布的合理性和有界性角度来说，反射对称分解具有最好的结果，其极化剩余熵和极化功率熵与极化熵的比值均是有界的。这里先给出反射对称分解的值域范围，即 H_R/H 的值域范围为 [0,1]、H_P/H 的值域范围为 [0,2]，下一节将给出这个值域范围的具体求取过程。

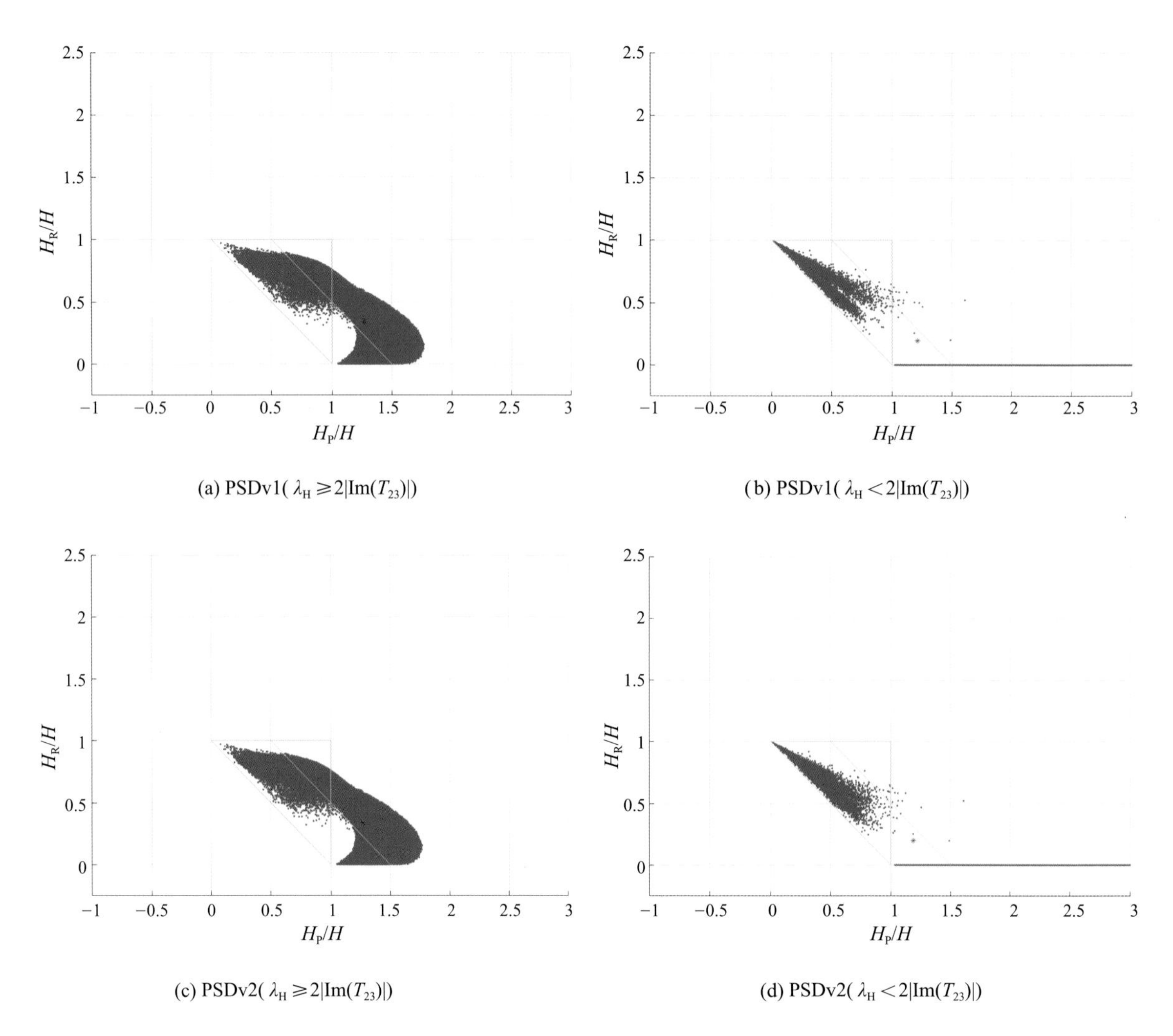

(a) PSDv1($\lambda_H \geqslant 2|\mathrm{Im}(T_{23})|$)　　(b) PSDv1($\lambda_H < 2|\mathrm{Im}(T_{23})|$)

(c) PSDv2($\lambda_H \geqslant 2|\mathrm{Im}(T_{23})|$)　　(d) PSDv2($\lambda_H < 2|\mathrm{Im}(T_{23})|$)

图8-3　PSD两个算法不同处理路径的广义极化熵实验结果

8.6.3　反射对称分解极化功率熵值域范围

由图 8-1（e）到图 8-1（h）可观察到对于完全非相干极化分解算法，H_R/H 的值域范围为 [0,1]。这个值域范围由极化剩余熵的 $H_R \leqslant H$ 属性完全确定，本节不再多作解释。

由图 8-1（f）可以发现，对于反射对称分解，其广义极化熵实验结果在右侧似乎也有边界。本节接下来的内容就是要寻找这个边界的具体值。

本节使用的实验数据为 GF-3 巴尔瑙尔数据，该数据来源于我国高分三号（GF-3）卫星搭载的 C 波段全极化 SAR 系统，观测区域是俄罗斯的巴尔瑙尔（Barnaul）市区及其周边区域，观测时间是 2018 年 5 月 5 日，多视数据具有 1 474 × 1 310（方位向 × 距离向，即行数 × 列数）个像素点。有关 GF-3 巴尔瑙尔数据的具体参数信息参见第 2.4 节。

1）H_R/H 值固定时 H_p/H 的最大边界仿真

首先，反射对称分解广义极化熵的右侧分布边界可以理解为 H_R/H 的值固定时 H_p/H 的最大值。H_p/H 要想尽可能大，H_P 必然要尽可能大，这可以推断出 RSD 分解的后两个成分必然分别对应于面散射和二次散射，那么 H_R 将完全由体散射占比确定。同时，H_p/H 要想尽可能大则 H 值越小越好，H 值越小等价于原极化相干矩阵的最大特征值 λ_1 要尽可能大、最小特征值 λ_3 要尽可能小。

在分析边界时，不妨假设原极化相干矩阵的极化总功率值为 1，且假设 RSD 分解的定向角和螺旋角都为零，因为定向角旋转和螺旋角旋转都是酉变换，不会影响广义极化熵的值，即不妨假设被分解的极化相干矩阵已经经过了去定向和螺旋角补偿处理。

基于上述思路，假设 RSD 分解结果中体散射成分功率占比为 p，则原极化相干矩阵可以表示为

$$\boldsymbol{T}=p\begin{bmatrix}1/2&0&0\\0&1/4&0\\0&0&1/4\end{bmatrix}+\boldsymbol{T}'=p\begin{bmatrix}1/4&0&0\\0&1/4&0\\0&0&1/4\end{bmatrix}+p\begin{bmatrix}1/4&0&0\\0&0&0\\0&0&0\end{bmatrix}+\boldsymbol{T}' \tag{8-40}$$

若要 $\boldsymbol{T}$ 矩阵的最小特征值 λ_3 尽可能小，基于上式可以发现 λ_3 的最小可能值为 $p/4$，这要求 $\boldsymbol{T}'$ 矩阵最好 T_{33} 元素为零。若要 $\boldsymbol{T}$ 矩阵的最大特征值 λ_1 尽可能大，则 $\boldsymbol{T}'$ 矩阵的特征向量最好尽可能接近纯球面散射，这样可以与体散射中 $p/4$ 功率的纯球面散射形成叠加效应。而 H_P 尽可能大要求后两个成分分别对应面散射和二次散射，因此不妨假设其中一个成分就是纯球面散射；另一个二次散射成分要想尽可能接近纯球面散射，则其 T_{11} 元素要尽可能接近其 T_{22} 元素，这样的极限就是 T_{11}=T_{22}（此种二次散射极限情况 RSD 算法会判别为面散射，但此处先假设其被判别为了二次散射），而 T_{12} 的取值只要保证二次散射的秩为 1 即可。

基于上述思路，可以假设二次散射成分功率占比为 q，则纯球面散射的功率占比为 $1-p-q$，相应的 $\boldsymbol{T}$ 矩阵的 RSD 分解可表示为

$$\boldsymbol{T}=p\begin{bmatrix}1/2&0&0\\0&1/4&0\\0&0&1/4\end{bmatrix}+q\begin{bmatrix}1/2&1/2&0\\1/2&1/2&0\\0&0&0\end{bmatrix}+\left(1-p-q\right)\begin{bmatrix}1&0&0\\0&0&0\\0&0&0\end{bmatrix} \tag{8-41}$$

在推导出式 (8-41) 所示的 RSD 分解模型后，对靠近边界点的 GF-3 巴尔瑙尔实验数据进行了查看，发现其分解结果在形式上非常接近式 (8-41) 所示的极限形式，这初步验证了上述模型的正确性。基于式 (8-41) 可以获得极化功率熵和极化剩余熵计算公式如下：

$$H_{\mathrm{P}} = -p\log_3(p) - q\log_3(q) - (1-p-q)\log_3(1-p-q)$$
$$H_{\mathrm{R}} = p\log_3\sqrt{8} \tag{8-42}$$

由式 (8−41) 可以发现，矩阵 $\boldsymbol{T}$ 的最小特征值 $\lambda_3=p/4$，另两个特征值可由如下二阶行列式方程求解获得

$$\left\|\begin{bmatrix}1-p/2-q/2 & q/2\\ q/2 & p/4+q/2\end{bmatrix}-\lambda\begin{bmatrix}1 & 0\\ 0 & 1\end{bmatrix}\right\|=0 \tag{8-43}$$

经过推导可以获得式 (8−43) 的二阶方程最终形式如下：

$$\lambda^2 - b\lambda + \frac{c}{4} = 0 \tag{8-44}$$

其中，

$$b = 1-\frac{p}{4}\text{ , }c = p+2q-\frac{p^2}{2}-\frac{3}{2}pq-2q^2 \tag{8-45}$$

相应的其两个正数解为

$$\lambda_1=\left(b+\sqrt{b^2-c}\right)/2\text{ , }\lambda_2=\left(b-\sqrt{b^2-c}\right)/2 \tag{8-46}$$

在获得了 λ_1、λ_2 和 λ_3 后容易验证它们的和正好为 1，因此可以直接计算极化熵如下：

$$H = -\lambda_1\log_3(\lambda_1) - \lambda_2\log_3(\lambda_2) - \lambda_3\log_3(\lambda_3) \tag{8-47}$$

为了检验上述模型是否正确，进行了如下实验。基于式 (8−42) 和式 (8−47) 将参数 p 和 q 分别按 0.001 的步长在 [0,1] 范围内选取，随后除去 $p+q>1$ 的组合，然后计算每个点的 H_{P}/H 和 H_{R}/H 值作为 x、y 坐标用红色点进行绘制，同时为了与实际结果相比较，将 GF-3 巴尔瑙尔数据的部分数据用蓝色点进行绘制（选择部分像素点是为了增强显示效果，后面有全部数据点的叠加显示），结果如图 8−4 所示。

由图 8−4 可以发现，H_{P}/H 值较大时，基于式 (8−42) 和式 (8−47) 仿真的结果可以很好地与实际数据边界相符合，这验证了上述模型的正确性；在 H_{P}/H 值接近 1.8 甚至更大时基本只剩下了仿真的点，这说明实际数据中能接近理论极限的点还是非常稀少的；但在 H_{P}/H 值小于 1.1 以后明显出现部分实际数据点落到了理论范围之外，这表明还存在其他分解模型确定的边界，这将在后面进行介绍。

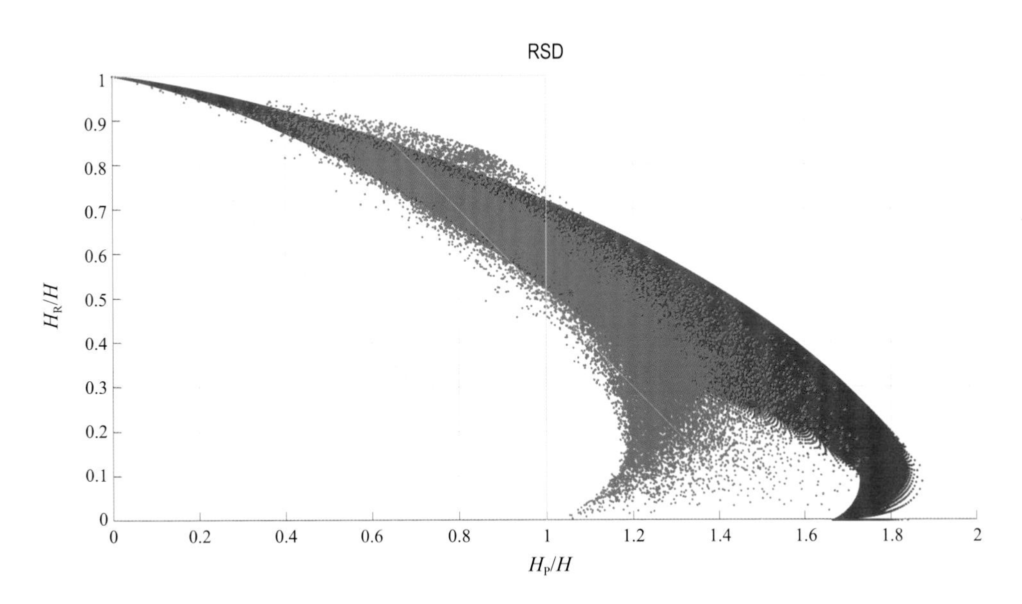

图8-4　RSD分解右侧边界理论仿真和实际数据叠加显示（蓝色点：实际数据点；红色点：仿真点）

2）H_P/H 值固定时 H_R/H 的最大边界仿真

对于图 8-4 在 H_P/H 值小于 1.1 以后存在的超出红色理论模型范围之外的点，通过观察可以发现这些点的 H_R/H 值已经比较大了，因此尝试采用让 H_P/H 的值固定令 H_R/H 达到最大的方法来寻找这个边界。要让 H_R/H 值达到最大，则 H 值也是越小越好，这仍意味着原极化相干矩阵的最大特征值 λ_1 要尽可能大、最小特征值 λ_3 要尽可能小。若要 $\boldsymbol{T}$ 矩阵的最小特征值 λ_3 尽可能小，基于式 (8-40) 可以发现 λ_3 的最小可能值为 $p/4$，这要求 $\boldsymbol{T}'$ 矩阵最好 T_{33} 元素为零。若要 $\boldsymbol{T}$ 矩阵的最大特征值 λ_1 尽可能大，则 $\boldsymbol{T}'$ 矩阵的特征向量最好尽可能接近纯球面散射，这样可以与体散射中 $p/4$ 功率的纯球面散射形成叠加效应。而 H_R 尽可能大则要求后两个成分应同时对应二次散射或面散射，基于让 H 尽可能小的考虑，不妨假设其中一个成分就是纯球面散射，另一个成分也对应面散射，其形式通过对接近边界的实际数据点进行观察后发现，仍然非常接近 $T_{11}=T_{22}$ 的形式（造成这一现象的理论原因仍有待研究）。也就是说，在 H_P/H 值固定寻找 H_R/H 的最大边界的 RSD 分解模型仍然为式 (8-41)，只是其中第二个成分被判别为了面散射。

在上述模型情况下，矩阵 $\boldsymbol{T}$ 的较大的 2 个特征值 λ_1 和 λ_2 将仍如式 (8-46) 所示，最小特征值 λ_3 仍为 $p/4$，也就是说，极化熵计算公式仍为式 (8-47)。不过极化功率熵和极化剩余熵的计算公式变为

$$\begin{aligned} H_P &= -p\log_3(p)-(1-p)\log_3(1-p) \\ H_R &= p\log_3\sqrt{8}+(1-p)\left[-p_1\log_3(p_1)-p_2\log_3(p_2)\right] \end{aligned} \tag{8-48}$$

其中，参数 p_1 和 p_2 由后两个成分的特征值确定，即先求解如下二阶行列式方程：

$$\begin{gathered}\left|q\begin{bmatrix}1/2 & 1/2\\1/2 & 1/2\end{bmatrix}+(1-p-q)\begin{bmatrix}1 & 0\\0 & 0\end{bmatrix}-\lambda\begin{bmatrix}1 & 0\\0 & 1\end{bmatrix}\right|=0\\ \Leftrightarrow \lambda^2-(1-p)\lambda+\frac{q}{2}(1-p-q)=0\end{gathered} \tag{8-49}$$

计算获取两个特征值后，它们再分别除以各自的和即为

$$\begin{aligned}p_1&=\frac{\lambda_1'}{\lambda_1'+\lambda_2'}=\frac{\lambda_1'}{1-p}=\frac{1}{2}\left(1+\sqrt{1-\frac{2q(1-p-q)}{(1-p)^2}}\right)\\ p_2&=\frac{\lambda_2'}{\lambda_1'+\lambda_2'}=\frac{\lambda_2'}{1-p}=\frac{1}{2}\left(1-\sqrt{1-\frac{2q(1-p-q)}{(1-p)^2}}\right)\end{aligned} \tag{8-50}$$

为了检验上述模型是否正确，进行了如下实验。基于式 (8−48) 和式 (8−47) 将参数 p 和 q 分别按 0.001 的步长在 [0,1] 范围内选取，随后除去 $p+q>1$ 的组合，然后计算每个点的 H_p/H 和 H_R/H 值作为 x、y 坐标用绿色点进行绘制，同时为了与实际结果相比较，将 GF-3 巴尔瑙尔数据的部分数据用蓝色点进行绘制（选择部分像素点是为了增强显示效果，后面有全部数据点的叠加显示），结果如图 8−5 所示。

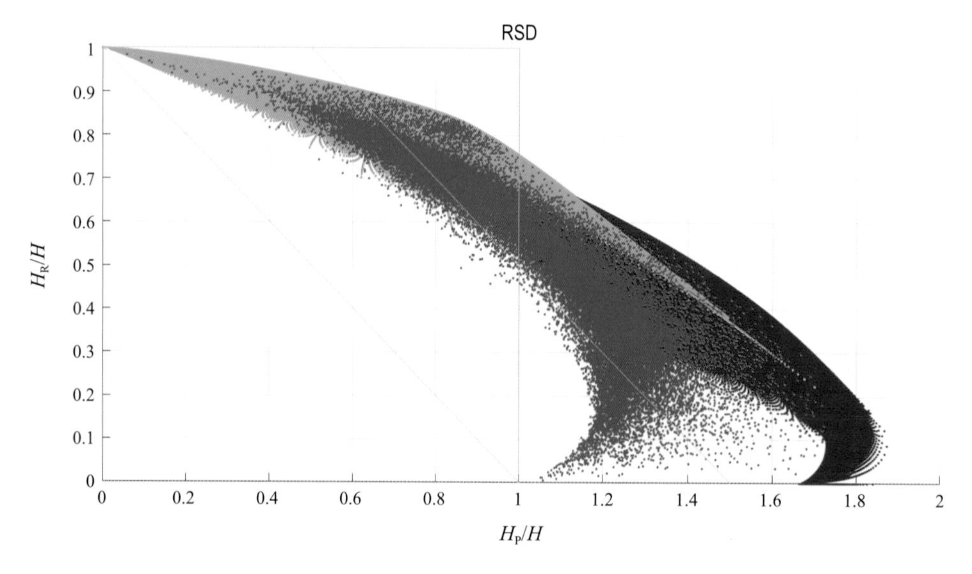

图8−5　RSD分解右侧边界理论仿真和实际数据叠加显示［蓝色点：实际数据点；红色点：式（8-42）仿真点；绿色点：式（8-48）仿真点］

如图 8−5 所示，仿真的绿色点很好地覆盖了实际数据中 H_p/H 值小于 1.1 以后存在的超出红色理论模型范围之外的点，这验证了本部分理论模型的正确性。当 H_p/H 值约大于 1.1 后

此种模型绿色点的范围落在了红色点范围之内，这证明 RSD 分解右侧边界实际上是由两种情况组成的。

3）$H_R/H=0$ 和 $H_R/H=1$ 的极限情况

由图 8-4 和图 8-5 容易发现，当 $H_P/H=0$ 时，$H_R/H=1$，这对应了 $H_P=0$、$H_R=H$ 的极限情况，如极化相干矩阵仅包括体散射成分的情况。

由图 8-4 可以发现，红色的仿真点右侧极限随着 H_P/H 值增大而逐渐靠近 $H_R/H=0$，且在 $H_R/H=0$ 时仍有结果。因此笔者猜想 H_P/H 的极大值应该出现在 $H_R/H=0$ 即 $H_R=0$ 时。$H_R=0$ 证明不包括体散射成分，即式 (8-41) 模型中的 p 为 0。此时后两个成分需要分别对应二次散射和面散射以让 H_P 达到最大，此种情况下为了便于推导，将式 (8-41) 模型简化为如下形式：

$$\boldsymbol{T}=(1-x)\begin{bmatrix}1/2 & 1/2 & 0\\ 1/2 & 1/2 & 0\\ 0 & 0 & 0\end{bmatrix}+x\begin{bmatrix}1 & 0 & 0\\ 0 & 0 & 0\\ 0 & 0 & 0\end{bmatrix} \tag{8-51}$$

其中第一个成分判定为二次散射，此种情况下极化剩余熵 $H_R=0$，极化功率熵计算公式为

$$H_P=-x\log_3(x)-(1-x)\log_3(1-x) \tag{8-52}$$

随后求解式 (8-51) 的二阶行列式方程，具体如下：

$$\begin{aligned}&\left|(1-x)\begin{bmatrix}1/2 & 1/2\\ 1/2 & 1/2\end{bmatrix}+x\begin{bmatrix}1 & 0\\ 0 & 0\end{bmatrix}-\lambda\begin{bmatrix}1 & 0\\ 0 & 1\end{bmatrix}\right|=0\\ &\Leftrightarrow \lambda^2-\lambda+x(1-x)/2=0\end{aligned} \tag{8-53}$$

其两个特征值为

$$\begin{aligned}\lambda_1&=\frac{1+\sqrt{1-2x(1-x)}}{2}=\frac{1+\sqrt{x^2+(1-x)^2}}{2}\\ \lambda_2&=\frac{1-\sqrt{1-2x(1-x)}}{2}=\frac{1-\sqrt{x^2+(1-x)^2}}{2}\end{aligned} \tag{8-54}$$

相应的极化熵计算公式为

$$H=-\lambda_1\log_3(\lambda_1)-\lambda_2\log_3(\lambda_2) \tag{8-55}$$

令 x 在其值域范围 [0,1] 内按 0.001 步长进行取值，基于式 (8-52) 和式 (8-55) 分别计算极化功率熵 H_P、极化熵 H 以及它们的比值 H_P/H，结果如图 8-6 所示。由图 8-6 可以发现，

H_P 始终大于 H，H_P 和 H 都是在 x=0.5 时达到最大值，不过 H_P/H 却在 x=0.5 时达到最小值，之后随着 x 的减小或增大而变大，且变化趋势相同。

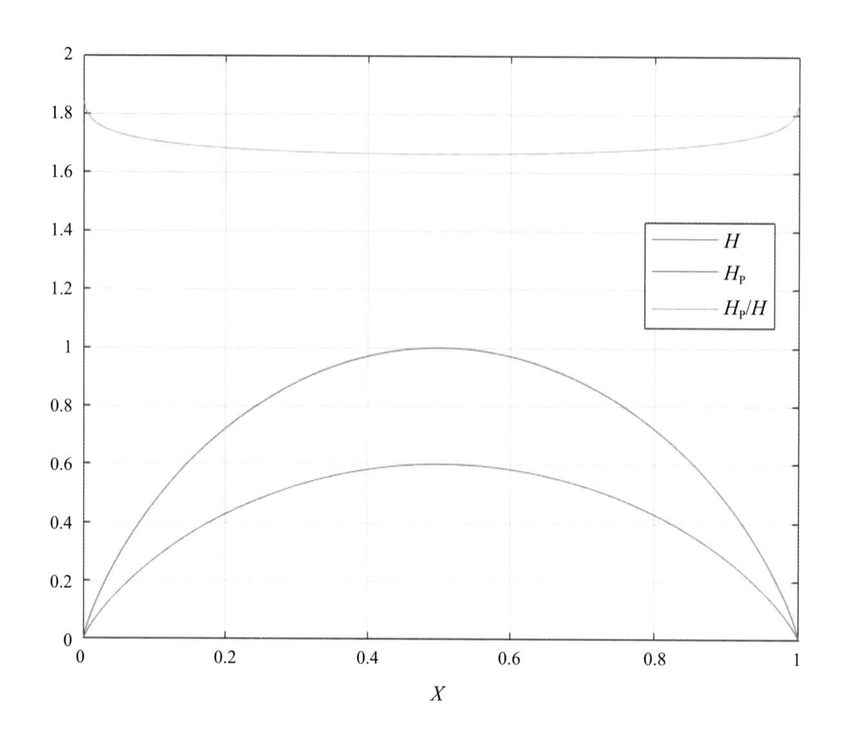

图8−6　H_R=0时RSD分解极化功率熵、极化熵和它们的比值仿真结果

由图 8−6 可以发现，若 H_P/H 存在极值则会出现在 x=0 和 x=1 时，且应该大小是一样的，因此接下来的推导不妨假设 x=1，此时容易验证 H_P 和 H 值都趋于 0，为了求 H_P/H 的极值，需要对分子和分母分别进行求导，结果如下：

$$
\begin{aligned}
&H_P' = \log_3(1-x) - \log_3(x) \\
&H' = \frac{2x-1}{2\sqrt{x^2+(1-x)^2}}\left\{\log_3\left[1-\sqrt{x^2+(1-x)^2}\right] - \log_3\left[1+\sqrt{x^2+(1-x)^2}\right]\right\}
\end{aligned}
\tag{8-56}
$$

将 x=1 代入式 (8−56) 的导数计算公式中，且仅保留无穷值中的 x，则结果如下：

$$
\begin{aligned}
&H_P'\big|_{x=1} = \log_3(1-x) - \log_3(1) = \log_3(1-x) \\
&H'\big|_{x=1} = \frac{1}{2}\left[\log_3(1-x) - \log_3 2\right]
\end{aligned}
\tag{8-57}
$$

在 x=1 时 $\log_3(1-x)$ 趋近于负无穷，与 $\log_3(1-x)$ 比起来 $\log_3 2$ 可以忽略不计，因此可以获得如下结果：

$$\left.\frac{H_{\mathrm{P}}}{H}\right|_{x=1}=\left.\frac{H_{\mathrm{P}}'}{H'}\right|_{x=1}=\left.\frac{2\log_3(1-x)}{\log_3(1-x)-\log_3 2}\right|_{x=1}=\left.\frac{2}{1-\dfrac{\log_3 2}{\log_3(1-x)}}\right|_{x=1}=2 \tag{8-58}$$

综上所述，通过推导获得了在 $H_{\mathrm{R}}=0$ 的情况下，H_{P}/H 的极大值为 2，这也是 RSD 分解全部结果中 H_{P}/H 的最大可能值，因此可以说，对于 RSD 分解 H_{P}/H 的值域范围是 [0,2]。

4）RSD 分解右侧边界的具体计算

虽然本节上面仿真给出了 RSD 分解广义极化熵实验右侧边界对应的两个分解模型，但笔者受限于个人数学水平，并没能推导出这两个边界的解析表达式。在具体计算这两个边界时采用的是数值寻优的方法，具体过程如下。

首先，基于式 (8-42) 和式 (8-47) 完成 H_{R}/H 和 H_{P}/H 计算函数的编制，随后在限制 H_{R}/H 为一个确定值的条件下，数值求解 H_{P}/H 的极大值，寻优的参数包括两个，分别为 p 和 q，且还有一个附加限定条件是 $p+q \leqslant 1$。具体计算时 H_{R}/H 的固定取值范围是 [0,1]，固定取值变化步长为 0.01，计算的结果曲线如图 8-7 中黑色粗线所示。

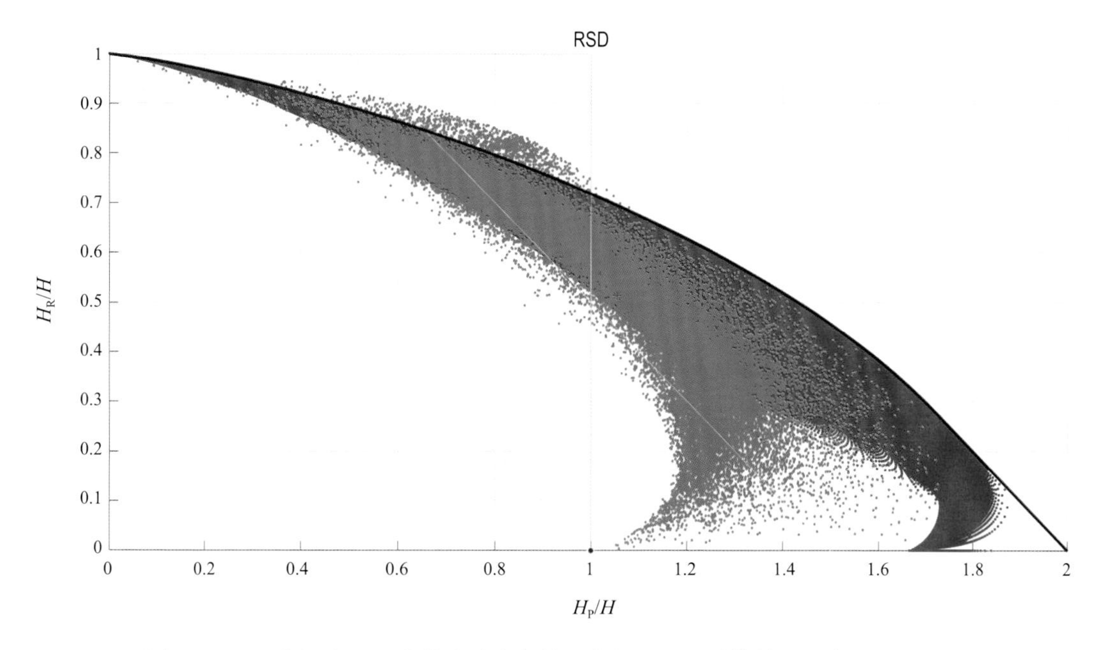

图8-7　RSD分解广义极化熵实验右侧第一条极限边界计算结果示意图（黑线）
（其中蓝点仅为部分实验数据，红点为仿真数据）

由图 8-7 可以发现，黑色线与红色仿真点的右侧极限范围符合得非常好，且明确地表示出了在 H_{R}/H 接近于 0 值时 H_{P}/H 逐渐靠近 2 的理论极限。值得指出的一点是，H_{R}/H 接近于 0 值时，受限于计算误差，数值寻优结果会与理论结果稍有误差，需要加以修正。

寻优结果的参数 p、q 以及 $1-p-q$ 随 H_R/H 固定取值的变化曲线如图 8-8 所示。由图 8-8 可以发现，在 H_R/H 值小于 0.2 时参数 p 和 q 均接近于 0 值，这意味着极化相干矩阵主要由纯面散射成分组成。在 H_R/H 值大于 0.2 以后，随着 H_R/H 值的增大，参数 p 几乎线性增大，纯面散射成分占比的 $1-p-q$ 则近乎线性减小。二次散射成分占比的参数 q 随 H_R/H 先增大后减小，在 H_R/H 值位于约 0.54 附近时取到最大值。当 H_R/H 值接近于 1 时，参数 p 和 q 趋近于零，体散射成分占绝对主导地位。

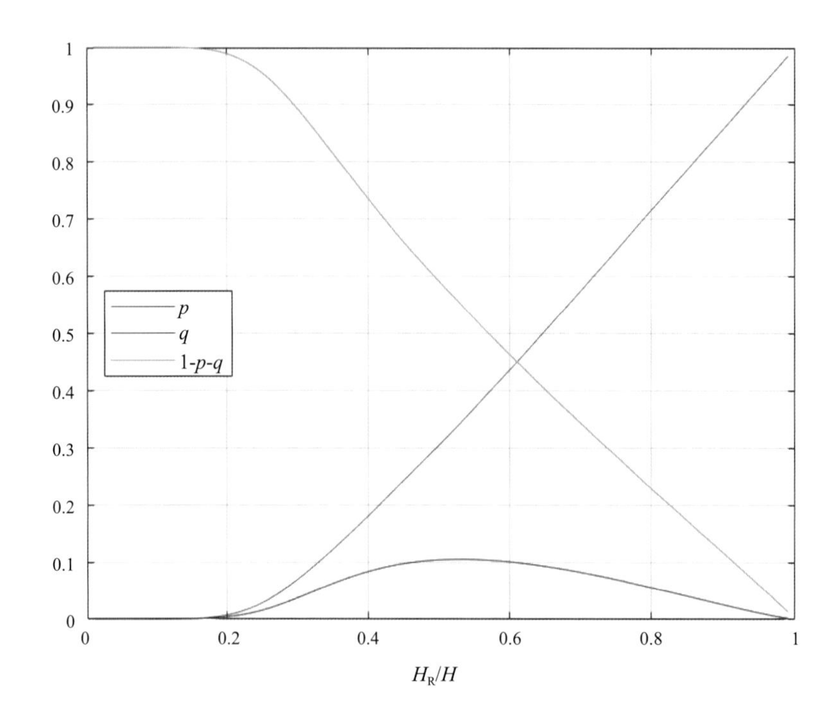

图8-8　第一条极限边界参数p、q以及$1-p-q$寻优结果随H_R/H固定取值的变化曲线

其次，基于式 (8-48) 和式 (8-47) 完成新的 H_R/H 和 H_P/H 计算函数的编制，随后在限制 H_P/H 为一个确定值的条件下，数值求解 H_R/H 的极大值，寻优的参数包括两个，分别为 p 和 q，且还有一个附加限定条件是 $p+q \leqslant 1$。具体计算时 H_P/H 的固定取值范围是 [0,2]，固定取值变化步长为 0.02，计算的结果曲线如图 8-9 中紫红色粗线所示。

由图 8-9 可以发现，紫红色线与绿色仿真点的上侧极限范围符合得非常好，且也明确地表示出了在 H_R/H 接近于 0 值时 H_P/H 靠近 2 的极限范围，这个极限实际本节还并没有给出理论推导。值得指出的一点是，H_P/H 接近于 2 值时，受限于计算误差，数值寻优结果会与理论结果稍有误差，需要加以修正。还要特别指出一点，在 H_P/H 为定值寻找 H_R/H 最大值的最优

化问题中有两个解，其中一个是局部最优解，最终边界结果实际是通过合理设定最优化问题的初值获取的全局最优解。

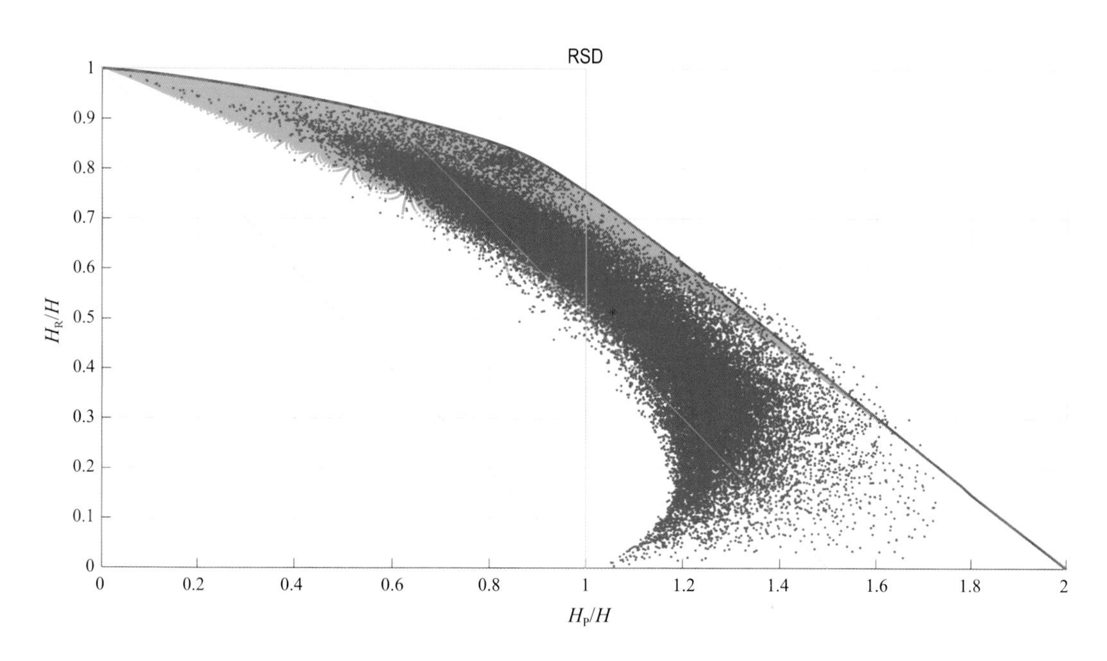

图8-9　RSD分解右侧第二条极限边界计算结果示意图
（其中蓝点仅为部分实验数据，绿点为仿真数据）

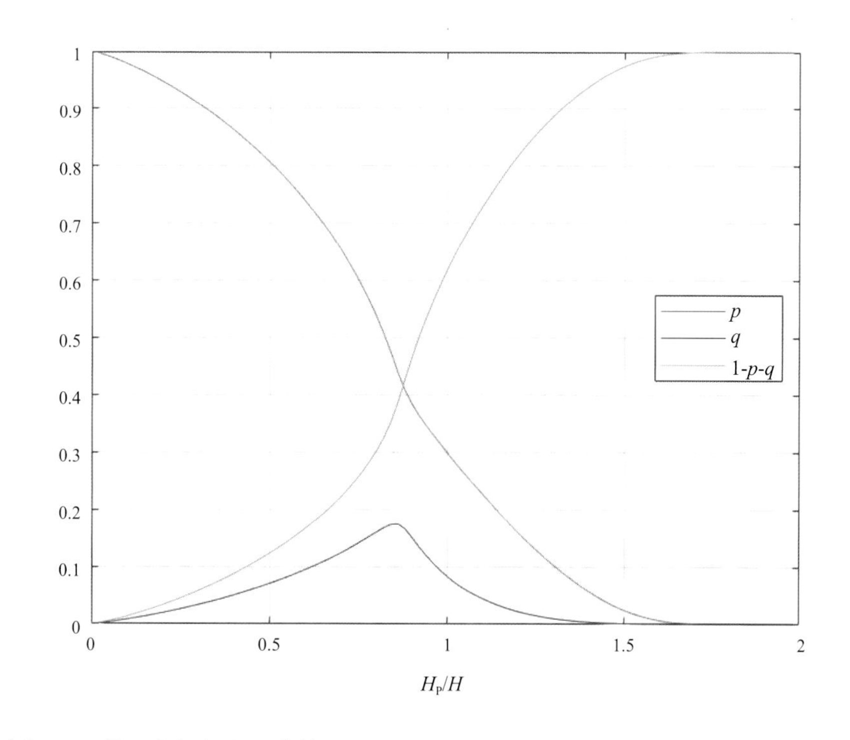

图8-10　第二条极限边界参数p、q以及$1-p-q$寻优结果随H_p/H固定取值的变化曲线

寻优结果的参数 p、q 以及 $1-p-q$ 随 H_P/H 固定取值的变化曲线如图 8-10 所示。由图 8-10 可以发现，在 H_P/H 值大于 1.8 时，参数 p 和 q 均接近于 0 值，这意味着极化相干矩阵主要由纯面散射成分组成。在 H_P/H 值小于 1.8 以后，随着 H_P/H 值的减小参数 p 单调增大，纯面散射成分占比的 $1-p-q$ 则单调减小。二次散射成分占比的参数 q 随 H_P/H 先增大后减小，在 H_R/H 值位于约 0.85 附近时取到最大值。当 H_P/H 值接近于 0 时，参数 p 和 q 趋近于零，体散射成分占绝对主导地位。

将 GF-3 巴尔瑙尔数据的全部点都进行绘制，结果如图 8-11 所示。由图 8-11 可以看到，本节求出的两条曲线很好地描绘了实际数据的右侧极限边界，这个边界是由两条曲线各取约一半获得的，其交叉点约在 H_P/H=1.134、H_R/H=0.66 附近。在 H_R/H 接近 0、H_P/H 接近 2 的极限区域实际数据中基本不存在。

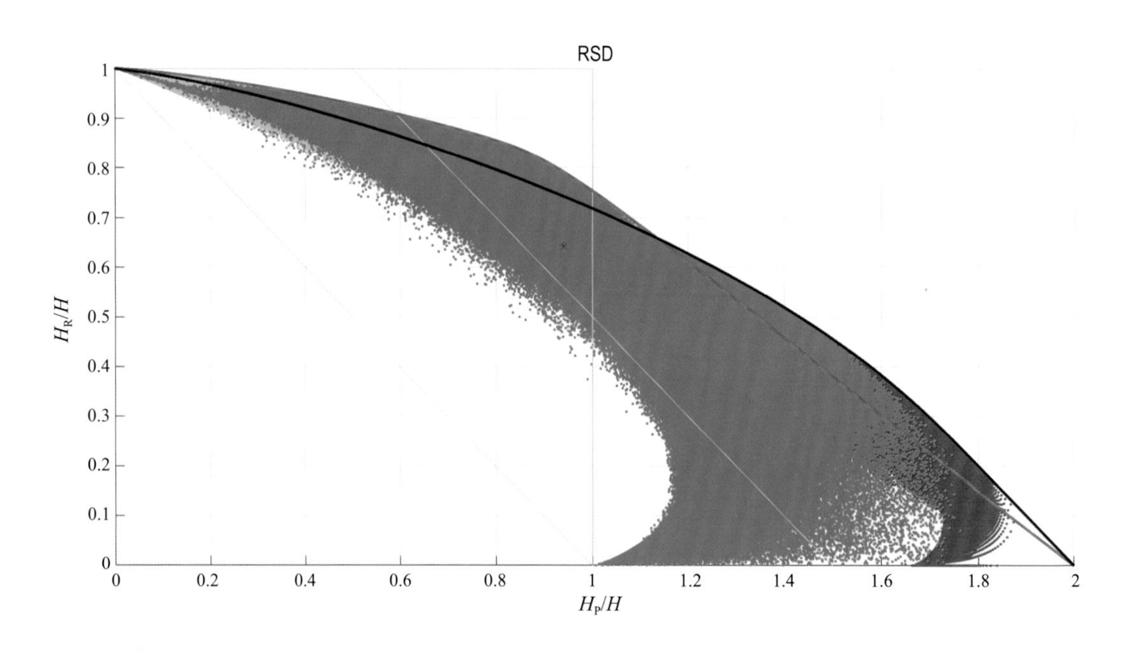

图8-11 RSD分解右侧两条极限边界计算结果示意图
（蓝点对应GF-3巴尔瑙尔全部实验数据）

8.6.4 单个极化相干矩阵定量分析

上述基于极化剩余熵和极化功率熵的分析方法其优势实际是在分析单个极化相干矩阵的非相干极化分解结果上。本节将选择一些广义极化熵实验结果中比较特殊的点进行单独分析，以显示广义极化熵分析的效果。

1）实例一

图 8-12 中给出了 E-SAR 奥芬数据 PSDv2 广义极化熵分析结果，图中红色圆圈中显示了

一个明显和其他数据分布不同的点，下面就对这个点的极化分解结果进行分析。

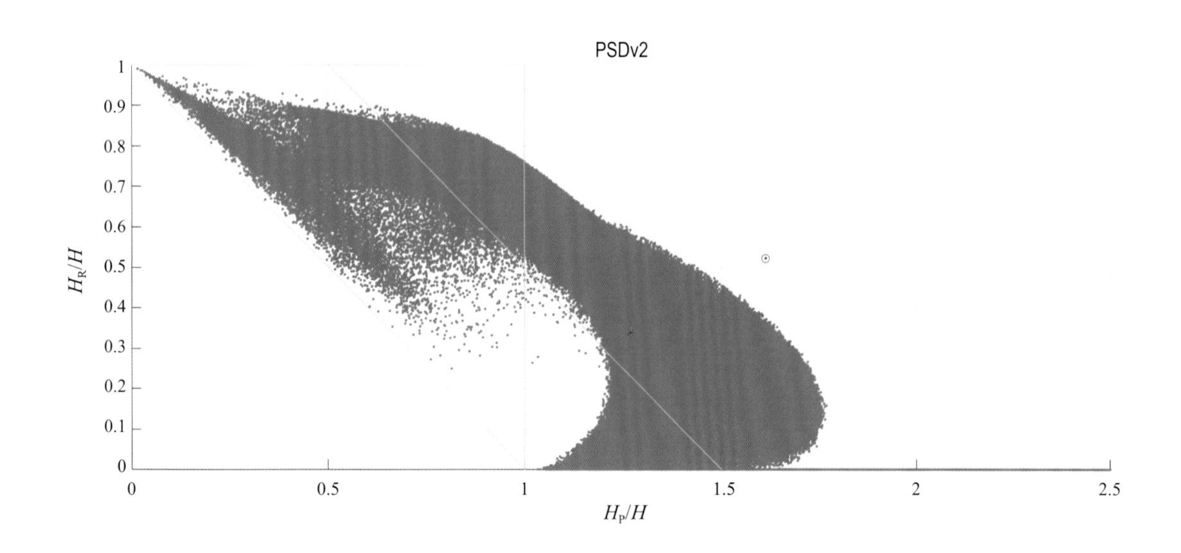

图8-12　E-SAR奥芬数据PSDv2算法广义极化熵实验结果

该点的原始 $\boldsymbol{T}$ 矩阵如下

$$\boldsymbol{T}=\begin{bmatrix} 6.708\,6+0\text{i} & -3.120\,9+9.164\,2\text{i} & 9.443\,7+3.686\,5\text{i} \\ 3.120\,9-9.164\,2\text{i} & 29.699\ +0\text{i} & 4.046\,9\ -28.74\text{i} \\ 9.443\,7-3.686\,5\text{i} & 4.046\,9+28.74\text{i} & 38.259\ +0\text{i} \end{bmatrix} \tag{8-59}$$

通过观察可以发现，该矩阵的 T_{11} 元素很小、T_{33} 元素大于 T_{22} 元素、$\text{Im}(T_{23})$ 元素绝对值比较大，该矩阵的 3 个特征值分别为 66.583、5.160 2、2.923 1，即已经接近秩为 1 的矩阵，极化熵、极化功率熵和极化剩余熵分别为 0.376 56、0.606 59、0.196 45。

矩阵 $\boldsymbol{T}$ 去定向后的结果如下：

$$\boldsymbol{T}(\theta)=\begin{bmatrix} 6.708\,6+0\text{i} & 7.620\,7+6.813\,4\text{i} & 6.391\,3-7.152\text{i} \\ 7.620\,7-6.813\,4\text{i} & 39.869+0\text{i} & 0-28.74\text{i} \\ 6.391\,3+7.152\text{i} & 0+28.74\text{i} & 28.089+0\text{i} \end{bmatrix} \tag{8-60}$$

可以发现，T_{11} 元素最小，T_{33} 元素接近于 T_{22} 元素，$\text{Im}(T_{23})$ 的绝对值比较大。由 $\boldsymbol{T}(\theta)$ 矩阵最大特征值对应的特征向量计算出的极化相干矩阵如下：

$$\boldsymbol{u}_1\boldsymbol{u}_1^{\text{H}}=\begin{bmatrix} 0.051\,751+0\text{i} & 0.127\,59+0.114\,05\text{i} & 0.093\,743-0.104\,87\text{i} \\ 0.127\,59-0.114\,05\text{i} & 0.565\,92+0\text{i} & -5.907\,4\text{e-}06-0.465\,15\text{i} \\ 0.093\,743+0.104\,87\text{i} & -5.907\,4\text{e-}06+0.465\,15\text{i} & 0.382\,33+0\text{i} \end{bmatrix} \tag{8-61}$$

可以发现，T_{11} 元素很小，T_{33} 元素接近 T_{22} 元素，$\mathrm{Im}(T_{23})$ 元素的绝对值相对很大。

矩阵 $\boldsymbol{T}$ 的 PSDv2 算法分解结果中包括螺旋散射成分且最后一种成分不与面散射或二次散射模型相符，也就是说，矩阵 $\boldsymbol{T}$ 具有 $\lambda_{\mathrm{H}}<2|\mathrm{Im}(T_{23})|$ 和 $b\geqslant 2\sqrt{ac}$ 的属性，被 PSDv2 算法第三分支所处理，其第三分支获得的独立定向角 $\theta'=0.103\,32°$，这会使得最后一种成分在形式上不是很简洁，因此下面给出该矩阵的 PSDv1 算法分解结果。

矩阵 $\boldsymbol{T}$ 在 PSDv1 算法广义极化熵实验结果中的位置如图 8-13 中红圈中蓝色点所示，可以发现该位置与 PSDv2 算法基本相同，也就是说，虽然分解过程基于的原理不同，但分解结果基本相同。

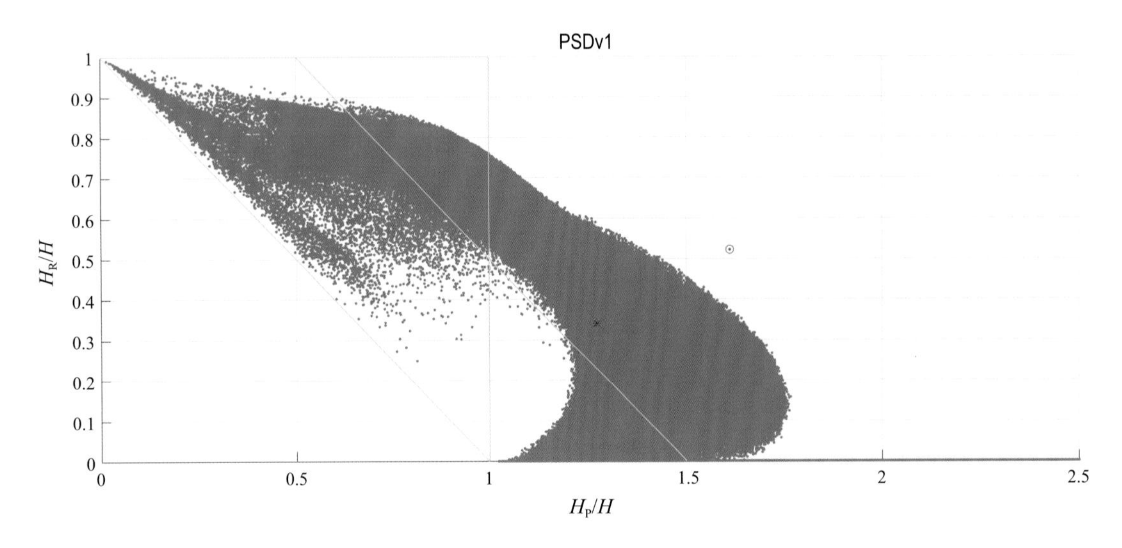

图8-13　E-SAR奥芬数据PSDv1算法广义极化熵实验结果

$\boldsymbol{T}(\theta)$ 矩阵的 PSDv1 分解结果为

$$
\begin{aligned}
\boldsymbol{T}(\theta)=&28.738\begin{bmatrix}0&0&0\\0&1/2&-\mathrm{i}/2\\0&\mathrm{i}/2&1/2\end{bmatrix}\\
&+10.45\begin{bmatrix}0.000\,281\,86+0\mathrm{i}&0.012\,362+0.011\,356\mathrm{i}&0+0\mathrm{i}\\0.012\,362-0.011\,356\mathrm{i}&0.999\,72+0\mathrm{i}&0+0\mathrm{i}\\0+0\mathrm{i}&0+0\mathrm{i}&0+0\mathrm{i}\end{bmatrix}\\
&+35.479\begin{bmatrix}0.189\,01+0\mathrm{i}&0.211\,15+0.188\,7\mathrm{i}&0.180\,14-0.201\,59\mathrm{i}\\0.211\,15-0.188\,7\mathrm{i}&0.424\,28+0\mathrm{i}&0-0.405\,06\mathrm{i}\\0.180\,14+0.201\,59\mathrm{i}&0+0.405\,06\mathrm{i}&0.386\,71+0\mathrm{i}\end{bmatrix}
\end{aligned}
\tag{8-62}
$$

由式 (8−62) 可知，最后一种成分的总功率最大，该成分的 T_{22} 和 T_{33} 元素非常接近，并具有一小部分 T_{11} 元素，且具有很大绝对值的 $\mathrm{Im}(T_{23})$ 元素（因为秩为 1）。后两种成分都会被判别为对应二次散射，因此存在较大的 H_R。螺旋散射成分的总功率也很大，因此会具有较大的 H_P。但前面介绍了该矩阵的特征值分解结果相对比较集中在第一个主成分上，因此造成 H_R/H 和 H_P/H 都较大的情况，最终导致了 H_G/H 较大。

矩阵 $\boldsymbol{T}$ 反射对称分解的广义极化熵实验结果如图 8−14 所示，其中红圈显示了矩阵 $\boldsymbol{T}$ 的位置，可以发现非常接近所有实验点分布的左侧。在考虑去定向和螺旋角补偿后的 $\boldsymbol{T}(\theta,\varphi)$ 矩阵为

$$\boldsymbol{T}(\theta,\varphi)=\begin{bmatrix} 6.7086+0\mathrm{i} & 10.426+9.3196\mathrm{i} & 0.64521-0.72428\mathrm{i} \\ 10.426-9.3196\mathrm{i} & 63.316+0\mathrm{i} & 0+0\mathrm{i} \\ 0.64521+0.72428\mathrm{i} & 0+0\mathrm{i} & 4.6416+0\mathrm{i} \end{bmatrix} \tag{8-63}$$

可以发现功率几乎都集中在了 T_{22} 元素。定向角 $\theta = 34.151°$、螺旋角 $\varphi = -19.604°$。这已经是绝对值非常大的定向角和螺旋角了，因定向角的值域范围是 $(-45°，45°]$、螺旋角的值域范围是 $[-22.5°，22.5°]$。

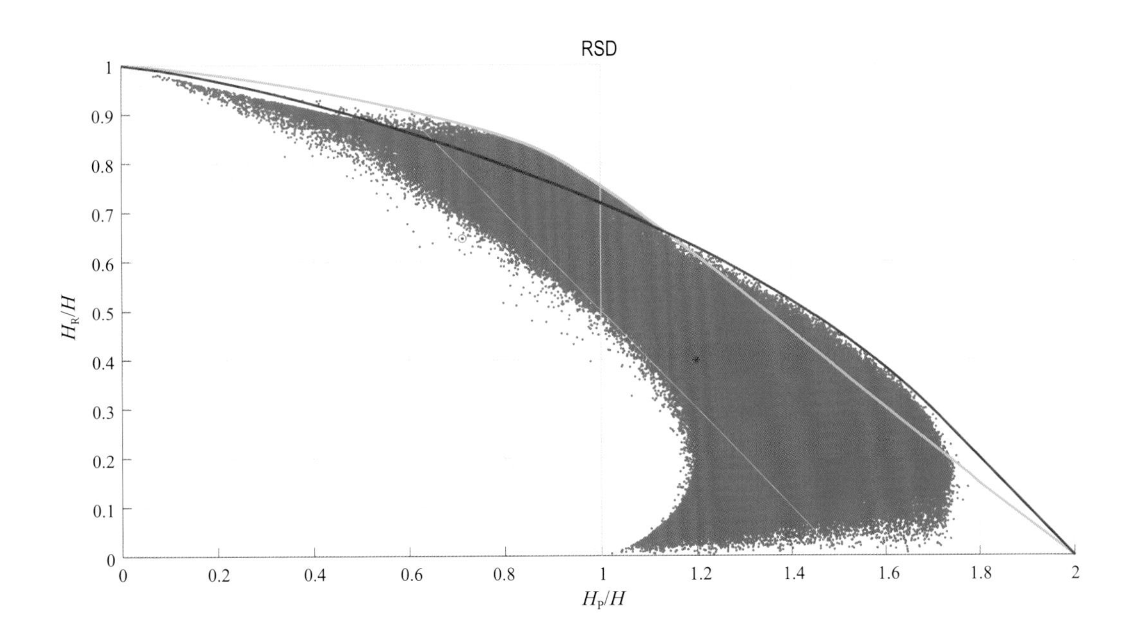

图8−14　E-SAR奥芬数据RSD分解广义极化熵实验结果

矩阵 $\boldsymbol{T}(\theta,\varphi)$ 的 RSD 分解结果如下：

$$
\begin{aligned}
\boldsymbol{T}(\theta,\varphi) = & 6.456\,9\begin{bmatrix} 1/2 & 0 & 0 \\ 0 & 1/4 & 0 \\ 0 & 0 & 1/4 \end{bmatrix} \\
& +64.872\begin{bmatrix} 0.048\,856+0\mathrm{i} & 0.160\,72+0.143\,66\mathrm{i} & 0+0\mathrm{i} \\ 0.160\,72-0.143\,66\mathrm{i} & 0.951\,14+0\mathrm{i} & 0+0\mathrm{i} \\ 0+0\mathrm{i} & 0+0\mathrm{i} & 0+0\mathrm{i} \end{bmatrix} \\
& +3.338\,1\begin{bmatrix} 0.093\,104+0\mathrm{i} & 0+0\mathrm{i} & 0.193\,28-0.216\,97\mathrm{i} \\ 0+0\mathrm{i} & 0+0\mathrm{i} & 0+0\mathrm{i} \\ 0.193\,28+0.216\,97\mathrm{i} & 0+0\mathrm{i} & 0.906\,9+0\mathrm{i} \end{bmatrix}
\end{aligned} \tag{8-64}
$$

由式 (8−64) 可以发现，3 个成分的功率值已经非常接近原 $\boldsymbol{T}$ 矩阵的 3 个特征值 66.583、5.160 2、2.923，且后 2 个成分都对应于二次散射模型，它们的 T_{11} 元素很小。

综上所述，实例一的极化相干矩阵接近秩为 1 的极化相干矩阵，去定向后其 T_{33} 元素接近 T_{22} 元素、具有绝对值很大的 $\mathrm{Im}(T_{23})$ 元素、且具有一小部分与 T_{22} 和 T_{33} 都相关的 T_{11} 元素。这样的极化相干矩阵尚不能很好地被 PSD 算法处理，其 RSD 分解结果中主要为二次散射且定向角和螺旋角的绝对值都较大。

2）实例二

图 8−15 给出了 GF-3 巴尔瑙尔数据 PSDv2 算法广义极化熵分析结果，图中红色圆圈中显示了一个明显和其他数据分布不同的点，下面对这个点的极化分解结果进行分析。

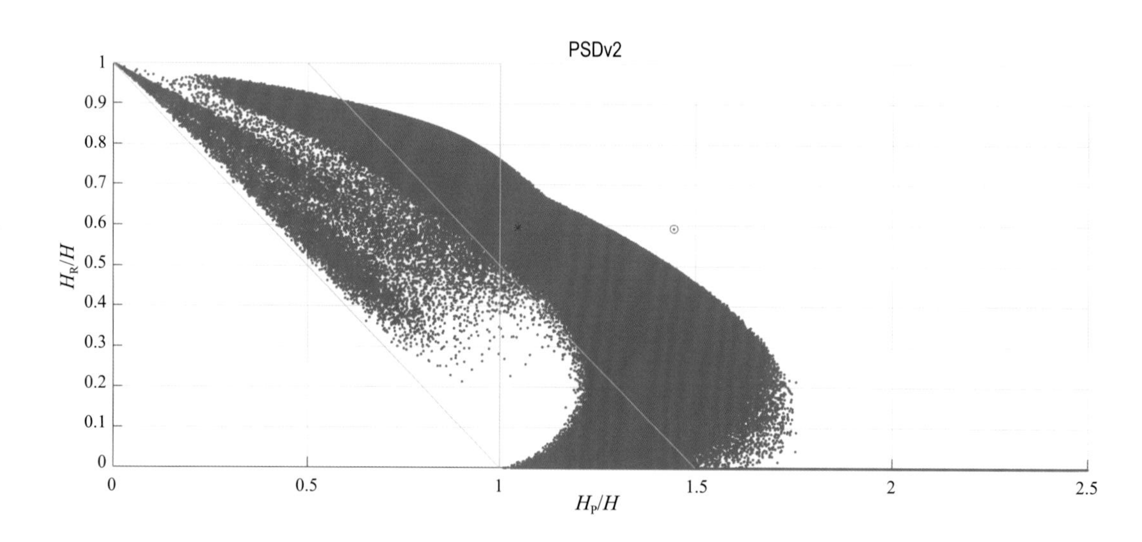

图8−15　GF-3巴尔瑙尔数据PSDv2算法广义极化熵实验结果

该点的原始 $\boldsymbol{T}$ 矩阵如下：

$$\boldsymbol{T}=\begin{bmatrix} 0.295\,16+0\mathrm{i} & 0.041\,758-0.507\,95\mathrm{i} & -0.127\,24-0.295\,06\mathrm{i} \\ 0.041\,758+0.507\,95\mathrm{i} & 2.162+0\mathrm{i} & 2.379\,2-1.150\,2\mathrm{i} \\ -0.127\,24+0.295\,06\mathrm{i} & 2.379\,2+1.150\,2\mathrm{i} & 6.426\,8+0\mathrm{i} \end{bmatrix} \tag{8-65}$$

通过观察可以发现，该矩阵的 T_{11} 元素很小、T_{33} 元素明显大于 T_{22} 元素、$\mathrm{Im}(T_{23})$ 元素绝对值并不是很大，该矩阵的 3 个特征值为 7.725 1、1.031 9、0.126 98，即也接近秩为 1 的矩阵，极化熵、极化功率熵和极化剩余熵分别为 0.393 52、0.568 57、0.232 87。

矩阵 $\boldsymbol{T}$ 去定向后的结果如下，定向角 $\theta=32.967°$：

$$\boldsymbol{T}(\theta)=\begin{bmatrix} 0.295\,16+0\mathrm{i} & -0.099\,153-0.476\,54\mathrm{i} & -0.090\,015+0.343\,48\mathrm{i} \\ -0.099\,153+0.476\,54\mathrm{i} & 7.489\,3+0\mathrm{i} & 0-1.150\,2\mathrm{i} \\ -0.090\,015-0.343\,48\mathrm{i} & 0+1.150\,2\mathrm{i} & 1.099\,5+0\mathrm{i} \end{bmatrix} \tag{8-66}$$

可以发现，T_{11} 元素最小，T_{22} 元素占了绝大部分的极化总功率，$\mathrm{Im}(T_{23})$ 的绝对值相比于 T_{22} 并不是很大。由 $\boldsymbol{T}(\theta)$ 矩阵最大特征值对应的特征向量计算出的极化相干矩阵如下：

$$\boldsymbol{u}_1\boldsymbol{u}_1^{\mathrm{H}}=\begin{bmatrix} 0.004\,701\,6+0\mathrm{i} & -0.020\,686-0.064\,121\mathrm{i} & -0.011\,195+0.003\,834\,7\mathrm{i} \\ -0.020\,686+0.064\,121\mathrm{i} & 0.965\,51+0\mathrm{i} & -0.003\,043\,1-0.169\,55\mathrm{i} \\ -0.011\,195-0.003\,834\,7\mathrm{i} & -0.003\,043\,1+0.169\,55\mathrm{i} & 0.029\,783+0\mathrm{i} \end{bmatrix} \tag{8-67}$$

可以发现 T_{11} 和 T_{33} 元素都很小，$\mathrm{Im}(T_{23})$ 元素的绝对值并不是很大，整体非常接近一个标准的 0° 二面角散射。

矩阵 $\boldsymbol{T}$ 的 PSDv2 算法分解结果中包括类螺旋散射成分，也就是说，矩阵 $\boldsymbol{T}$ 具有 $\lambda_{\mathrm{H}}<2|\mathrm{Im}(T_{23})|$ 和 $b\geqslant 2\sqrt{ac}$ 属性，被 PSDv2 算法第二分支所处理，在去除定向角影响后其分解结果如下：

$$\begin{aligned}\boldsymbol{T}(\theta)=&\,2.816\,8\begin{bmatrix} 0+0\mathrm{i} & 0+0\mathrm{i} & 0+0\mathrm{i} \\ 0+0\mathrm{i} & 0.788\,58+0\mathrm{i} & 0-0.408\,31\mathrm{i} \\ 0+0\mathrm{i} & 0+0.408\,31\mathrm{i} & 0.211\,42+0\mathrm{i} \end{bmatrix} \\ &+5.313\begin{bmatrix} 0.008\,465+0\mathrm{i} & -0.018\,663-0.089\,694\mathrm{i} & 0+0\mathrm{i} \\ -0.018\,663+0.089\,694\mathrm{i} & 0.991\,54+0\mathrm{i} & 0+0\mathrm{i} \\ 0+0\mathrm{i} & 0+0\mathrm{i} & 0+0\mathrm{i} \end{bmatrix} \\ &+0.754\,13\begin{bmatrix} 0.331\,75+0\mathrm{i} & 0+0\mathrm{i} & -0.119\,36+0.455\,46\mathrm{i} \\ 0+0\mathrm{i} & 0+0\mathrm{i} & 0+0\mathrm{i} \\ -0.119\,36-0.455\,46\mathrm{i} & 0+0\mathrm{i} & 0.668\,25+0\mathrm{i} \end{bmatrix}\end{aligned} \tag{8-68}$$

可以发现，最大的倒数第二个成分也非常接近 0° 二面角散射，最后一个成分也被判别为二次散射，因此存在 H_R。同时类螺旋散射的功率值可以达到其他两个被判别为二次散射成分的功率和的一半以上，因此 H_P 值会较大，这是造成该点分布比较偏右的主要原因。

矩阵 $\boldsymbol{T}$ 在 PSDv1 算法广义极化熵实验结果所示位置如图 8-16 红圈中蓝色点所示，可以发现该位置与 PSDv2 算法有了显著变化。

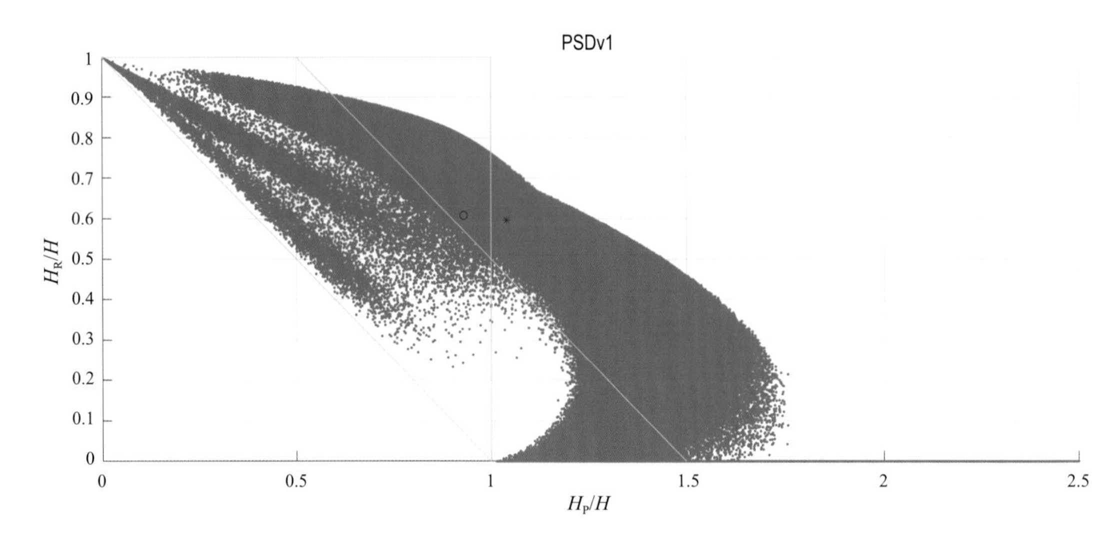

图8-16 GF-3巴尔瑙尔数据PSDv1算法广义极化熵实验结果

$\boldsymbol{T}(\theta)$ 矩阵的 PSDv1 分解结果为

$$\begin{aligned}\boldsymbol{T}(\theta)=&1.229\,2\begin{bmatrix}0&0&0\\0&1/2&-\mathrm{i}/2\\0&\mathrm{i}/2&1/2\end{bmatrix}\\&+6.318\,3\begin{bmatrix}0.005\,560\,4+0\mathrm{i}&0.044\,351-0.059\,686\mathrm{i}&0+0\mathrm{i}\\0.044\,351+0.059\,686\mathrm{i}&0.994\,44+0\mathrm{i}&0+0\mathrm{i}\\0+0\mathrm{i}&0+0\mathrm{i}&0+0\mathrm{i}\end{bmatrix}\\&+1.336\,4\begin{bmatrix}0.194\,57+0\mathrm{i}&-0.283\,87-0.074\,395\mathrm{i}&-0.067\,355+0.257\,01\mathrm{i}\\-0.283\,87+0.074\,395\mathrm{i}&0.442\,62+0\mathrm{i}&0-0.400\,74\mathrm{i}\\-0.067\,355-0.257\,01\mathrm{i}&0+0.400\,74\mathrm{i}&0.362\,81+0\mathrm{i}\end{bmatrix}\end{aligned} \tag{8-69}$$

由式 (8-69) 可知，由于 PSDv1 不使用类螺旋散射，因此其螺旋散射成分的功率值相比 PSDv2 算法的结果降低一半以上。PSDv1 分解倒数第二个成分的功率值最大，该成分非常接近于纯 0° 二面角散射，这与特征值分解的主成分一致。最后一种成分也会被判别为对应二次散射，因此存在一定的 H_R，结果为 0.239 42 与 PSDv2 的结果相比稍有增大。由于螺旋散射成分功率的减小使得其与另外两个被判别为二次散射成分的功率和的比值变小，这使得 H_P 值相比于 PSDv2 算法减小很多，仅为 0.365 9。

矩阵 $\boldsymbol{T}$ 反射对称分解广义极化熵实验结果如图 8-17 所示，其中红圈显示了矩阵 $\boldsymbol{T}$ 的位置，非常接近所有实验点分布的左侧。在考虑去定向和螺旋角补偿后的 $\boldsymbol{T}(\theta,\varphi)$ 矩阵为

$$\boldsymbol{T}(\theta,\varphi)=\begin{bmatrix} 0.295\,16+0\mathrm{i} & -0.156\,73-0.484\,92\mathrm{i} & -0.006\,749\,3+0.321\,32\mathrm{i} \\ -0.156\,73+0.484\,92\mathrm{i} & 7.69+0\mathrm{i} & 0+0\mathrm{i} \\ -0.006\,749\,3-0.321\,32\mathrm{i} & 0+0\mathrm{i} & 0.898\,75+0\mathrm{i} \end{bmatrix} \tag{8-70}$$

功率几乎都集中在了 T_{22} 元素，T_{11} 和 T_{33} 元素都很小。定向角 $\theta=32.967°$、螺旋角 $\varphi=-4.949\,6°$。可以发现，定向角较大，但螺旋角并不大。

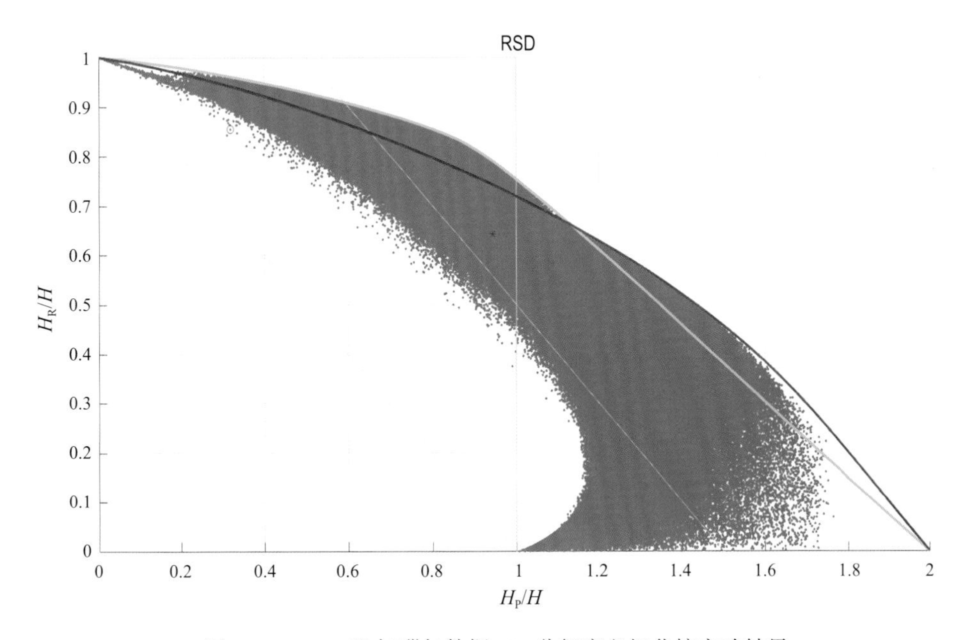

图8-17　GF-3巴尔瑙尔数据RSD分解广义极化熵实验结果

矩阵 $\boldsymbol{T}(\theta,\varphi)$ 的 RSD 结果如下

$$\begin{aligned}\boldsymbol{T}(\theta,\varphi)=&0.273\,39\begin{bmatrix} 1/2 & 0 & 0 \\ 0 & 1/4 & 0 \\ 0 & 0 & 1/4 \end{bmatrix}\\ &+7.655\,8\begin{bmatrix} 0.004\,451+0\mathrm{i} & -0.020\,472-0.063\,341\mathrm{i} & 0+0\mathrm{i} \\ -0.020\,472+0.063\,341\mathrm{i} & 0.995\,55+0\mathrm{i} & 0+0\mathrm{i} \\ 0+0\mathrm{i} & 0+0\mathrm{i} & 0+0\mathrm{i} \end{bmatrix}\\ &+0.954\,79\begin{bmatrix} 0.130\,27+0\mathrm{i} & 0+0\mathrm{i} & -0.007\,068\,9+0.336\,53\mathrm{i} \\ 0+0\mathrm{i} & 0+0\mathrm{i} & 0+0\mathrm{i} \\ -0.007\,068\,9-0.336\,53\mathrm{i} & 0+0\mathrm{i} & 0.869\,73+0\mathrm{i} \end{bmatrix}\end{aligned} \tag{8-71}$$

由式 (8-71) 可以发现，3 个成分的功率值已经非常接近原 $\boldsymbol{T}$ 矩阵的 3 个特征值 7.725 1、1.031 9、0.126 98，且后两个成分都对应于二次散射模型，倒数第二个成分 T_{11} 元素很小，最后一个成分 T_{11} 元素稍大一些，不过也还是很小。其极化功率熵和极化剩余熵的结果分别为 0.125 09

和 0.336 33。

综上所述，实例二的极化相干矩阵也接近秩为 1 的极化相干矩阵，去定向后 T_{33} 元素要远小于 T_{22} 元素，$\mathrm{Im}(T_{23})$ 元素绝对值并不大，具有一小部分与 T_{22} 和 T_{33} 都相关的 T_{11} 元素。这样的极化相干矩阵尚不能很好地被 PSD 算法处理，其 RSD 分解结果中主要为二次散射，定向角较大但螺旋角并不大。

8.7 其他分析

8.7.1 一个认识误区

在研究广义极化熵的过程当中，发现目前在对极化熵所代表的物理含义的认知上存在着一个非常普遍的错误，具体如下。基于极化熵是对极化相干矩阵随机性的描述，人们普遍认为极化熵越大的矩阵丢失的极化信息越多，当极化熵为 1 时全部极化信息丢失。例如极化熵的提出者 Cloude 和 Pottier 在本章参考文献 [1] 中就指出“当 H=1 时极化信息变为零”。

然而，通过对广义极化熵的研究，笔者发现事实却恰恰相反。极化熵应该是对极化相干矩阵中仍保留的极化信息量的描述，而不是对丢失的极化信息量的描述。为了证明这一事实，先举一个简单的例子。

令 $\boldsymbol{U}_1$、$\boldsymbol{U}_2$、$\boldsymbol{U}_3$ 表示一组极化基的单位正交矢量，构造如下两个极化相干矩阵

$$\begin{aligned}\boldsymbol{T}_1 &= \lambda_1\boldsymbol{U}_1\boldsymbol{U}_1^{\mathrm{H}}\\ \boldsymbol{T}_2 &= \lambda_1\boldsymbol{U}_1\boldsymbol{U}_1^{\mathrm{H}}+\lambda_2\boldsymbol{U}_2\boldsymbol{U}_2^{\mathrm{H}}\end{aligned} \tag{8-72}$$

其中，$\lambda_1 \neq \lambda_2 \neq 0$，上标 H 表示共轭转置。如果计算极化熵显然 $H(\boldsymbol{T}_2)>H(\boldsymbol{T}_1)=0$。再分析一下极化信息量，由 $\boldsymbol{T}_1$ 矩阵只能获得极化矢量 $\boldsymbol{U}_1$，而通过 $\boldsymbol{T}_2$ 矩阵可以通过特征值分解获得极化矢量 $\boldsymbol{U}_1$ 和 $\boldsymbol{U}_2$ 且其特征值分解中的一个成分正好就是 $\boldsymbol{T}_1$ 矩阵，所以显然 $\boldsymbol{T}_2$ 矩阵的极化信息量要大于 $\boldsymbol{T}_1$ 矩阵的极化信息量。再进一步假设存在如下第三个极化相干矩阵：

$$\boldsymbol{T}_3 = \lambda_1\boldsymbol{U}_1\boldsymbol{U}_1^{\mathrm{H}}+\lambda_2\boldsymbol{U}_2\boldsymbol{U}_2^{\mathrm{H}}+\lambda_3\boldsymbol{U}_3\boldsymbol{U}_3^{\mathrm{H}} \tag{8-73}$$

其中，$\lambda_1 \neq \lambda_2 \neq \lambda_3 \neq 0$。如果计算极化熵显然 $H(\boldsymbol{T}_3)>H(\boldsymbol{T}_2)>H(\boldsymbol{T}_1)=0$。再分析一下极化信息量，由 $\boldsymbol{T}_3$ 矩阵可以通过特征值分解获得极化矢量 $\boldsymbol{U}_1$、$\boldsymbol{U}_2$ 和 $\boldsymbol{U}_3$ 且其特征值分解中的两个成分和就正好对应了 $\boldsymbol{T}_2$ 矩阵，所以显然 $\boldsymbol{T}_3$ 矩阵的极化信息量要大于 $\boldsymbol{T}_2$ 矩阵的极化信息量。

从上面的例子可以明显发现，极化熵虽然是对极化相干矩阵随机程度的描述，但其值越

大代表的应该是极化相干矩阵中保留的极化信息量越大，而不是丢失的极化信息量越大。那么这一结论会带来一个问题，即丢失的极化信息量该如何衡量呢？实际上该问题的答案就是本章介绍的广义极化熵，丢失的信息量就是广义极化熵与极化熵的差。以最简单的两个极化矢量非相干求和为一个极化相干矩阵为例，令 $\boldsymbol{V}_1$、$\boldsymbol{V}_2$ 表示任意两个极化矢量（功率值任意），其非相干求和过程如下：

$$\boldsymbol{V}_1\boldsymbol{V}_1^{\mathrm{H}}+\boldsymbol{V}_2\boldsymbol{V}_2^{\mathrm{H}}=\boldsymbol{T} \tag{8-74}$$

使用广义极化熵分析上述过程可以发现，在求和前广义极化熵中的极化剩余熵为 0，因为求和前的两个极化相干矩阵的秩均为 1，所有广义极化熵仅包括极化功率熵。

即

$$H_{\mathrm{G}}=H_{\mathrm{P}}+H_{\mathrm{R}}=H_{\mathrm{P}}+0=-p_1\log_3\left(p_1\right)-p_2\log_3\left(p_2\right) \tag{8-75}$$

其中，

$$p_1=\mathrm{tr}\left(\boldsymbol{V}_1\boldsymbol{V}_1^{\mathrm{H}}\right)/\mathrm{tr}\left(\boldsymbol{T}\right)\ ,\ p_2=\mathrm{tr}\left(\boldsymbol{V}_2\boldsymbol{V}_2^{\mathrm{H}}\right)/\mathrm{tr}\left(\boldsymbol{T}\right) \tag{8-76}$$

求和过程丢失的信息量为 $H_{\mathrm{G}}-H$。

通过这一对丢失极化信息量的描述可以发现，当 $\boldsymbol{V}_1$ 和 $\boldsymbol{V}_2$ 相互正交时丢失信息量为零，即通过对求和后极化相干矩阵 T 进行特征值分解可以完美恢复 $\boldsymbol{V}_1$ 和 $\boldsymbol{V}_2$。其他情况下会存在信息丢失，因为从极化相干矩阵 $\boldsymbol{T}$ 只能恢复出相互正交的两个极化矢量，而 $\boldsymbol{V}_1$ 和 $\boldsymbol{V}_2$ 中不正交的信息在求和后会丢失。另一个极端情况是当 $\boldsymbol{V}_1=\boldsymbol{V}_2$ 时，若仅考虑极化熵，则求和前后都为零，看起来能完美重建原来两个极化矢量，但其实能重建的只是原来的单位极化矢量，也就是说，极化信息无丢失，但功率信息丢失了，因此从信息总量角度来说仍是有信息丢失的。举个极端点的例子来进行说明，仅用同一个单位极化矢量，配合不同的功率值，甚至可以编码一部《红楼梦》，所以说不同极化相干矩阵即使是具有相同的单位极化矢量，它们不同的功率值也代表了不同的信息。因为在求和过程中是基于功率值对极化矢量加权求和的，因此不同的功率值对求和后的极化信息也有影响。

最后再来看一下，基于广义极化熵可以认为当 H=1 时是保留了最多的极化信息量，那么为什么人们普遍认为当 H=1 时极化信息完全丢失了呢？这是因为当 H=1 时，进行特征值分解其结果特征矢量可以是任意一组正交基即结果不唯一，所以人们认为不能恢复原来求和前的极化矢量信息，因此认为所有极化信息都丢失了。但实际上对于其他 $H_1\neq 1$ 的极化相干矩阵，我们能恢复的也仅仅是 3 个特征矢量，而不是原来求和前的极化矢量。例如一个 24 视的实际全极化 SAR 图像，每个像素点的极化相干矩阵都是 24 个极化矢量非相干求和（并进行平均）后的结果，而由其极化相干矩阵只能获得 3 个特征矢量，这 3 个特征矢量可能与原来 24 个极化矢量完全不同。除极化矢量正交的情况之外，其他求和过程都会存在信息丢失。如果没有附加条件，要想从极化相干矩阵精确恢复原来的极化矢量对所有的极化相干矩阵来说都是不可能的，H=1 时的情况并没有比其他情况差多少。

实际上特征矢量结果不唯一，这是特征值分解时的一种特殊情况，比如即使仅有两个特征值相同，那么在这两个特征值对应特征矢量张成的平面内的任意一组相互正交的单位极化矢量都可以用来作为最后的特征矢量，即特征矢量结果也是不唯一的。此外，对于 H=1 的极化相干矩阵，只需要稍稍增大一个特征值，再稍稍减小另一特征值，即让 3 个特征值变得不同，哪怕这个不同极其极其微小，也可以帮助恢复出 3 个确定的特征矢量。也就是说，对于相同的特征值只需再附加极其微小的极化信息就可以确定出 3 个特征矢量了。而如果认为 H=1 时极化信息量为 0，然后只附加了微乎其微的极化信息，就变为了有 3 个特征矢量的极化信息比较大的情况，这是不是也显得不合理呢？

综上所述，极化熵描述的是极化相干矩阵中保留的极化信息量，因为最多只能借助特征值分解由极化相干矩阵中获得 3 个特征矢量，因此极化熵最大为 1，也就是说能保留的最大极化信息量为 1。求和过程中丢失的信息量可能远远大于 1，丢失的极化信息量可以用广义极化熵与极化熵的差值进行描述。请注意，若我们已知的仅是一个极化相干矩阵，那么我们只能利用极化熵来描述其还保留的极化信息量，而对于丢失的极化信息量，若无其他附加条件，我们是不能描述的。因为丢失的信息就是丢失了，如果不附加任何条件就能衡量，那怎么能说是信息已经丢失了呢？

8.7.2 先提取体散射成分的原因初步分析

基于模型的非相干极化分解算法通常尽量首先提取体散射成分，而不是其他散射成分，下面结合极化剩余熵对这样做的原因进行一个简单的初步分析。

通过观察可以发现这些算法中除体散射成分外，其他散射成分的模型通常都是秩为 1 的极化相干矩阵，因此可用如下简化模型表示这些非相干极化分解算法：

$$\boldsymbol{T} = P_{\mathrm{V}}\boldsymbol{T}_{\mathrm{V}} + \boldsymbol{T}_1 + \boldsymbol{T}_2 + \boldsymbol{T}_3 \tag{8-77}$$

其中，$P_{\mathrm{V}}\boldsymbol{T}_{\mathrm{V}}$ 表示体散射成分；$\boldsymbol{T}_1$、$\boldsymbol{T}_2$、$\boldsymbol{T}_3$ 表示螺旋散射（含类螺旋散射）、面散射、二次散射等秩为 1 的散射成分。通过式 (8−77) 可以发现，分解结果中仅体散射成分还具有随机性，

因此极化剩余熵将仅由体散射成分的极化熵和功率占比决定。

若首先提取体散射成分，则可以保证其功率占比可以达到最大值，从而保证具有最大的极化剩余熵。若首先提取其他散射成分，则会造成结果中体散射功率占比的减小甚至变为零，从而使得最终分解结果的极化剩余熵减小。如 PSD 分解和去定向 Yamaguchi 分解中就先提取了螺旋散射成分再提取体散射成分，使得体散射功率占比变小了。

本节前面曾指出，极化相干矩阵求和对应的是极化信息丢失的过程，那么非相干极化分解实际对应的就是人为加入极化信息的过程。原极化相干矩阵的极化熵是确定的，那么分解后的极化剩余熵如果能尽可能的大，则代表在分解过程中人为添加的极化信息对消除原极化相干矩阵的随机性影响较小。

目前的非相干极化分解方法分解出的所有散射成分中，体散射成分是所有成分中极化熵最大的，那么为了保证分解后的极化剩余熵尽可能的大，则需要先提取体散射成分，且提取出的体散射成分功率值要尽可能的大。因为若先提取其他非体散射成分，则提取后剩余的极化相干矩阵的极化熵要大于该提取成分的极化熵，若要保证极化剩余熵尽可能的大，则该提取成分的功率值应该为 0，等价于没进行提取。

或者又如四成分非相干极化分解，基本都是先提取螺旋散射成分，不过在提取时寻优目标正好与体散射成分提取相反，要寻找的是最小可能功率值。因为提取完螺旋散射成分后，剩余极化相干矩阵的极化熵要大于螺旋散射成分，因此要保证剩余矩阵的功率值尽可能的大，也就等价于螺旋散射成分的功率值要尽可能的小。

综上所述，通过极化剩余熵分析，可以得到一个结论：对于一种非相干极化分解方法，在各成分模型确定的基础上，为了保证分解过程中人为加入的极化信息少对原极化相干矩阵随机性消除的最少，需要保证分解后的极化剩余熵尽可能的大，因此需要保证极化熵最大的散射成分，且其功率值要尽可能的大。

最后再指出一点。分解后的极化剩余熵是否可以作为一个指标来评价不同非相干极化分解方法的优劣？极化剩余熵大的方法就一定优于极化剩余熵小的方法呢？其实上述观点并不正确，等分分解可以保证极化剩余熵最大，而特征值分解的极化剩余熵为 0，但我们都知道特征值分解的应用价值要远远高于等分分解。事实上我们之所以使用非相干极化分解来分析极化相干矩阵，就是希望通过人为地加入一些先验信息（如镜像对称性、极化对称性）来更透彻地分析地物散射特性。而等分分解等价于未加入任何先验信息，因此与原极化相干矩阵除极化功率熵外其他信息几乎完全一致，造成应用价值不高。而特征值分解相当于加入了大量先验极化信息（如成分之间的正交性要求），消除了所有极化信息上的不确定性，因此利用其分析地物会带来比原极化相干矩阵更多的信息。总之，不能仅使用极化剩余熵的大小这个单一指标来比较评价不同非相干极化分解算法的优劣，而是需要综合考虑其他因素。

8.8 本章小结

广义极化熵利用信息熵的可加性原理对极化熵的概念和计算法方法进行了扩展，使得其具备了计算其他非相干极化分解算法输出端信息量的能力，从而获得了对非相干极化分解算法整个过程信息量变化的一种定量描述方法。

极化熵描述了输入端极化相干矩阵的信息量，而广义极化熵描述了输出端的信息量，其差值就是极化分解算法本身（散射模型和分解过程）带来的极化信息增加量。基于广义极化熵以及其包括的极化剩余熵和极化功率熵，可以对不同非相干极化分解算法的结果进行比较分析。其实验结果可以明确指示分解结果是否存在不合理的情况，如极化剩余熵大于 1 对应了过高估计体散射、极化功率熵为负对应了存在负特征值，广义极化熵实验结果比较特殊的极化相干矩阵其分解结果同样也会比较特殊。在实验分析的所有 8 个算法中，反射对称分解在广义极化熵分析中具有明确的边界，从这一点来说要优于其他算法。

最后值得指出的是，本章对于广义极化熵只是初步研究，还有很多问题没有解决。如广义极化熵最重要的两个不等式属性目前只是通过实验进行了验证，其在理论上还仅是两个猜想。一个极化相干矩阵所包括的全部信息量（不仅极化信息）到底该如何衡量？是否极化剩余熵大且同时极化功率熵小的分解结果较优？除反射对称分解外，其他分解算法的广义极化熵实验结果右侧存在理论极限么？广义极化熵实验结果的左侧是否也像右侧一样存在理论极限呢，不同算法的左侧极限有什么区别呢（左侧能靠近极限情况的实际数据样本点非常少）？广义极化熵实验结果平面内各区域对应的极化相干矩阵都有哪些特点呢，是否也能提出类似 $H\alpha$ 分类的图像分类方法呢？这些都还需要进一步的深入研究。

参考文献

[1] CLOUDE S R, POTTIER E. A review of target decomposition theorems in radar polarimetry. IEEE Trans. Geosci. Remote Sens., 1996, 34(2):498−518.

[2] AN W, LIN M. Generalized Polarimetric Entropy: Polarimetric Information Quantitative Analgses of Model-based Incoherent Polarimetric Decomposition. IEEE Trans. Geosa. Remote Sens. 2021, 59(3):2041−2057.

第 9 章　总结

9.1　基于模型的非相干极化分解算法选用建议

上一章开头曾经说到，基于模型的非相干极化分解技术哪怕仅使用相同的模型，都可以有很多不同的分解实现方法。对于一个非极化分解领域的研究人员来说，面对如此多的分解方法，如何评价这些分解方法孰优孰劣，以及在针对某一项具体应用到底该选择哪一种分解方法，已经成为困扰很多研究人员的一个问题。很多情况下非极化分解领域的研究人员没有过多精力了解和比较多种分解方法，其结果就是选择比较经典的分解方法来使用，这就是为什么最初的 Freeman 分解和 Yamaguchi 分解存在如此多问题，但还被广泛使用的原因之一。

对于这一问题，这里先直接给出笔者的建议，然后再阐述其原因。笔者作为一个研究跟踪非相干极化分解技术超过 10 年的科研人员，针对基于模型的非相干极化分解算法的核心选用建议如下。

（1）针对大规模、业务化的数据处理和应用，建议选用去定向 Freeman 分解或反射对称分解。其中，去定向 Freeman 分解主要在数据等效视数不足且不能使用极化滤波的情况下选用；数据等效视数较大或可以使用极化滤波提升数据等效视数的情况下选用反射对称分解。若应用中需要使用螺旋散射成分，建议使用去定向 Yamaguchi 分解或极化对称分解的算法一（即 PSDv1），其中 PSDv1 算法也需要数据的等效视数较高。

（2）对于少量图像研究性应用，建议先使用极化对称分解的算法二（即 PSDv2），通过不同处理分支的选择初步了解数据特性后，可分别使用去定向 Freeman 分解、反射对称分解、改进 Cui 分解、C3M+HAC、特征值分解、去定向 Yamaguchi 分解对图像进行处理，通过不同算法分解结果的比较分析达到充分了解图像特征的目的。

9.1.1　有关非相干极化分解算法优劣的一些分析

从 Freeman 在 1998 年提出第一个基于模型的非相干极化分解方法开始，众多学者一直在对非相干极化分解方法进行改进，且都在不断努力寻找最优的非相干极化分解方法。寻找最优的非相干极化分解方法，不可避免地要涉及“如何比较非相干极化分解方法的优劣”这一问题。但直到目前为止，这一问题仍没有明确的答案。笔者通过 10 余年的研究，目前的认识如下。

1）分解方法无绝对优劣

表9-1　几种完全非相干极化分解算法的公式表达

<table>
<tr><td colspan="2">C3M</td><td colspan="2">$\boldsymbol{T}=P_{\mathrm{V}}\boldsymbol{T}_{\mathrm{V}}+\boldsymbol{T}_2\left(-\theta_{\mathrm{C}}\right)+\boldsymbol{T}_3\left(-\theta_{\mathrm{C}}-\theta_{\mathrm{R}}\right)$</td><td>详见式 (5-29)</td></tr>
<tr><td colspan="2">C3M+HAC</td><td colspan="2">$\boldsymbol{T}=P_{\mathrm{V}}\boldsymbol{T}_{\mathrm{V}}+\boldsymbol{T}_2\left(-\theta_{\mathrm{C}}\right)+\boldsymbol{T}_3'\left(\varphi,\theta_{\mathrm{C}}+\theta_{\mathrm{R}}\right)$</td><td>详见式 (6-45)</td></tr>
<tr><td colspan="2">RSD</td><td colspan="2">$\boldsymbol{T}=P_{\mathrm{V}}\boldsymbol{T}_{\mathrm{V}}+\boldsymbol{T}_2\left(\varphi,\theta\right)+\boldsymbol{T}_3\left(-\varphi,\theta\pm 45^\circ\right)$</td><td>详见式 (6-24)</td></tr>
<tr><td rowspan="2" colspan="2">PSD</td><td>第一分支</td><td>$\boldsymbol{T}=P_{\mathrm{H}}\boldsymbol{T}_{\mathrm{H}}+P_{\mathrm{V}}\boldsymbol{T}_{\mathrm{V}}+\boldsymbol{T}_3\left(-\theta\right)+\boldsymbol{T}_4\left(-\theta\mp 45^\circ\right)$</td><td>详见式 (7-78)</td></tr>
<tr><td>全部</td><td>$\boldsymbol{T}=P_{\mathrm{H}}\boldsymbol{T}_{\mathrm{H}}+P_{\mathrm{V}}\boldsymbol{T}_{\mathrm{V}}+\boldsymbol{T}_3\left(-\theta\right)+\boldsymbol{T}_4\left(-\theta-\theta'\right)$</td><td>详见式 (7-82)</td></tr>
</table>

由表 9-1 可知，针对一个观测到的极化相干矩阵，每一种非相干极化分解都给出了对应的一种可能的地物散射组合方式，而实际地物的散射组合可以和任何一个非相干极化分解的结果相同，也可以和所有的都不相同。也就是说，非相干极化分解结果与地物散射特征的实际符合情况难以有绝对的优劣，因为地物实际散射特征本身就可能多种多样。

比如说，一个观测到的极化相干矩阵可以被非相干分解成 3 种成分或 4 种成分，而其对应的实际地物情况，既可能是 4 种散射成分组合，也可能实际就是 3 种成分的组合。也就是说，针对一个极化相干矩阵，我们不能绝对地判定到底是 3 种成分分解方法好还是 4 种成分分解方法好。因为每一种分解方法都给出了一个分析理解该极化相干矩阵的方法，而该极化相干矩阵实际的产生情况到底与哪种分解方法一致，这通常是我们难以确定的。

2）分解方法实验结果可以相对比较

针对某一类地物，即针对一批极化相干矩阵，非相干极化分解方法的优劣比较，可以使用不同成分功率占比、广义极化熵等方法进行比较分析，结果会具有一定指示性。通常分解结果更集中或极化功率熵更小的算法，说明该算法的某种散射模型与地物的符合程度更高。值得注意的一点是，广义极化熵定义中对数底的选取会影响其绝对值大小，若使其为固定值则会造成非相干极化分解方法包括的散射成分种类越多，广义极化熵结果越大，这点在分析包括不同散射成分数量的非相干极化分解方法时要注意。

3）从算法本身特性出发的比较分析

非相干极化分解方法在发展过程中，学者们主要关注了以下几个问题：①分解结果中是否存在负功率成分；②分解过程中有无信息丢失；③分解结果是否与使用的模型严格相符；④分解结果中独立实变量个数；⑤对数据等效视数的要求。表 9-2 列出本书涉及的几种方法针对上述 5 个问题的具体情况。由表中可以发现 Freeman 分解（F3D）和 Yamaguchi 分解（Y4D）存在负功率成分，因此不建议使用；去定向 Freeman 分解（F3R）、去定向 Yamaguchi 分解（Y4R）、G4U 分解和 RSD+F3D 都存在极化信息丢失；Cui 分解、改进 Cui 分解（C3M）和 C3M+HAC 特性基本一致（分解结果中二次散射成分功率占比依次稍有增加）。

表9-2　不同算法自身特性列表

	分解算法	是否存在负功率成分	有无极化信息丢失	分解结果是否与使用模型严格相符	分解结果中独立实变量个数 *	对数据视数的要求
1	F3D	是	有	是	5	低
2	Y4D	是	有	是	6	低
3	F3R	否	有	是	6	低
4	Y4R	否	有	是	7	低
5	G4U	否	有	是	7	低
6	CUI	否	无	否	10	高
7	C3M	否	无	否	10	高
8	C3M+HAC	否	无	是	10	高
9	RSA+F3D	否	有	是	5	高
10	RSD	否	无	是	9	高
11	PSDv1	否	无	否	9	高
12	PSDv2	否	无	否	10	高

* 注：变量可能并非完全独立。

基于上面给出的三点分析可以发现，在要找到一种绝对最优的非相干极化分解算法这一问题上，笔者更加倾向于否定的答案。不过对于少数几个算法之间还是可以获得一些确定性的比较关系的，具体如下。

（1）F3D 与 F3R 比较（Y4D 与 Y4R 比较）。去定向 Freeman 分解（F3R）优于 Freeman 分解（F3D）。因为 F3R 算法使用了去定向和非负功率限制，其在实验结果上普遍明显优于 F3D 算法。类似的，去定向 Yamaguchi 分解（Y4R）也优于 Yamaguchi 分解（Y4D）。

（2）Y4R 与 G4U 比较。去定向 Yamaguchi 分解（Y4R）与 G4U 在理论和实验结果上的差别非常小，如果只能选择一种，建议使用 Y4R。这是因为 G4U 实验性能提升非常小，但其理论上的改变会使得散射机制分析变得更复杂。

（3）CUI、C3M 与 C3M+HAC 比较。Cui 分解、改进 Cui 分解（C3M）与 C3M+HAC 算法理论上的特性基本一致，其差别仅在于分解结果中二次散射成分功率占比依次稍有增加。实际使用可以考虑 C3M+HAC 以获得对城镇区域最大的二次散射成分分解结果，但若要求分解结果一定要对应实际的物理意义，则建议使用 C3M，因为 HAC 的实际物理含义还有不明了的地方。

（4）RSD 与 RSA+F3D 比较。反射对称分解（RSD）优于 RSA+F3D。实际上 RSA+F3D 主要是解答了反射对称分解的物理含义，其在实验结果上弱于 RSD，却具有更高的计算复杂度，因此不建议使用。

（5）F3R、Y4R 与 RSD、C3M、C3M+HAC、PSDv1、PSDv2 比较。F3R 和 Y4R 对数据视数不敏感，有极化信息丢失。RSD、C3M、C3M+HAC、PSDv1、PSDv2 对数据等效视数要求较高，无极化信息丢失。

（6）PSDv1 与 PSDv2 比较。PSDv2 算法在自身理论上稍优于 PSDv1，但其实验结果与 PSDv1 基本相当，甚至可能稍稍弱一些，因此两个算法难分伯仲，这也是本书对两个算法都进行介绍的原因。

（7）RSD、PSDv1 和其他分解算法。RSD 分解算法和 PSDv1 分解算法都是严格完全的非相干极化分解算法，即无极化信息丢失且分解结果中都仅包含 9 个独立的实数变量，从这一点来说这两个分解算法要优于其他分解算法。它们的缺陷在于：RSD 分解的螺旋角补偿步骤不是“基于模型的”，而 PSDv1 分解的第四种成分对于小部分实际数据不是“基于模型的”。

9.1.2 有关非相干极化分解方法选用的一些其他建议

笔者对非相干极化分解算法选用的主要建议已经在第 9.1 节给出，下面是一些其他经验建议。

（1）反射对称分解、极化对称分解、改进 Cui 分解均为完全极化分解算法，它们均要求待处理的数据要具有较高的等效视数，否则其结果通常看起来好像只包含红、蓝两色，即绿色表示的体散射成分被过低估计了。出现这种情况建议对数据进行极化滤波提升其等效视数后再进行分解处理。

（2）若仅是观察图像不进行定量分析，可以使用去定向 Freeman 分解或去定向 Yamaguchi 分解，因为这两个算法对数据的视数不敏感，它们的缺点在于不是完全极化分解算法，存在极化信息丢失。

（3）所有使用 Freeman 分解的场合，都建议使用去定向 Freeman 分解进行替代，因为去定向 Freeman 分解引入了去定向操作，并消除了分解结果中的负功率值。

（4）所有使用 Yamaguchi 分解的场合，都建议使用去定向 Yamaguchi 分解进行替代。

（5）所有使用 Cui 分解的场合，都建议使用改进 Cui 分解进行替代。

（6）针对少量数据的应用，尽量多种算法都进行分析。

（7）若仅能使用一种算法，建议选用反射对称分解，不过要注意该算法一般需要与极化滤波算法配合使用，以保证待处理数据的等效视数较高。

9.2 基于模型的非相干极化分解要遵从的原则和实施准则

基于模型的非相干极化分解算法应该遵从的一些主要原则如下。

原则 1：分解结果中各成分的功率总和应与原极化相干矩阵的极化总功率相等。

原则 2：分解结果中各成分的功率值应为非负数。

原则 3：分解结果相对于原极化相干矩阵没有极化信息丢失。

原则 4：分解结果中各成分散射模型要与已知物理散射模型相符。

原则 5：分解过程中各分解步骤均可与实际物理过程相对应。

上述几条原则是在基于模型的非相干极化分解技术发展过程中逐步形成的，从原则 1 到原则 5 可以说是对算法的要求逐渐增强。目前还没有出现能完全满足上述 5 个原则的算法，如反射对称分解只满足原则 1 到原则 4，不满足原则 5（因为螺旋角补偿操作对应的实际物理变换过程目前仍有待研究）；极化对称分解不满足原则 4，其他原则都满足。

原则 2 和原则 3 通过学者们的研究已经寻找到了与之对应的实施准则，具体如下。

准则 1：为保证分解结果中各成分的功率值为非负数，分解过程中应采用非负特征值限制，即对任何散射成分的提取都要保证剩余矩阵的特征值为非负值。

准则 2：判断一个分解算法是否存在极化信息丢失的方法是检验能否从其分解结果完整重建原极化相干矩阵。

准则 1 的具体计算方法就是基于最小广义特征值的散射成分提取方法，该方法已广泛应用于完全非相干极化分解算法的体散射成分提取以及极化对称分解算法中螺旋散射成分和类螺旋散射成分的提取。

9.3 两个重要工具和两点注意

基于模型的非相干极化分解研究中有两个工具非常重要，它们就是：定向角旋转变换和基于最小广义特征值的散射成分提取方法。

极化相干矩阵的定向角旋转变换与地面物体的定向角旋转相对应，地面上的实际散射成分都有自己的定向角，因此在非相干极化分解中考虑定向角旋转变换是合理的。可以说正是定向角旋转变换的引入，使得基于模型的非相干极化分解得到了一轮快速的发展。

基于最小广义特征值的散射成分提取方法的使用从理论上保证了分解结果中不会出现负功率值，从而也解决了过高估计体散射的问题。不过。该方法的使用也使得分解算法需要数据具有较高的等效视数，否则反而会出现体散射估计偏低的问题，这种情况下通常需要使用极化滤波来提升数据的等效视数。

在使用基于模型的非相干极化分解算法进行数据分析或对算法本身进行研究时，有两点需要特别注意：①待分解数据本身的属性；②伪彩色合成方法。

目前非相干极化分解算法的输入数据普遍采用极化相干矩阵 $\boldsymbol{T}$ 的形式，但国际上 SAR 卫星的标准数据产品通常不提供极化相干矩阵形式的数据。多视全极化数据通常只保留 4 个通道的幅度图像，使得这些多视产品没办法再进行非相干极化分解分析，因为相位信息已经丢失了。笔者第一个建议是，SAR 卫星的多视全极化数据应尽量采用极化相干矩阵形式进行存储。现在的非相干极化分解算法普遍以 SAR 卫星的单视复图像产品为基础，对其进行空间多视处理来生成极化相干矩阵数据，但这不可避免地会带来分辨率的降低，同时处理后多视图像的像元实际地面尺寸的长和宽也很难相等。对于不使用地理信息系统的用户，通常只把 SAR 图像作为图片来进行观察，像元长、宽对应不同的实际地面尺寸会带来地物的一定畸变，不利于人眼直接观察。因此笔者的第二条建议就是，SAR 卫星在提供多视产品时，其方位向上和距离向上在频域中的多视视数的选取应通过设计使得其处理后多视图像像元地面实际尺寸的长和宽尽量相等。

综上所述，笔者建议SAR卫星提供的多视数据应基于每景图像的中心入射角判断像元在实际地面上的长、宽尺寸，然后通过合理设计方位向上的频域视数和频域重叠范围（也可以方位向上和距离向上的频域多视视数一起设计），使得多视处理后图像像元对应的实际地面尺寸在长和宽上尽量相等，多视结果按极化相干矩阵形式进行存储。之所以主要建议对方位向进行合理的频域多视处理，是因为目前SAR卫星的单视复图像其方位向分辨率通常高于距离向分辨率，采用上述处理后可以保证获得具有最好地面分辨率（即距离向全分辨率）的多视图像。当然这种多视处理方法必然会造成图像多视视数不高，斑点噪声遗留较多，实际上后续用户拿到这样的数据后可以很方便地再进行 2×2 或 3×3 的空间多视处理以进一步降低斑点噪声，当然其代价是分辨率的进一步降低；也可以直接进行极化滤波以获得足够高等效视数的全分辨率极化图像。

伪彩色合成方法实际上对人眼直接判读基于模型的非相干极化分解的结果具有非常重要的影响，笔者建议采用第2.4.1节介绍的伪彩色合成方法，不过除了功率图像外还要对分解结果的幅度图像进行观察。因为非相干极化分解结果的幅度图像相比于功率图像能更好地显示弱目标信息，但其缺点在于会降低图像对比度，也就是说，幅度图像通常看起来有一种灰蒙蒙的感觉。笔者在研究过程中经常会收到同行或研究生的来信，询问他们的分解结果不能观察到笔者文章中给出的一些现象，笔者给出的最多的建议就是采用第2.4.1节介绍的伪彩色合成方法再观察一下，通常得到的反馈是问题解决了。下面将给出一些伪彩色合成方法影响观察极化分解结果的实例。

城镇在极化分解结果中通常具有极大的二次散射成分，但在伪彩色合成图像中城镇通常显示为品红色而不是纯红色，其原因是因为城镇区域不仅具有极强的二次散射，通常还具有一定比例的面散射成分，然后又因为城镇区域本身的后向散射系数在所有地物中基本是属于最强的，因此按统一标准对所有散射成分进行显示时，城镇区域不仅红色会为255，且也会有较大的蓝色值，因此最终显示的是品红色。

许多城镇区域在伪彩色图像中会显示为黄色，这首先是因为城镇区域不仅有二次散射的红色，还因为定向角或其他复杂建筑结构造成存在一定体散射成分；其次是因为第2.4.1节给出的按统一标准进行显示的伪彩色合成方法，为了保证全图的统一显示实际压低了城区的显示标准，如果我们提高显示参数 n 值，会发现这些黄色建筑区域会逐渐变为红色。实际上就是随着显示标准的提高，二次散射的强度得以充分显现，相应的体散射的绿色就变低了。

9.4 本章小结

笔者在基于模型的非相干极化分解研究领域的研究成果主要集中在去定向 Freeman 分解、改进 Cui 分解、反射对称分解、极化对称分解和广义极化熵上。可以说，基于模型的非相干极化分解技术目前仍处于发展之中，仍有许多问题有待解决。希望通过本书的介绍可以让更多的研究人员更加充分和深入地了解基于模型的非相干极化分解技术的发展历程，从而促进该项技术自身的进一步发展，同时也希望能够促进基于模型的非相干极化分解技术可以在更广泛的范围内得到越来越多的应用。

笔者采用本书介绍的分解方法进行了 8 200 景以上高分三号（GF-3）卫星全极化数据的处理，相关成果经整理后已出版了如下 3 部图书，感兴趣的读者可以自行查阅。

（1）安文韬，《面向多视全极化 SAR 数据的基于模型的非相干极化分解技术——实例手册》。海洋出版社，2020 年。

（2）安文韬，林明森，谢春华，袁新哲，崔利民，《高分三号卫星极化数据处理——产品与典型地物分析》。海洋出版社，2019 年。

（3）安文韬，林明森，谢春华，袁新哲，崔利民，《高分三号卫星极化数据处理——产品与技术》。海洋出版社，2018 年。

笔者相信通过对这 3 部图书中 360 余景典型基于模型的非相干极化分解产品的观察，会使得研究人员对全极化 SAR 数据利用基于模型的非相干极化分解技术所能给出的地物散射特性有一个感性上的清晰认识，从而为其后续的研究和应用奠定基础。

致谢

首先，感谢国家自然科学基金面上项目“面向多视极化 SAR 数据的基于模型的完全非相干极化分解技术研究（61971152）”、中国高分辨率对地观测系统国家重大科技专项科研项目（41-Y30F07-9001-20/22）和南方海洋科学与工程广东省实验室（广州）人才团队引进重大专项项目（GML2019ZD0302）对本书研究和编写工作的大力支持。

其次，感谢欧空局提供的 PolSARpro 软件以及 L 波段机载 E-SAR 系统对德国奥博珀法芬霍芬（Oberpfaffenhofen）机场附近区域观测数据的免费下载服务。

最后，特别鸣谢自然资源部国家卫星海洋应用中心，其研发并业务化运行的海洋卫星数据分发系统为本书所展示的基于模型的非相干极化分解技术相关数据处理，提供了高品质的高分三号卫星数据查询和下载服务。该数据分发系统面向公众开放，网址为 https://osdds.nsoas.org.cn，随时欢迎广大读者和科研人员访问。

2021.4.30